乡村振兴之
科技兴农系列

U0389658

蔬菜育苗
关键技术

彩色图解+视频升级版

裴孝伯　侯金锋　袁凌云　编著

化学工业出版社
·北京·

图书在版编目（CIP）数据

蔬菜育苗关键技术：彩色图解+视频升级版 / 裴孝伯，侯金锋，袁凌云编著. -- 北京：化学工业出版社，2025. 1. --（乡村振兴之科技兴农系列）. -- ISBN 978-7-122-46690-7

Ⅰ. S630.4-64

中国国家版本馆CIP数据核字第2024HT3496号

责任编辑：邵桂林　　　　　　　　文字编辑：李　雪
责任校对：刘曦阳　　　　　　　　装帧设计：韩　飞

出版发行：化学工业出版社
　　　　　（北京市东城区青年湖南街13号　邮政编码100011）
印　　装：北京缤索印刷有限公司
850mm×1168mm　1/32　印张10　字数286千字
2025年2月北京第1版第1次印刷

购书咨询：010-64518888　　　　售后服务：010-64518899
网　　址：http://www.cip.com.cn
凡购买本书，如有缺损质量问题，本社销售中心负责调换。

定　　价：69.80元　　　　　　　　版权所有　违者必究

前　言

PREFACE

　　蔬菜育苗是蔬菜生产过程中最重要、技术比较复杂的关键环节。蔬菜育苗可以缩短蔬菜在大田中的生长时间、提高土地的利用率，可延长作物最适宜生长的时期，提高产量并提早采收。通过蔬菜育苗集中管理，可以创造良好的环境条件，降低或避免不利环境对蔬菜幼苗生长发育的影响，培育出优质壮苗。育苗便于集中管理，减少管理用工量，节省种子。育苗还便于工厂化管理，适合产业经营，有利于蔬菜产业化的实现。育苗还能增强植株的抗性、延缓植株早衰、提高产量。随着我国经济技术和蔬菜产业的发展，熟悉蔬菜育苗方式和设施设备、掌握蔬菜育苗技术和育苗运作管理，有助于规避育苗风险，促进育苗产业规模化、标准化、高效化。

　　本书共分七章。第一章为蔬菜种子检验与种子处理，介绍了蔬菜种子结构、寿命与贮藏、蔬菜种子检验与种子处理技术；第二章为蔬菜育苗方式与设施设备，介绍了蔬菜育苗方式、蔬菜育苗设施和设备；第三章为蔬菜育苗基质与营养，介绍了蔬菜育苗基质、蔬菜育苗营养供应、蔬菜育苗营养管理；第四章为蔬菜育苗环境管理关键技术，介绍了蔬菜育苗的环境要求、蔬菜育苗的温度、光照、水分和其他环境的管理；第五章为苗期病虫害防治关键技术，介绍了蔬菜苗期生理性病害防治、传染性病害防治和虫害防治；第六章为主要蔬菜育苗关键技术，以番茄、茄子、辣椒为例阐述了茄果类蔬菜育苗，以黄瓜、南瓜、冬瓜、西瓜、甜瓜为例阐述了瓜类蔬菜育苗，以甘蓝、白菜、花椰菜、芹菜、莴苣、洋葱、韭菜为例阐述了其他类型蔬菜育苗；第七章为蔬菜育苗经营与管理，介绍了蔬菜秧苗的贮运、育苗生产计划制定与成本核算以及蔬菜秧苗的销售。

本书成稿过程中，李娜参与了第一章、第三章和第六章的资料搜集整理，吕丹丹参与了第二章和第七章资料搜集整理，陈红彦参与了第四章和第五章的资料搜集整理，在此表示感谢。全书由裴孝伯、侯金锋和袁凌云修改、统稿与定稿。

由于水平所限，加之时间紧促，书中定有不妥之处，敬请广大读者不吝指正，以便将来修订再版。

编著者

2024 年 12 月

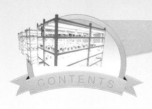

目 录

CONTENTS

第一章　蔬菜种子检验与种子处理

第二章　蔬菜育苗方式与设施设备

第三章　蔬菜育苗基质与营养

第四章　蔬菜育苗环境管理关键技术

第五章　苗期病虫害防治关键技术

第六章　主要蔬菜育苗关键技术

第七章 蔬菜育苗经营与管理

参考文献

视频目录

第一章
蔬菜种子检验与种子处理

　　种子在植物学和农业实际生产中的定义不同。植物学上的种子是指由胚珠发育而成的繁殖器官。农业实际生产中的种子则是指能够作为播种材料且繁殖后代的器官或营养体。农业实际生产中所用的播种材料可统称为"农业种子"。

　　现代农业生产中，因蔬菜植株的种类不同和播种材料的形态不同，其种子主要可分为以下三种：

　　（1）真正的种子　由胚珠直接发育而成的种子，如白菜、茄子、番茄、辣椒等。

　　（2）类似种子的果实　由子房发育而成的繁殖器官，如胡萝卜、芹菜、菠菜等。

　　（3）营养器官　根、茎类作物的无性繁殖器官，如马铃薯的块茎、洋葱和大蒜的鳞茎、藕和竹笋的地下茎等。

　　俗话说"苗好半收成"，育苗无疑是包括蔬菜在内的农作物生产的关键环节之一。培育优质健康的壮苗，首先需要具备目标作物的良种。

　　本章简单介绍蔬菜种子的结构、寿命和贮藏的基本知识，重点阐述如何进行蔬菜种子检验，判断蔬菜种子的质量。如何进行种子处理和有效防治蔬菜苗期病虫等。

第一节 蔬菜种子结构、寿命与贮藏

一、种子结构

种子的形态结构是进行种子贮藏、种子检验和种子处理的重要依据，认识了解熟悉蔬菜种子形态结构及其特点，是做好有关蔬菜种子工作的重要前提。

（一）种子形态

因蔬菜种类、品种不同，相应的种子形态也有所不同。蔬菜种子形状有圆形、椭圆形、肾脏形、卵形、扁卵形、纺锤形等。蔬菜种子的颜色有些较为鲜艳，有些较为暗淡（图 1-1）。

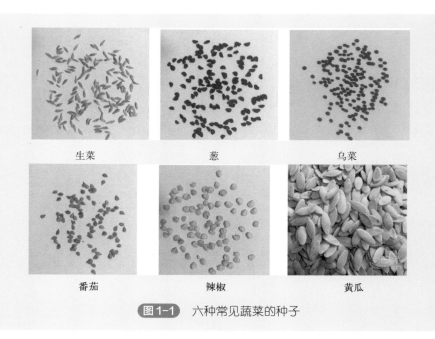

生菜　　　　　　　　葱　　　　　　　　乌菜

番茄　　　　　　　　辣椒　　　　　　　　黄瓜

图 1-1　六种常见蔬菜的种子

大多数蔬菜种子籽粒较为细小，如各种叶菜类、番茄和葱类等种

蔬菜育苗关键技术（彩色图解＋视频升级版）

子。种子的大小可用千粒重来表示，包括蔬菜在内，一般农作物种子的千粒重在 5 ～ 50 克之间。

从种皮上还可以看到种脐、发芽口、脐条、内脐、种阜。

（二）种子组成

种子主要由种被、种胚和胚乳组成（图 1-2）。

（1）种被 真正种子的种被只有种皮，种皮分为外种皮和内种皮，分别是由外珠被和内珠被发育而来，而有些作物（如坚果）的种被还包括由子房壁发育而来的果皮，种被具有保护种子不受外力机械损伤和防止病虫害侵入的作用。

（2）种胚 种胚是由胚芽、胚轴、胚根和子叶组成，胚芽又称为上胚轴，位于胚轴的上端，是地上部分叶和茎的原始体；胚轴连接胚芽和胚根，位于子叶的着生点以下，又称为下胚轴；胚根是地下部分初生根的原始体；子叶是种胚的幼叶，能贮存营养物质，双子叶植物的子叶还起着保护胚芽的作用。根据种胚的外部形态，可分为直立形、弯曲形、螺旋形、环状形、折叠形种胚等。

（3）胚乳 胚乳分为外胚乳和内胚乳，绝大多数的有胚乳种子的内胚乳是由受精卵发育而来的，有些种子在发育的过程中胚乳被吸收成为无胚乳种子，营养物质贮藏在子叶中，如瓜类种子。

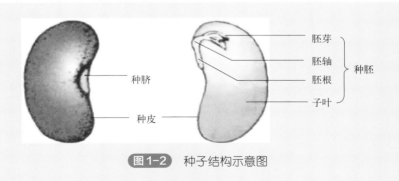

图 1-2 种子结构示意图

二、种子寿命

种子的寿命及在生产上的适用年限往往并不一致。每种蔬菜种子都有一定的有效期，只有在有效期内播种，生长发育才不致失败。

不同蔬菜种子的有效期不同，具体如下。

韭菜：不能用隔年的陈种子，必须是当年的新种子，否则难出苗，即使出了苗也难成活。

葱：夏天种的伏葱，必须用当年春天收的新籽，若用陈种子，长出的小葱根很小就结籽，会影响产量和品质。

辣椒：种子有效时间不能超过 3 年，否则发芽率会降低。辣椒新籽呈金黄色，陈籽则呈杏黄色。如果变成褐色，就不能作种子用了。

番茄：种子的寿命为 3 ～ 4 年，以 1 年的新种子发芽率最高、生长势最强。新种子表皮有很多茸毛，且有番茄味；陈种子表皮无茸毛或已脱落，番茄味很淡。

黄瓜：如超过 3 年，其出苗率一般要降低 30% 左右。新籽外皮呈浅白色，有光泽。剥开皮后仁呈洁白色，顶端有细毛尖；陈籽外皮稍呈土黄色，颜色越深说明存放的时间越长，剥开皮后种仁发乌，顶端上有很小的黑点。

茄子：茄子籽可以保存 6 年，超过 6 年出苗率就降低。新籽外皮有光泽，但光泽会随存放期延长而变淡。

豆类（四季豆、豌豆、大豆、豇豆、蚕豆）：以 1 年种的发芽率最高，生长势最旺。新鲜种子无虫口，种子大小整齐，颜色一致，种子表面光滑，种肉橙黄色；陈种子一般有虫口，表皮不光滑，手擦有粗糙感，种子大小不一致，种肉为白色。

白菜籽：白菜籽可以保存 2 年。当年收获的种子可当年播种。

香菜：有效期为 3 年，当年的新籽不能用，必须存放 1 年以后才能用。

芹菜：有效期为 5 年。应注意，当年产的新籽不能做种，存放 1 年后再播种。

蔬菜种子的寿命长短差异较大，瓜类种子由于有坚固的外种皮保护，寿命均较长；番茄、茄子等种子，在室内常温贮藏 3 ～ 4 年后仍有 80% 以上的发芽率；但一些含有芳香油类的大葱、洋葱、韭菜，以及一些豆类蔬菜的种子易丧失生活力，必须年年留种，若能够改变贮藏条件，可适当延长种子寿命。常见蔬菜种子质量及寿命及使用年限参照表 1-1。如果进行低温等技术处理，其有效期限可延长。

表 1-1　常见蔬菜种子的千粒重、寿命及使用年限参考

种类	千粒重 / 克	每克粒数 / 粒	寿命 / 年	使用年限 / 年
白菜	1.8 ～ 3.0	400 ～ 500	4 ～ 5	1 ～ 2
花椰菜	2.5 ～ 4.2	236 ～ 400	5	1 ～ 2
萝卜	7.0 ～ 13.8	92 ～ 143	5	1 ～ 2
韭菜	2.8 ～ 4.5	256 ～ 357	2	1
大葱	2.8 ～ 3.5	286 ～ 330	1 ～ 2	1
番茄	3.2 ～ 4.0	250 ～ 350	4	2 ～ 3
甜（辣）椒	4.5 ～ 7.5	126 ～ 200	4	2 ～ 3
茄子	3.5 ～ 5.2	195 ～ 250	5	2 ～ 3
黄瓜	20.0 ～ 35.0	32 ～ 46	5	2 ～ 3
南瓜	140.0 ～ 350.0	3 ～ 7	4 ～ 5	2 ～ 3
冬瓜	42.0 ～ 59.0	17 ～ 24	4	1 ～ 2
生菜	0.5 ～ 1.2	800 ～ 2000	3	1 ～ 2
西葫芦	140.0 ～ 200.0	5 ～ 10	4	1 ～ 2
菠菜	8.0 ～ 9.2	100 ～ 125	5 ～ 6	1 ～ 2
芹菜	0.5 ～ 0.6	1667 ～ 2000	6	2 ～ 3
甘蓝	3.3 ～ 4.5	233 ～ 333	5	1 ～ 2
胡萝卜	1.2 ～ 1.5	666 ～ 900	5 ～ 6	2 ～ 3
丝瓜	100.0 ～ 120.0	8 ～ 10	5	2 ～ 3
西瓜	30.0 ～ 140.0	8 ～ 32	5	2 ～ 3
薄皮甜瓜	9.0 ～ 20.0	50 ～ 110	5	2 ～ 3
厚皮甜瓜	30.0 ～ 55.0	18 ～ 52	5	2 ～ 3
苦瓜	139.0 ～ 180.0	5 ～ 7	5	1 ～ 2
茼蒿	1.6 ～ 2.0	500 ～ 625	5	2 ～ 3
豌豆	150.0 ～ 400.0	3 ～ 7	3	1 ～ 2
洋葱	3.1 ～ 4.6	220 ～ 320	2	1

三、种子贮藏

我国栽培蔬菜种类繁多，其特征和生理特性差异较大，寿命也不一，根据食用器官的不同，可将蔬菜分为叶菜类、果菜类、花菜类、根菜类和茎菜类。不同种蔬菜种子对贮藏条件的要求不尽相同。需要根据不同蔬菜类别，选择适宜的贮藏条件和采用适当的贮藏方法进行不同蔬菜种子的贮藏。

安全贮存蔬菜种子，重要的是种子贮藏的环境条件，主要为贮藏温度和空气相对湿度。随着贮存环境的温度和湿度的增高而种子活力快速下降。研究表明，洋葱、花椰菜、胡萝卜、莴笋、番茄、茄子等蔬菜种子在20℃和空气相对湿度为50%的条件下，能够安全贮存。菜豆的种子保存在17℃和空气相对湿度为35%的条件下，4年内种子的生活力不变。当温度为5℃，空气相对湿度为45%～50%时，许多种子可以贮藏10年或更长时间。若再降低温度和空气相对湿度，还可提高种子保存的效果。

种子生活力的保持和种子本身水分的含量有密切的关系，降低含水量可延长种子寿命。研究表明，种子的含水量每下降1%，温度下降5.6℃，可使种子的寿命延长一倍。

当然，同一种蔬菜中不同品种的种子，其贮藏条件的反应也有不同。

根据上述原理，有效地贮存蔬菜种子的方法较多，目前国际上多采用低温干燥贮藏法或密封低温贮藏法，前者采取修建低温干燥种子库贮藏种子，后者应用金属玻璃等密封容器，将种子真空装罐后在低温中进行贮藏。据试验，将含水量低的蔬菜种子在-4℃低温下贮藏20年，仍有很高的生活力。将含水量低的毛豆种子盛于密闭的容器中，贮藏于2℃下，经过10年以后，几乎没有降低其生活力。

此外，研究单位和育种单位保存的各种蔬菜育种材料及亲本材料如大白菜、甘蓝自交不亲和系的"原原种"种子，可常采用硅胶干燥器贮藏，放于4～5℃条件下可贮藏10年以上。

（一）蔬菜种子贮藏的条件

蔬菜种子对贮藏条件的要求不尽相同，如山药和马铃薯种薯需窖贮，大蒜种子可挂藏或者架藏。蔬菜种子的大小差异较大，多数蔬菜种子的种粒较小，如番茄等；豆类蔬菜的种子则较大，在包装材料、包装方式以及贮藏方式等方面也有所不同。

1. 主要蔬菜种子的贮藏条件

蔬菜种子的贮藏因种子遗传特性和环境条件有关，一般情况下，在低温干燥的条件下，可贮藏较长时间。

蔬菜种子的安全水分含量因种子种类不同而不同，常见的蔬菜种子安全贮藏水分含量如表 1-2 所示。

表 1-2　常见的蔬菜种子安全贮藏水分含量

蔬菜种子	含水量低于 /%	蔬菜种子	含水量低于 /%
茄子	7～11	南瓜	8～11
番茄	8～12	丝瓜	9
辣椒	7～12	芹菜	8～11
甜椒	7～11	菠菜	8～11
韭菜	7～11	花椰菜	7～9
黄瓜	9	茼蒿	8～11
冬瓜	9～11	萝卜	9～11
莴苣	7～11	豇豆	9～12
甜菜	8	蚕豆	10～13
不结球白菜	7～12	豌豆	10～11
结球白菜	7～11	菜豆	10～12
甘蓝	7～10	毛豆	9

茄子种子在一般室内贮藏 3～4 年后，发芽率可达 85%；若将含水量保持在 5.2%，密闭贮藏 5 年后，发芽率可达 87%。番茄种子含水量保持在 5%，密闭贮藏 10 年后，发芽率可达 83%；若将含水量保持在 5%，并在 -4℃ 条件下贮藏 10 年后，发芽率可达 97%。辣椒种子在一般室内贮藏 2～3 年后，发芽率为 70% 左右；若含水量保持在 5.2%，密闭贮藏 5 年后，发芽率为 61% 左右。莴苣种子在一

般室内贮藏 3 ～ 4 年后，发芽率为 80% 左右，若含水量保持在 4.1%，密闭贮藏 3 年后，发芽率可达 88% 左右。菠菜种子在一般室内贮藏 2 ～ 4 年后，发芽率为 70% 左右。甘蓝种子在一般室内贮藏 3 ～ 4 年后，发芽率为 90% 左右。大白菜种子在一般室内贮藏 3 ～ 4 年后，发芽率为 90% 左右。萝卜种子在一般室内贮藏 3 ～ 4 年后，发芽率为 85% 左右。黄瓜种子在一般室内贮藏 2 ～ 3 年后，发芽率为 90% 左右。南瓜种子在一般室内贮藏 3 ～ 5 年后，发芽率为 95% 左右。

2. 蔬菜种子贮藏的一般过程

步骤如下：

（1）清选　一般蔬菜种子种粒较小，质量较轻，清选较难，种皮上带有茸毛短刺的种子极易黏附虫卵、菌核等病菌以及残叶、种皮等，导致种子在贮藏期间吸湿回潮、传播病虫等，因此，在种子入库前，需充分清选，去除杂质，从而安全贮藏。

（2）干燥　种子含水量太高，不利于种子的贮藏，应在入库前合理干燥。一般情况下，可将种子在日光下晒种，晒种时，可将种子放在竹垫、帆布上晾晒，避免在水泥场地中直接暴晒，以免晒伤种子，中午温度过高时，可暂时收拢，午后可再次摊开晾晒。若在水泥场地上晾晒大量种子时，要经常翻动。对于那些用量少且怕暴晒的种子，可将种子自然风干。

（3）包装　一般种子可用编织袋和布袋进行包装，价格比较昂贵的短命种子可用金属罐或金属盒来包装，再套装纸箱，即可长期贮存。种子的零售小包装和短期贮存包装主要使用纸袋、复合纸袋、聚乙烯袋和聚乙烯铝箔复合袋等，含有芳香油类的蔬菜种子一般使用金属罐贮藏。一般密封容器包装的种子，其水分含量均要求低于一般贮藏水分含量。

（4）贮藏

① 大量种子贮藏　大量蔬菜种子的贮藏，可用编织袋包装，根据品种分别堆垛，高度不可超过 6 袋，细小的种子不可超过 3 袋，为了通风方便，一般可在堆下加垫仓板，且需要及时倒包翻动，以免底层种子被压扁压伤。若有条件，可采用低温库贮藏，有利于保持种子

的生活力（图1-3）。

　　② 少量种子贮藏　a.低温防潮贮藏。可将已经过清选干燥且含水量低于一般贮藏水分含量的蔬菜种子放入密封容器或铝箔袋、塑胶袋中低温干燥贮藏。若是少量种子散装贮藏可将晒干冷凉后的种子装入纸袋内，并放入干燥剂，再一并放入提前准备好的罐中，将温度维持在8℃、水分含量8%的条件下即可贮藏较长时间。b.干燥器贮藏。少量价格昂贵的种子，可将其放入纸袋后放在干燥器内贮藏。一般干燥器可在玻璃瓶、塑料桶、铝罐等底部盛放干燥剂（如生石灰、干燥的草木灰或木炭等），放入种子后密封，存放在阴凉干燥处，即可安全贮藏较长时间，但是每年需晒种一次，并更换干燥剂。c.整株或带荚贮藏。有一些成熟后不自行开裂的短角果（如萝卜、辣椒等），可整株拔起风干挂藏；一些长荚果（如豇豆）可连荚采下，捆扎挂在阴凉通风处风干，但该法保存种子易遭受病虫害，且保存时间较短。

图1-3　蔬菜种子贮藏（库藏）

（二）常见蔬菜种子贮藏

1. 茄果类蔬菜种子贮藏

茄果类蔬菜主要有茄子、番茄、辣椒等，其种子形态特征大致相同，贮藏方法也基本相同。种子由种皮、子叶、内胚乳和胚组成，种子微皱，呈扁状肾形、卵圆形或者圆形，种脐部分凸起，外壁较薄，内壁和侧壁较厚，种皮坚硬，表面有一层角质层，因此有较好的贮藏性。一般千粒重为 5～7 克，寿命为 5～7 年，最佳发芽年限为 2～3 年。

茄果类蔬菜种子贮藏要点如下。

（1）适时采收 茄子要在果实种皮变为褐黄色、果实变硬且有弹性时采收，并放在阴凉干燥处后熟 10 天左右，待种果成熟后，用粉碎机粉碎，清水洗净后甩干，然后在竹席上摊薄晾晒。番茄果实采收后，可放置待后熟 1～2 天再取种，将种子连同果肉一起挤入非金属容器内，在 25～35℃环境下发酵 1～2 天，每 4 小时要搅拌一次，以防发酵不均匀，用手抓种子有沙沙的爽手感即说明发酵完成。将种子捞出清洗晾晒干燥。辣椒种子需要采摘完全成熟的种果，在阴凉干燥处堆放 2～3 天完成后熟后取籽，取籽时要尽量防止胎座和辣椒皮将种子浸湿，除去杂质后，将种子均匀地晾晒在阴凉干燥处即可。

（2）干燥 请参照蔬菜种子干燥方法进行。茄果类蔬菜普通贮藏时水分含量在 8% 以下、采用密闭容器时水分含量在 4.5% 以下为佳。

（3）大量种子贮藏 参照上述大量种子贮藏方法进行。

（4）少量种子贮藏

① 密闭贮藏 将符合密闭贮藏含水量（茄果类蔬菜种子的安全水分含量为 4.5%）要求的种子，放入密闭容器或包装材料中密封起来进行贮藏。该法隔绝了种子与外界的气体和水分交换，氧气含量降低，二氧化碳含量增加，可有效抑制种子呼吸作用，从而延长种子寿命，若有条件，可配合低温环境，贮藏效果更佳。常用的密闭容器有玻璃瓶、铝箔袋、聚乙烯袋、干燥箱、锡铁罐等。

② 低温除湿贮藏 在大型种子贮藏库中，可利用制冷机和除湿机等设施，将仓库温度降到 15℃ 以下、仓库相对湿度降到 50% 以下，

蔬菜育苗关键技术（彩色图解＋视频升级版）

以抑制种子和微生物的呼吸，达到安全贮藏的目的。

③ 真空贮藏　将充分干燥的种子密闭在近似真空的容器内，隔绝种子与外界环境，抑制种子呼吸作用，使种子进入休眠状态，以安全贮藏种子。目前常用的容器有真空罐，种子装罐3/4即可。采用真空贮藏，茄果类蔬菜种子的水分含量应约为4.5%。

特别注意：根据种子的质量进行分级，不同级别的种子要分开贮藏；种子要分品种、分级别，按照生产单位和取样代号贮藏，在包装袋外挂上标签，并标明种子生产单位、生产日期、种子数量、品种名称和取样代号等，即可入库。

2. 瓜类蔬菜种子贮藏

瓜类蔬菜包括黄瓜、西瓜、甜瓜等，以黄瓜为例介绍瓜类蔬菜种子贮藏。

黄瓜种子呈扁平状椭圆形，黄白色，且有坚固的种皮保护，受外界温度、水分影响较小，耐贮藏，寿命较长，一般可安全贮藏2～5年，有些品种种子干燥贮藏十年后仍具有发芽力。黄瓜种子的安全贮藏水分含量为8%。

（1）适时采收　当黄瓜瓜皮变黄即生理成熟后，要及时采摘，可在避雨处后熟5～7天，用刀将种瓜纵剖，挖出胎座和种子，放入非金属容器内自然发酵，当大部分种子与黏膜分离时，即完成发酵，温度较高时需1～2天完成发酵。再用清水搓洗干净，放在竹席或者麻袋布上晾晒即可。

（2）干燥　请参照蔬菜种子干燥方法进行。黄瓜种子普通贮藏时水分含量在8%以下为佳，干种子可先用筛子进行初选，再用精选机进行精选，还可将选出来的饱满种子用种衣剂包衣，晾干使水分降至8%以下时，即可包装、贮藏。

（3）大量种子贮藏　参照上述大量种子贮藏方法进行。

（4）少量种子贮藏　少量种子贮藏可用密封的瓷罐或铁桶，若有条件，可将干燥后的种子放入铝箔袋或者铜版纸复合彩袋中密封，再放在通风、干燥、阴凉处贮存即可。

3. 白菜、甘蓝类蔬菜种子贮藏

白菜、甘蓝类蔬菜种子种皮较薄，组织疏松，表面积较大很容易吸湿回潮。

在夏季较为干燥的条件下，相对湿度在 50% 以下时，种子水分含量在 7% ~ 8% 之间；当相对湿度在 80% 以上时，种子水分含量可达 10% 以上，在相对湿度较高的地区，要注意防止种子吸湿回潮。若种堆密度较大，通气性较差，向外散热差则易发热霉变。由于该类蔬菜种子中脂肪含量高，在贮藏过程中，不饱和脂肪酸可氧化成醛、酮等物质，发生酸败，在高温高湿条件下，酸败更加严重，从而导致种子发芽率降低、寿命变短。

种子贮藏要点如下。

（1）适时采收，及时干燥 当白菜、甘蓝的花薹上有 70% ~ 80% 的角果呈现黄色时即可收获，收获太早，嫩籽水分含量较高，不易脱粒，贮藏较难；收获太迟，角果易爆裂。种子脱粒后，要及时干燥。一般可选择晴天晾晒，可将种子放在竹席、纱网上晾晒，每 1 ~ 2 小时翻动一次，注意不要过度晾晒。一般常规贮藏时种子水分含量在 7% ~ 8% 为佳。可采用加热设备加热空气，用热空气进行种子干燥，一般可采用 50 ~ 60℃ 的逐渐升温的热空气干燥 4 ~ 5 小时即可。

（2）清洗分级 种子干燥完成后，先将种子清洗分级，以保证种子贮藏的稳定性。

（3）大量种子贮藏 白菜、甘蓝类蔬菜种子的大量贮藏与其他蔬菜种子贮藏方法一致，可采用普通贮藏方法，具体做法参照上述大量种子贮藏方法进行。

（4）少量种子贮藏 白菜、甘蓝类蔬菜种子的少量种子贮藏可在低温、干燥、真空条件下贮藏。最常用的方法是将种子装在塑封的纸袋、双层防潮塑料袋或者真空的密封罐内，罐藏 3 ~ 4 年后，发芽率仍可达 90% 以上。可在干燥器内贮藏，并放在阴凉干燥处，且每年晒种一次，并更换干燥剂。可用铝箔袋加铜版纸覆膜袋双层包装贮藏。将经过 1 ~ 2 天晒种的水分含量约为 6.5% 的种子装入密封性较强的铝箔包装袋内，进行较长时间密封贮藏。

第二节　蔬菜种子检验

一、种子检验的概念

　　蔬菜种子检验是指应用科学、标准的方法，对生产上使用的蔬菜种子的质量进行检测、鉴定、分析，以判断种子使用价值的一门科学和技术。蔬菜种子检验贯穿于蔬菜种子生产、收购、加工、贮藏、运输和销售，直接关系到种子质量的优劣，要保证种子质量就必须做好蔬菜种子检验工作。

　　蔬菜种子检验的对象不仅包括植物学上的种子，也包括能够作为种子的植物果实和植物营养器官（马铃薯块茎、大蒜鳞茎等）。

　　蔬菜种子检验遵从种子检验规程进行，根据国家有关种子质量检验的方法、步骤、结果计算等的规定进行，具有统一性、可重复性、公众认可性和准确性。

　　由于种子是有生命的生物产品，其检验不如对无生命或非生物产品那样能准确地加以预测，所采用的方法以科学知识和种子工作经验为基础，并且制定了允许误差范围。

　　种子质量主要包括优良的品种特性和种子特性。可用八个字来概括：真、纯、净、壮、饱、健、干、强。由此可见，种子检验是对品种的真实性和纯度、种子净度、发芽力、生活力、活力、健康状况、水分和千粒重进行分析和检验。

二、种子检验的意义

　　包括蔬菜在内的农作物生产，其产量及各项生产指标的完成，在一定程度上受到播种种子质量的影响，因此，种子是植株生产的基础。

　　种子检验是确保种子质量不可缺少的一个重要环节，具有以下重要意义：①保证种子质量，提高产品产量和质量；②保证种子贮藏运输的安全；③防止病虫和有毒杂草的传播蔓延；④保证种子标准化实施。

三、种子检验的技术

蔬菜种子检验，与其他农作物一样，可参照国标 GB/T 3543 的有关规定进行。主要包括取样、检验和报告三个过程。

（一）取样

蔬菜种子检验，取样技术多样，取样基本原则是要有典型性和代表性，通常需随机抽取，符合统计学原理，能代表批量种子的质量。

下面以扦样为例，进行批量蔬菜种子检验介绍。

扦样，是指用专用的扦样工具，从袋装或者散装种子批中取样。种子批是指同一来源、同一品种、同一年度、同一时期收获和质量基本一致并在规定数量之内的种子。扦取适当数量的有代表性的样品以供检验。检验结果的准确性主要取决于扦样技术和检验技术。

根据扦样原理，首先徒手或用扦样器从种子批内取出若干个初次样品，然后再将全部的初次样品混合组成为混合样品，从中分取送检样品到检验室，再从送检样品中分取试验样品，进行各个项目的测定。

扦样应遵循的原则：种子批的均匀度、扦样点的均匀分布、各个扦样点扦出种子数量要基本相等，要安排合格的扦样员进行扦样。

1. 扦样器具

袋装种子扦样器具主要有单管扦样器、双管扦样器和带筒式单管扦样器等。散装种子扦样器主要有双管扦样器、长柄短筒圆锥形扦样器、圆锥形扦样器和气吸式扦样器等。

2. 分样设备

主要有圆锥形分样器、横格分样器和离心分样器等。

3. 种子批扦样

① 在进行正式扦样前，要了解该批种子的来源、产地、品种名称、种子数量以及贮藏期间种子翻晒、虫霉、漏水和发热等情况。

② 按照不同品种种子批的最大种子数量的不同，划分种子批，超过最大种子数量的，应另划种子批，再从每批扦取送验样品。可参照表 1-3 划分种子批。

表 1-3   常见蔬菜种子批的最大质量和样品最小质量

蔬菜名称	种子批最大质量 / 千克	样品最小质量 / 克	
		送验样品	净度分析试样
番茄	10000	15	7
茄子、甜椒（辣椒）	10000	150	15
菠菜	10000	250	25
胡萝卜	10000	30	3
西葫芦	20000	1000	700
南瓜	10000	350	180
黄瓜、菜瓜、甜瓜	10000	150	70
西瓜	20000	1000	250
冬瓜（节瓜）	10000	200	100
茼蒿	5000	30	8
大白菜	10000	100	4
花椰菜、青花菜、抱子甘蓝	10000	100	10
结球甘蓝、不结球白菜	10000	100	10
叶甜菜、甜菜	20000	500	50

4. 扦取初次样品

由于蔬菜种子包装方式的不同，可分为袋装种子扦样和散装种子扦样。

（1）袋装种子扦样

① 计算扦样袋数。根据种子批的袋数，计算扦取袋数，一般情况下，种子批袋数在 1～5 袋时，每袋都需扦取，至少扦取 5 个初次样品；种子批在 6～14 袋时，扦取最低袋数不低于 5 袋；种子批袋数在 15～30 袋时，每 3 袋至少扦取 1 袋；种子批袋数在 31～49 袋

时，扦取最低袋数不得低于 10 袋；种子批袋数在 50 ~ 400 袋时，每 5 袋至少扦取 1 袋；种子批袋数在 401 ~ 560 袋时，扦取袋数不得低于 80 袋；种子批袋数在 561 袋以上时，每 7 袋至少扦取 1 袋。

② 设置扦样点。在收购、调运、加工、装卸扦样时，每隔一定袋数设置扦样点，若种子在仓库为堆垛状时，扦样点应均匀分布于堆垛的上、中、下各个部分。

③ 扦取初次样品。根据种子的大小、形状，选用不同的袋装扦样器。中小粒种子可选用单管扦样器扦样，大粒种子可拆开袋口一角，用双管扦样器扦样。

（2）散装种子扦样

① 确定扦样点数，设扦样点。根据种子批大小的不同，确定种子批扦样点数，一般情况下，种子批大小在 50 千克以下，扦样点数不少于 3 点；种子批大小在 51 ~ 1500 千克时，扦样点数不少于 5 点；种子批大小在 1501 ~ 3000 千克时，每 300 千克至少扦取 1 点；种子批大小在 3001 ~ 5000 千克时，扦样点数不少于 10 点；种子批大小在 5001 ~ 20000 千克时，每 500 千克至少扦取 1 点；种子批大小在 20001 ~ 28000 千克时，扦样点数不少于 40 点；种子批大小在 28001 ~ 40000 千克时，每 700 千克至少扦取 1 点。

② 按照种子堆高分层。当种子堆高不足两米时，可分为上、下两层；当堆高为 2 ~ 3 米时，可分为上、中、下三层，上层在顶部以下 10 ~ 20 厘米处，中层在种子堆中心，下层在底部以上 5 ~ 10 厘米处；堆高在 3 米以上时，可再加一层。

③ 扦取初次样品。用散装扦样器，根据扦样点位置，按照一定扦样次序扦样，先上层，后中层，最后下层，以免搅乱。

除此之外，还有小容器种子批扦样、圆仓（或围囤）扦样和输送流扦样。

5. 混合样品配制

将从各个扦样点扦取出来的初次样品分别观察，若这些样品形态一致，颜色、光泽、水分及其他品质均无明显差异，即可充分混合，若有显著差异，要将有差异的种子划分出来，作为另一批种子。

6. 分取送验样品

当混合样品与送验样品的数量一致时，可将混合好的样品直接作为送验样品，当混合样品数量较多时，要从中分取规定数量的送验样品。可利用圆锥形分样器、横格式分样器或者分样板进行分取，一般情况下，可取得两份送验样品：一份做净度分析和发芽试验，可用经过消毒的坚实布袋或清洁、坚实的纸袋包装并且封口，但不可用密封性容器包装，以免影响种子发芽率的测定；另一份做水分和病虫害检验，可装在清洁、干燥，且能够密封、防湿的容器内，且将容器装满，以防种子水分发生变化，最后可将容器封缄。样品包装、封缄后，应尽快送至实验室，送验样品发送时，必须附有扦样证书，样品上的标签必须和种子批上的标签相符，并且注明扦样单位名称（检验站）、种子批记号和印章、种子批容器数或袋数、送验样品质量、扦样日期、检验项目、检验站收到样品日期及样品编号等。

7. 样品的保存

一般情况下，要在收到种子样品当天就开始检验，检验若有延误，须将样品保存在凉爽、通风良好的室内。检验完毕后，为了便于复验，也要妥善保存。

（二）检验

蔬菜种子主要检验项目有种子真实性、纯度、净度、质量、健康检验、水分、生活力、发芽力以及包衣种子检验等。具体项目检验要点分述如下。

1. 蔬菜品种真实性和纯度鉴定

鉴定种子的真实性和杂交种纯度是检测和控制种子质量的主要途径，蔬菜是应用杂交优势最普遍的作物。我国大面积栽培的主要蔬菜大部分都使用了一代杂种，如果要充分发挥杂交种的优势，最根本的是要保持一代杂种的纯度。

对种子品种真实性的认定和对品种纯度的鉴定，是种子检验中首要的也是最为重要的环节。可参照 GB/T 3543 有关规定要求进行。

用于蔬菜品种的真实性检验的性状指标包括形态学性状（如蔬菜种子籽粒形态性状、幼苗形态性状、植株和果穗形态性状）、细胞遗传学性状、解剖学性状、生理学性状、物理学特性、化学特性、生化性状和分子标记性状等。

传统的田间形态特征检测种子纯度的方法，费时费工，对于植物形态非常接近的种类品种很难鉴别。使大批商品种子或得不到检测或无法当年销售，不能适应种子产业化发展的要求。因此，快速、高效、准确的种子纯度和真实性的鉴定技术成为当前种子产业化发展的关键技术。

多年来，国内外研究人员一直努力探索快速、准确、简便易行、经济有效的品种鉴定技术。近年来，鉴别品种差异的生化和分子生物学技术发展很快，如同工酶、蛋白质分析的电泳技术，核酸分析的限制性片段长度多态性（RFLP）、随机扩增多态性 DNA（RAPD）、扩增片段长度多态性（AFLP）、简单重复序列标记（SSR）等技术用于蔬菜品种真实性和纯度的鉴定。用同工酶电泳检测技术和 DNA 分子标记技术鉴定蔬菜 F1 杂交种纯度及其与双亲遗传差异，鉴别不同常规品种之间、不同 F1 杂交种之间的差别，可以提供更多的鉴别特征，其灵敏度高，快速、准确，可提高检测水平。研究表明，通过建立蔬菜主栽品种的 DNA 分子标记、蛋白质或同工酶图谱数据库，利用检测蔬菜主栽品种纯度及真实性的蛋白质或同工酶电泳技术，以及 DNA 分子标记分析技术，与田间栽培检测结果相比，准确率达到 95% 以上。检测可在一天至一周内完成，比田间方法提高检测速度 20～100 倍。并能克服环境对检测结果的影响。此项技术可以直接用于蔬菜商品种子的快速标准化检测，避免伪劣种子给蔬菜生产造成的损害，可在全国基层种子站普及应用。

蔬菜品种纯度鉴定结果可用百分率来表示：

品种纯度 =（供检种子数 - 异品种种子数）/ 供检种子数 ×100%

良种的品种纯度有规定的容许差距，若标准值（x）减去实测值（a）大于或等于容许误差（T）时，则种子的纯度不符合规定标准。

$$容许差距（T）=1.65\sqrt{\frac{pq}{n}}$$

式中，T 为容许差值；p 为标准或合同或标签值；q 为 $100-p$；n 为样本粒数或株数。

2.净度检验

测定供验样品中不同成分的质量百分率和样品混合物特性，并推测种子批的组成。净度分析时，将试验样品分为净种子（表 1-4）、其他植物种子和杂质三种成分，并测定各个成分的质量百分率，以及其他植物种子的种类及含量。

表 1-4　常见蔬菜作物净种子定义

属名	净种子定义
茄属、番茄属、辣椒属、南瓜属、丝瓜属、冬瓜属、苦瓜属、西瓜属、甜瓜属	带有或不带种皮的种子；带有或不带种皮而大小超过原来一半的破损种子
莴苣属、菠菜属	瘦果，明显无种子的除外；超过原来大小一半的破损瘦果，明显无种子的除外；果皮或种皮部分脱落或全部脱落的种子；果皮或种皮部分脱落或全部脱落，而大小超过原来一半的破损种子
甜菜属	用筛孔为 1.55 毫米 ×20 毫米，长 × 宽为 200 毫米 ×300 毫米长方形筛筛选一分钟后留在筛上的种球或破损种球（包括突出程度不超过种球宽度的附着断柄），不管其中有无种子；单胚品种的下列结构：①种球或破损种球，包括突出程度超过其宽度的附着断柄，明显无种子的除外；②果皮或种皮部分脱落或全部脱落的种子；③果皮或种皮部分脱落或全部脱落而大小超过原来一半的破损种子

（1）送检样品称重和重型混杂物检查　在进行净度分析时，首先要检查送检样品中有无混有重型混杂物（如土块、石块或小粒种子中混有大粒种子等），若存在，要拣出称重（m），并从中分出其他植物种子（m_1）和杂质（m_2），分别称重、记录。

（2）试验样品的分取和称重　净度分析时，每种作物都有规定的试样最低质量，从送验样品中分取规定质量的试样一份或规定质量一半的试样两份，第一份式样取出后，将剩下部分混匀后再分取第二份试样后，即可称重。

（3）试验样品的鉴定和分离 一般选用筛孔适宜的筛子进行分离，筛理后，对各层筛上物分别进行分析，将净种子、其他植物种子、杂质分开，当分析瘦果、分果等果实和种子时，可利用其他辅助仪器（压力、放大、透视仪等）进行分析。

（4）结果计算和表示 各种成分称重计算：试样分析结束后，将每份试样的净种子、其他植物种子和杂质分别称重，并将每份试样同成分的质量相加，计算百分率，并将各成分质量总和与原试样质量进行比较，若差异超过原试样质量的 5%，需重新分析，并取用重新分析的结果。

分析两份半试样的结果计算：根据两份半试样分析结果，分别计算三种成分的质量百分率，并求出平均值，两份半试样之间相同成分的百分率相差不可超过规定的容许差距。

分析两份或两份以上试样的结果计算：如果有必要分析第二份试样时，两份试样各成分的实际差距不得超过规定的容许差距，若所有成分都在容许范围内，则取其平均值，若超过，则须再分析一份试样。

含有重型混杂物送检样品净度分析的结果换算：

净种子（P_2）：$P_2 = P_1 \times (m_0 - m)/m_0 \times 100\%$

其他植物种子（OS_2）：$OS_2 = OS_1 \times (m_0 - m)/m_0 + m_1/m_0 \times 100\%$

杂质（I_2）：$I_2 = I_1 \times (m_0 - m)/m_0 + m_2/m_0 \times 100\%$

式中，m_0 为送验样品的质量（克）；m 为重型混杂物的质量（克）；m_1 为重型混杂物中其他植物种子质量（克）；m_2 为重型混杂物中杂质质量（克）；P_1 为除去重型混杂物后的试样净种子质量百分率；I_1 为除去重型混杂物后的试样杂质质量百分率；OS_1 为除去重型混杂物后的试样其他植物种子质量百分率。

最后应检查：$(P_2 + I_2 + OS_2)\% = 100.00\%$

（5）其他植物种子数目测定 可采用完全检验、有限检验和简化检验三种方法，结果用实际测定试样质量中所发现的种子数表示：

其他植物种子含量（粒/千克）= 其他植物种子数/试验样品质量 ×1000

（6）**结果报告** 将测定的种子的实际质量、学名和该质量中找到的各个种的种子数填写在结果报告单上，并注明采用的是何种检验方法。净度分析的结果应保留一位小数，各种成分的百分率总和应为100%，成分小于0.05%的应填报为"微量"，若成分结果为0，须填报"0"。当测定某类杂质或某种其他种子的质量百分率达到或超过1%时，要在结果报告上注明。

3. 种子质量测定

种子质量测定是指从净种子中数取一定数量的种子，称取质量，计算1000粒种子的质量，并换算成国家种子质量标准规定水分条件下的质量。

4. 种子健康检验

种子健康检验是包括生化、微生物、物理、植保等多学科知识的综合检测技术，主要是对种子病害和虫害进行的检验。主要包括田检和室检两部分，田检即田间检验，指根据病虫发生规律，在一定生长时期较为明显时检查，主要依靠肉眼检验。一些病毒可用室内分离培养的方式来诊断，但必须结合田检来确定，室检方法较多，是贮藏、调种、引种过程中进行病虫检验的主要手段。

种子虫害检验应根据不同季节害虫活动特点和规律，在其活动和隐藏最多的部位取样，可用肉眼检验、过筛检验、剖粒检验、染色检验、比重检验和软X射线检验等方法。种子病害检验可用肉眼检验、过筛检验、洗涤检验、漏斗分离检验、萌芽检验、分离培养检验、噬菌体检验和隔离种植检验等方法。

5. 种子水分测定

种子含水量是指将种子样品烘干后，失去的水分的质量占供检样品原始质量的百分率，是种子运输、贮藏的重要依据。在测定的过程中，要尽量避免水分的损失，以免测定不准确。

（1）**低温恒重烘干法（110 ~ 115℃，8小时）**

$$种子水分 = (m_2 - m_3) / (m_2 - m_1) \times 100\%$$

式中　m_1——样品盒质量（克）；

　　　m_2——样品盒及样品烘干前质量（克）；

　　　m_3——样品盒及样品烘干后质量（克）。

注意：两个重复差距不得超过 0.2%，结果为质量测定值的平均数。

（2）高温烘干法（130 ~ 133℃，1 小时）

（3）高水分预先烘干法（70℃，1 小时 + 低温或高温烘干法）

$$种子水分 = [S_1 + S_2 - (S_1 \times S_2)/100] \times 100\%$$

式中　S_1——第一次整粒种子烘干后水分（%）；

　　　S_2——第二次磨碎种子后的水分（%）。

6.种子生活力测定

种子的生活力是指种子发芽的潜在能力或种胚具有的生命力。

（1）四唑测定　四唑测定是利用 2,3,5-三苯基氯化四氮唑（TTC）无色溶液作为指示剂，当其被种子活的组织吸收后，可被还原为一种红色、稳定、不会扩散的和不溶于水的物质，即可根据胚和胚乳的染色反应来区别种子有无生活力。

（2）软 X 射线造影法　软 X 射线造影法是利用有生活力和无生活力的种子对重金属离子吸收的不同，而重金属离子能够吸收 X 射线，经过显影和定影后，即可鉴定种子的生活力。在胶片上，凡是种胚呈透明状的，均为无生活力种子，凡是种胚呈黑色的，均为有生活力种子；在相纸上，凡是种胚呈黑色的，均为无生活力种子，凡是种胚呈白色的，为有生活力种子。该法不仅能够鉴定种子的生活力，还可提供种子的形态和区分种子饱满、空瘪、虫蛀以及物理损伤等永久性图像记录。

（3）其他方法　如染色方法，包括有靛蓝染色法、红墨水染色法等。

7.种子发芽力检验

蔬菜种子的发芽试验是为了测定种子批的最大发芽潜力，从而比较不同种子批的田间播种价值。种子发芽力可用发芽势和发芽率来表示。

（1）数取试验样品　从混合均匀的净种子中随机数取 400 粒种子，每个重复 100 粒，大粒种子或者带有病原菌的种子可再分为 50 粒甚至

25粒的副重复，复胚种子单位可视为单粒种子进行试验，无需弄破。

（2）**发芽床加水**　一般小粒种子选用在纸上，大粒种子选用在砂床或者纸间，中粒种子纸床、砂床均可。发芽床加水的水质要纯净无害，pH值在 $6.0 \sim 7.5$ 之间为宜，砂床可加水至最大持水量的 $60\% \sim 80\%$，一般中小粒种子为 60% 左右，豆类为 80% 左右；若使用纸床，在纸床吸足水分后，沥去多余的水分即可使用；若使用土壤，做到以加水至手握土壤可黏成团，且用手指轻压即可破碎为宜。

（3）**置床培养**　将种子均匀地分布在湿润的发芽床上，在培养皿上贴上标签，并放在特定的条件下进行培养。发芽床要始终保持湿润，若恒温发芽要保持温度恒定，若变温发芽，要维持适当的温度。不同作物种子的发芽条件也不相同，番茄、黄瓜种子一般可采用纸上、纸间或者砂床培养，发芽适温为 $25^{\circ}C$ 左右，白菜可采用纸上培养，发芽适温为 $20^{\circ}C$ 左右。

（4）**休眠种子的处理**　若当试验结束时，仍有未发芽的种子时，可人工破除生理休眠，可选用下列几种方法进行处理：预先冷冻、加热干燥、硝酸处理、硝酸钾处理、赤霉酸处理、双氧水处理、去外壳处理等；若有硬实的种子，可采用开水烫种或者机械损伤的方法；若含有抑制物，可将种子浸泡在温水或者流水中预先洗涤，一般情况下，甜菜复胚种子可洗涤 2 小时，遗传单胚种子可洗涤 4 小时，菠菜种子可洗涤 $1 \sim 2$ 小时，再将种子干燥，但干燥温度不可超过 $25^{\circ}C$。

（5）**幼苗鉴定**　每株幼苗都必须按照规定的标准进行鉴定。一般情况下，当试验中的绝大部分幼苗子叶从种皮中伸出、初生叶已展开、叶片从胚芽鞘中伸出，即可鉴定，虽然并非所有幼苗的子叶都从种皮中伸出，但是也可清楚地看到子叶基部的"颈"。幼苗可以划分为正常幼苗和不正常幼苗，正常幼苗是指在良好土壤及适宜水分、温度和光照条件下，有继续生长发育成为正常植株趋势的幼苗。不正常幼苗是指在以上条件下，不能继续生长发育成为正常植株的幼苗。

（6）**重新试验**　当种子有休眠、真菌或细菌蔓延、用纸床无法正常鉴定幼苗数量等时，需重新进行试验。

（7）**结果计算和结果报告**　种子发芽试验结果可以用粒数的百分数来表示，当试验的 4 次重复的正常幼苗的百分率都在最大容许误差内时，可用其平均数来表示发芽百分率。正常幼苗、不正常幼苗和未发芽种子百分率的总和必须为100%，其中任何一项结果为0，应将符号"0"填入表格中，此外，还须将发芽床种类、温度、试验持续时间以及为促进发芽所采用的处理方法等填入表内。

8. 包衣种子检验

包衣种子是指采用一定的方法将其他（非种子）材料包裹在种子表面的种子。主要包括有丸化种子、包膜种子、种子颗粒、种子带等。

种子包衣检验要根据包衣种子检验规程对包衣种子进行正确和可靠的检验。在包衣种子检验中最为重要的是正确扦样和分样，净度分析及发芽试验等内容。

（三）检验报告

根据不同的检验内容，由具有资质的种子检验单位和检验人员，出具相应项目的检验报告。

第三节　蔬菜种子处理技术

种子处理是指种子播种前采用的物理、化学或生物处理措施的总称。包括精选、晒种、浸种、拌种、催芽等。利用种子与病原物之间的形状、构造等物理特性的差异及活力的不同，将种子与病原物分开或杀死病原物。目的是促使种子发芽快而整齐、幼苗生长健壮、预防病虫害和促使某些作物早熟。

一、种子处理的作用

（一）提高种子活力

种子活力是指种子健壮度，包括迅速、整齐萌发的发芽潜力和生产潜力。影响种子活力的因素包括内在的遗传因子和外界环境因子。

内在的遗传因子决定种子活力实现的可能性，外界环境因子决定种子活力表达程度。

对于提高和保持种子活力的处理，可在种子形成发育成熟过程、采前采后、贮藏过程、播种前等4个主要时期采取措施。

（二）防治病虫

防护重点转移到种子，可减少材料用量和费用，大大降低成本，减少对非目标生物的不利影响和天气变化的影响。种子处理可使种子和幼苗免遭栖居土壤中的病原菌侵袭，可以抑制种子表面带菌。

（三）打破种子休眠

种子处理可以打破2种形式的休眠，即因种皮（或果皮）坚硬不能正常吸水而产生的休眠和因种子内部生理状态所造成的休眠。

（四）促进种子发芽

通过水分、植物生长调节剂（PGR）及种子丸粒化时加入营养物质等处理方法促进种子发芽。

（五）利于机械化精播

丸粒化技术，改变种子的形状大小，形成整齐一致的小球状，有利于机械化精播。

二、种子处理技术

（一）常规蔬菜种子处理

常规蔬菜种子处理是指采用常规方法对蔬菜种子进行播种前采用的物理、化学或生物处理措施的总称。包括精选、晒种、浸种、拌种、催芽等（图1-4）。目的是促使种子发芽快而整齐、幼苗生长健壮、预防病虫害和促使某些作物早熟。

（1）精选 在种子晒干扬净后，采用粒选、筛选、风选和液选等方法精选种子。种子精选目的是消除秕粒、小粒、破粒、有病虫害的种子和各种杂物。

（2）晒种　利用阳光暴晒种子。具有促进种子后熟和酶的活动、降低种子内抑制发芽物质含量、提高发芽率和杀菌等作用。

（3）浸种　主要作用是促进种子发芽和消灭病原物。方法有：清水浸种、温汤浸种、药剂浸种。应按规程掌握药量、药液浓度和浸种时间，以免种子受药害和影响消毒效果。

（4）拌种　将药剂、肥料和种子混合搅拌后播种，以防止病虫为害、促进发芽和幼苗健壮。方法分干拌、湿拌和种子包衣。

（5）催芽　播前根据种子发芽特性，在人工控制下给以适当的水分、温度和氧气条件，促进发芽快、整齐、健壮。方法有恒温箱催芽、催芽室催芽、地坑催芽、塑料薄膜浅坑催芽、草囤催芽、火坑催芽、蒸汽催芽等。此外，还有种子的硬实处理和层积处理。硬实处理是用粗砂、碎玻璃擦伤种皮厚实、坚硬的种子（如菠菜），以利吸水发芽。层积处理是需后熟的种子，于冬季用湿砂和种子叠积，在 $0 \sim 5$℃低温下 $1 \sim 3$ 个月，以促使通过休眠期，春播后发芽整齐。

晒种　　　　　　　浸种　　　　　　　催芽

图1-4　常见种子处理

（二）蔬菜种子处理技术

1. 超干贮藏技术

超干贮藏是指把种子的含水量降低到传统的 5% 安全含水量的下限以下进行常温贮藏的技术。研究表明，超干处理对于保持提高种子贮藏性能及种子活力具有一定的增效作用，其效果与种子化学组成有一定的关系。富含疏水物质的种子超干处理的效果好些。含油分较多的作物种子容易安全达到 5% 以下的含水量。如大白菜种子含水量降至 0 ～ 1% 时，对种子活力几乎没有影响；油菜、萝卜种子含水量降至 0.2% ～ 0.5% 时，种子活力保持良好，且种子寿命明显延长。

2. 蔬菜种子的引发技术

农业生产实践中，种子的发芽出苗期是一个非常关键的时期。蔬菜种子播后，出苗快而且整齐，便于其后的管理和实现早熟丰产的目的。

种子引发，也称硬化、渗透调节处理（或称预浸处理），将种子浸泡在低水势的溶液中，完成其发芽前的吸收过程。整个水势可以用渗透调节物质将其调整到某个水平，以致在种子内的水分达到平衡时，种子既不能继续吸水，也不能发芽。这些种子经水洗净后，在常温下干燥回原来的含水量，可以进行正常的播种或贮藏。一旦水势控制解除，种子便迅速发芽出苗。

试验研究证明，种子的预浸处理技术是一项很有效的处理技术，可以提高种子出苗速度和整齐度，特别是在不利的环境条件下，如低温和盐碱等。

用作渗透调节物质的种类包括无机盐类（KNO_3、K_3PO_4、NaH_2PO_4）、高分子化合物（聚乙二醇，PEG）及其他物质（甘露醇）等（图 1-5）。具体处理某种蔬菜种子时，需事先进行试验，找出最佳的剂量（浓度）、处理温度及时间等条件，然后再大量应用。

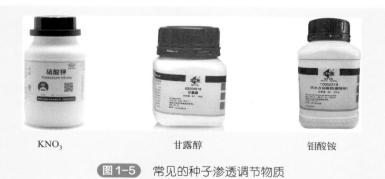

KNO₃ 　　　　甘露醇 　　　　钼酸铵

图 1-5　常见的种子渗透调节物质

微量元素处理，常见的有 B、Mn、Zn、Cu 和 Mo 等。如 0.3 克／升的硼砂或钼酸铵处理辣椒种子，能明显提高发芽率和缩短发芽时间。

3. 蔬菜种子包衣与丸粒化技术

20 世纪 80 年代，薄膜包衣技术有了重大发展，所用包衣胶黏剂是水溶性可分散的多糖类及其衍生物（如藻酸盐、淀粉、半乳甘露聚糖及纤维素）或合成聚合物（如聚乙环氧乙烷、聚乙烯醇和聚乙烯吡啶烷酮），种子包衣对水和空气是可以渗透的。

包衣处理的种子，可小至苋菜、大至蚕豆。杀虫剂、杀菌剂、除草剂、营养物质、根瘤菌或激素等都可以混入包衣剂中，种子包衣后在土壤中遇水只能吸胀而几乎不被溶解，从而使药剂或营养物质等逐步释放，延长持效期，可提高种子质量，节省药、肥，减少施药次数（图 1-6）。

图 1-6　包衣前后的辣椒种子

种子丸粒化，是一项综合性的新技术，是利用有利种子萌发的药品、肥料以及无副作用的辅料（主要有泥、纤维素粉、石灰石、蛭石和泥炭等），经过充分搅拌之后，均匀地包裹在种子表面，使种子成为圆球形，有利于机械的精量播种。丸粒化时可加入胶黏剂、杀菌剂、杀虫剂、生长促进剂等。制成的种子丸粒，具有一定的强度，在运输、播种过程中不会轻易破碎，而且播种后有利于种子吸水、萌发，增强对不良环境的抵抗能力（图1-7）。

图1-7 丸粒化前后的胡萝卜种子

4. 蔬菜种子的破眠技术

对于种皮或果皮坚硬的蔬菜种子，采取划破种子表壳、摩擦或去皮（壳）的方法，使其容易吸水发芽。如对伞形科的胡萝卜、芹菜、茴香、防风等种子进行机械摩擦，使果皮产生裂纹以利于吸水；西瓜特别是小粒种或多倍体种子，可以磕开种皮，以利吸水发芽；用硫脲或赤霉素处理，可以打破芹菜、莴苣的热休眠；用温水浸种或H_2O_2处理后再进行变温处理，可打破茄子种子的休眠。

5. 微量元素处理

农作物正常生长发育需要多种微量元素。不同地区的不同土壤中，常常缺少某种微量元素，利用微量元素浸种或拌种，不仅能补偿土壤养分的不平衡，且方法简便，经济有效。目前广泛施用的微肥有硼、铜、锌、锰、钼。

在微量元素缺乏的土壤里，采用微肥处理种子，增产效果非常显著。微肥处理时应事先做好预备试验，确定好最佳浓度和时间，否则起不到应有的效果。

三、蔬菜种子处理方法

（一）药剂处理法

种子药剂处理是指在种子播种前或在种子加工过程中使用各种化学试剂对种子进行处理。药剂处理可杀死或抑制种子外部附着的病菌以及潜伏于种子内部的病害；保护种子及幼芽免受土壤中害虫和病菌的侵害；种子吸收的药剂可传输给植株地上部分，保护地上部分免受害虫和病菌的侵害。

目前常用的药剂处理方法有：浸种、拌种、闷种、包衣、丸粒化、低剂量半干法、热化学法和熏蒸消毒等。

1. 浸种

药剂浸种是指将作物的种子和苗木等繁殖材料，浸在一定浓度的药剂中，经过一定时间，使种子和苗木吸收和黏附药剂，再取出晾干播种，从而杀死种子表面或内部携带的病原菌和害虫的处理方法。药剂浸种应用较为普遍，无需其他特殊设备，对药剂物理性状的要求也不高，且药液可重复使用，药剂利用率较高，但应注意选择药剂的剂型、准确配制药液、掌握浸种时间、浸种后种子需冲洗和晾晒、药液要充分搅拌且没过种子，避免发生药害或降低浸种效果。目前约有198个农药产品登记的施用方法为浸种。化学农药主要有矮壮素、赤霉酸、多菌灵、福·福锌、甲拌磷、咪鲜胺、烯效唑等，生物农药主要有乙蒜素，登记的其他生物农药还包括 S- 诱抗素、多粘类芽孢杆菌、枯草芽孢杆菌、羟烯腺嘌呤、荧光假单胞杆菌和芸苔素内酯。

2. 拌种

拌种是指在种子播种前，将干燥的种子与农药或微肥等在一起拌和，使种子表面均匀地蘸上一层农药或微肥的方法。拌种所需药量较少，对播种后的幼苗还有一定的保护作用，但对于潜伏于种子内部的病菌效果较差。拌种时要注意选好药剂、掌握药量、防止受潮等。常用的拌种剂有：矮壮素、吡虫啉、丁硫克百威、毒死蜱、多菌灵、噁霉灵、福·福锌、福美双、甲拌磷、甲柳·三唑酮、噻虫嗪、三唑醇、萎锈·福美双、戊唑醇、辛硫·甲拌磷。

3. 闷种

闷种是指用一定量的含有效成分较高的药液浸湿种子，或喷洒在种子上，并充分将种子与药液拌匀，堆放在一起，加上覆盖物，闷熏一段时间，以提高药效。闷种多数采用挥发性强的药剂，如抗菌剂"402""401"等。闷种后的种子已吸收了相当多的水分，应在闷种后两天内播种，若不及时播种，种子会发热，降低种子发芽率。

4. 种子包衣

种子包衣是指利用黏着剂或成膜剂，将农药、着色剂或其他配套助剂包裹在种子外面，以达到使种子呈球形或基本保持原有形状，提高种子抗逆性、抗病性、促进种子发芽、成苗，增加农作物产量的技术。适合大规模商业化种子加工处理。

种衣剂是一种用于作物或其他植物种子处理的、具有成膜特性的农药制剂。目前使用的种衣剂其成分主要有以下两类：一是有效活性成分、杀虫剂、杀菌剂、植物生长调节剂、微生物和营养元素等。例如种衣剂中加入氧化钙，种子吸水后放出氧气，促进幼苗发根和生长等。二是多种助剂。种衣剂除有效活性成分外，还需要有其他配用助剂，以保持种衣剂的理化特性。这些助剂包括包膜种子用的成膜剂、悬浮剂、抗冻剂、防腐剂、酸度调整剂、胶体保护剂、渗透剂、黏度稳定剂、扩散剂和警戒色染料等，丸化种子可用黏着剂、填充剂和染料等化学药品。填充剂如黏土、硅藻土、泥炭、云母、蛭石、珍珠岩、活性炭、磷矿粉等。在选用填充剂时应考虑取之方便，价格便宜，对种子无害。着色剂主要有胭脂红、柠檬黄、靛蓝，按不同比例配比，可得到多种颜色，一方面可作为识别种子的标志，另一方面也可作为警戒色，防止鸟雀取食。

（二）物理机械法

种子处理的物理机械法是依据病原携带体与种子构造及性质上的差异，将两者分开，或者利用光、热等作用杀死病菌。

常用的方法有很多，光、热处理（晒种、烤种、湿热处理）最为常用，可利用 X 射线、紫外线、红外线、放射线和超短波等消灭种子内外病菌。

1. 筛选

筛选可除去种子表面部分病原物，种子经筛选可汰劣。

2. 汰选

汰选包括风选和水选。

风选是利用带病种子因不能充分成熟而比正常健康种子轻的原理，通过风机转动，加大风速，将病种和质量较轻的种子去掉，以达到选种的目的。

水选是利用病种与健康种相对密度不同，将其分开。包括清水选种、清水漂除、胶泥水选种、盐水选种、硫酸铵水选种等。

3. 热力法

热力法是利用种子与病原菌之间抗热能力的不同，将病原菌杀死。不同种子抗热性不同，要选择既能杀死种子内外的病菌，又不损伤种子本身温度的方法来进行消毒。

（1）晒种 将蔬菜种子薄摊于地面或苇席或防水布等隔离物上，利用阳光暴晒种子。为防止烫伤种子，忌直接在水泥地面晾晒。晒种时最好选气温高、光线足的晴天，厚度以 3 ～ 5 厘米为宜，白天要经常翻动，夜间堆起并盖好，不同种子晒种时间不同。晒种具有促进种子后熟和酶的活动、降低种子内抑制发芽物质含量、提高发芽率和杀菌等作用。

（2）烤种 干热烤种是指将种子放在一定温度的干燥热空气中消毒，以达到杀死病菌的目的。不同种子病害消毒温度和时间都不同，一般情况下，番茄花叶病毒病可在70℃热风下消毒24小时，或80℃热风下消毒12小时；番茄溃疡病菌可在85℃热风下消毒24小时；番茄黑霉病菌可在70℃热风下消毒24小时；辣椒烟草花叶病毒可在70℃热风下消毒120小时；黄瓜褪绿斑驳花叶病毒可在70℃热风下消毒72小时；黄瓜黑星病可在70℃热风下消毒48小时。

（3）温汤浸种　是指利用热水杀死种子内外的病菌。具体做法是将种子浸泡在一定温度的温水中若干小时，捞出放入冷水中冷却，再晾干。可分为恒温浸种和变温浸种两种，有时在浸种前先将种子放入冷水中预浸，以降低病菌抗热力，加强浸种杀菌效果。

（三）生物处理法

种子的生物处理法是指利用微生物及其代谢产物处理种子，以抑制或杀死种子传带的病原物。

利用激素或植物生长调制剂处理种子，具有促进萌发、增加出苗、提高幼苗活力、提高抗性等效果；利用生物菌剂（如根瘤菌、固氮菌、磷细菌等）处理种子，可以提高作物的固氮能力和肥料利用率，进而增加作物产量。

目前，常用于种子处理的抗生素有链霉素等。

四、茄科蔬菜常见病害与种子处理技术

茄科蔬菜病害种类较多，有些病害为茄科蔬菜共有，如苗期猝倒病、青枯病、立枯病、白绢病和花叶病等，也有些病害仅为一种蔬菜所有，如茄褐纹病。茄子的茄黄萎病在东北地区较为严重，番茄的病毒病较为严重，辣椒以炭疽病和病毒病为主，马铃薯以晚疫病和病毒病为主。

（一）茄子褐纹病

茄子褐纹病为茄子三大病害之一，分布较为广泛，发病范围较广，个别地块病果率可达50%以上。褐纹病植株从苗期到成株期地上部分均有可能受害，初期发病部位在下部，逐渐向上蔓延，叶斑初

期呈水渍状之后逐渐变为褐色或灰色圆形病斑，病斑边缘清晰，后期扩大为不规则形，着生黑色小点。可先用冷水将种子预浸 3～4 小时，再用 50℃温水浸种 15 分钟，再用冷水降温，晾干。药剂可用福尔马林 300 倍液浸种 15 分钟，或 10%"401"抗菌剂 1000 倍液浸种 30 分钟，浸种后用清水将种子洗净，晾干。也可用药剂拌种的方法，取 50% 苯菌灵和 50% 福美双与泥粉按照 1：1：3 均匀混合，用种子重量的 0.1% 的混合粉剂进行拌种。

（二）茄子黄萎病

茄子黄萎病又叫黑心病，一般在门茄坐果后出现，多从植株半边或整个植株和下部叶片开始发病。可先用冷水将种子预浸 3～4 小时，再用 50℃温水浸种 15 分钟，再用冷水降温，晾干。药剂处理时可用 5% 多菌灵可湿性粉剂 500 倍液浸种 2 小时，也可用种子重量的 0.2% 的 50% 福美双或 50% 克菌丹粉进行拌种。

（三）茄子旱疫病

茄子旱疫病主要为害叶片，叶片上病斑呈圆形或近圆形褐色，有同心轮纹，环境条件湿度较高时，病斑上着生微细的淡黑色霉状物，严重时病叶脱落。可用温度为 50℃温水浸种 25 分钟，或用温度 55～60℃之间的温水浸种 10 分钟。

（四）茄子炭疽病

茄子炭疽病主要为害成熟的果实，病斑初期呈梭形或椭圆形水渍状，显褐色，稍凹陷，病斑上着生小黑点，略呈轮状排列，病斑较多时形成不规则大斑，果肉呈褐色且干瘪。

种子处理：先用冷水将种子预浸 3～4 小时，再用 50℃温水浸种 15 分钟，再用冷水降温，晾干。药剂处理时可用福尔马林 300 倍液浸种 15 分钟，或 10%"401"抗菌剂 1000 倍液浸种 30 分钟，浸种后用清水将种子洗净，晾干。可参照褐纹病用药剂进行拌种。

（五）番茄早疫病

番茄早疫病又叫轮纹病，发病初期叶片上病斑呈暗褐色水浸状，扩大后呈圆形病斑，稍凹陷，边缘呈深褐色，其上有明显同心轮纹，湿度较高时，病斑上着生黑色茸毛状霉，病害严重时，植株下部叶片干枯，茎节处病斑呈黑褐色，稍凹陷，有同心轮纹。可用温度为50℃温水浸种30分钟，再摊开冷却，最后催芽播种或晾干。

（六）番茄斑枯病

番茄斑枯病主要为害叶片，可用温度为50℃温水浸种30分钟，再摊开冷却，最后催芽播种或晾干。

（七）番茄枯萎病

番茄枯萎病又称为萎蔫病，严重时会使全株枯萎死亡。发病初期，仅植株下部叶片变黄，后变为褐色枯萎干枯，但不脱落，有时会出现半边枯的状况，若剖视茎、叶柄和果柄，其维管束均呈褐色。在高湿条件下，病株茎基部会产生粉红色霉，发病较为严重时，植株出现矮化，结果较少或不结果。可在播种前用种子量的0.3%～0.5%的50%克菌丹进行拌种，也可采用温汤浸种，用温度为50℃温水浸种30分钟，摊开冷却，最后催芽播种或晾干。

（八）番茄溃疡病

番茄溃疡病是近年来为害较为严重的一种细菌病害，发病时对番茄叶、茎、果均有为害，发病初期，叶片边缘卷曲，后期叶片皱缩、干枯、变为褐色。可用40℃的温水浸种1小时。

（九）番茄疮痂病

番茄疮痂病主要为害保护地番茄，发病早且受害较重，还可为害辣椒。疮痂病主要发生在叶片上，叶背处病斑中间呈浅褐色至灰白色，中间裂开呈疮痂状，病害严重时，叶片边缘和叶尖变黄变枯，最后脱落。可用1%硫酸铜溶液浸种5分钟，或用1%高锰酸钾溶液浸种 10 分钟，再用清水洗净后晾干播种，也可采用温水浸种。

（十）番茄黑斑病

番茄黑斑病，可用温水浸种，也可先将种子在冷水中预浸 6～15 小时，再用 1% 硫酸铜溶液浸种 5 分钟，捞出后再用清水洗净，晾干播种。

（十一）辣椒炭疽病

辣椒炭疽病，可将种子在清水中浸泡 6～15 小时，再用 1% 硫酸铜溶液浸泡 5 分钟，捞出后可拌少量消石灰或草木灰中和酸性，再播种。或用 55℃ 温水浸种 10 分钟，再移入冷水中进行冷却，再催芽播种。

（十二）辣椒灰斑病

辣椒灰斑病主要为害叶片，发病时，叶片病斑呈圆形或近圆形，起初为褐色，后逐渐变为灰褐色，枝秆发病时，呈灰色条状斑，果实上病斑呈圆形，病斑边缘呈褐色，中央为灰色。可用温度为 55℃ 的温水浸种 10 分钟即可。

（十三）辣椒病毒病

辣椒病毒病在各地普遍发生，为害严重。可用清水将种子浸泡 3～4 小时，再放入 10% 磷酸三钠溶液中浸泡 30 分钟，捞出后冲洗干净再浸种催芽。

五、葫芦科蔬菜常见病害与种子处理技术

葫芦科蔬菜主要有黄瓜、南瓜、西葫芦、冬瓜、丝瓜、苦瓜等。通常，苗期以猝倒病为主，霜霉病、白粉病、炭疽病、病毒病和枯萎病等也时有发生。霜霉病主要为害黄瓜和丝瓜，白粉病主要为害黄瓜、南瓜和西葫芦，炭疽病为害冬瓜、黄瓜、甜瓜和西瓜，枯萎病为害黄瓜和西瓜，病毒病则主要为害西葫芦和哈密瓜，此外，黄瓜疫病也较为严重。

（一）瓜类炭疽病

瓜类炭疽病可用 55℃ 温水浸种 15 分钟，或用 0.1% 氧化汞液浸种 10 ~ 15 分钟，再用清水冲洗干净后播种，也可用福尔马林 100 倍液浸种 30 分钟，再用清水洗净后播种。

（二）黄瓜黑星病

黄瓜黑星病主要为害幼苗子叶，子叶上产生黄色圈形斑点，之后子叶烂掉，用种子重量 0.3% 的 50% 多菌灵拌种即可。

（三）黄瓜病毒病

黄瓜病毒病若苗期受害，子叶变黄枯萎，幼叶呈现浓淡绿相间的花叶，新叶呈现黄绿相间花叶，病叶小而皱缩，严重时，发生反卷，植株下部分叶片逐渐变黄枯死，播种前用 55℃ 温水浸种 30 ~ 40 分钟，再放入冷水中冷却，晾干备用。

（四）黄瓜枯萎病

黄瓜枯萎病极易为害幼苗，在出苗前即会造成烂秧，出土后子叶、幼叶失水萎缩，茎基部呈褐色收缩，猝倒。可将种子放入温度为 60℃ 的温水中浸种，或将干种子放在 70 ~ 75℃ 烘箱中高温消毒 5 ~ 7 天。

六、十字花科蔬菜病害与种子处理

主要包括有大白菜、小白菜、甘蓝、芥菜和萝卜等各个种及其所属变种。十字花科病害分布较广的有病毒病、霜霉病和软腐病，菌核病在长江流域及沿海各省较为广泛，根肿病、白斑病、黑斑病、黑腐病、炭疽病和细菌性黑斑病等也常有发生。

（一）白斑病

白斑病可在 50℃ 温水中浸种 20 分钟，立即放入冷水中冷却，晾干播种，也可用 50% 福美双可湿性粉剂按照种子重量 0.4% 的药量进行拌种。

（二）炭疽病

炭疽病可在 50℃温水中浸种 5 分钟，再放入冷水中冷却，捞出晾干，播种，也可用 50% 福美双可湿性粉剂按照种子重量 0.4% 的药量进行拌种。

（三）黑腐病

黑腐病主要为害甘蓝、大白菜、花椰等，若幼苗感病，子叶呈水浸状，根髓部变黑，幼苗枯死。可用温度为 50℃温水浸种 30 分钟，也可用 0.1% 代森铵液浸种 15 分钟，洗净晾干后播种。

（四）霜霉病

十字花科霜霉病为害较为严重，幼苗受害时，叶背出现被色霜状霉层，严重时，叶及子茎变黄枯死。可用 50% 福美双粉剂或 75% 百菌清粉剂拌种，用药量为种子重量的 0.4%。

（五）甘蓝黑茎病

甘蓝黑茎病还可为害花椰菜、白菜和萝卜等。若苗期发病，子叶、幼茎和真叶均可出现灰色病斑，且着生黑色小粒点。茎基部因溃疡易折断，最后导致全株枯死。可用 50℃温水浸种，再放入冷水中冷却，再捞出晾干播种。

第二章
蔬菜育苗方式与设施设备

蔬菜生产的发展，与社会经济和技术条件的改变相适应，改革开放以来，我国经济技术发展迅速，形成了多种新的独具特色的蔬菜生产和蔬菜育苗方式。随着蔬菜产业的快速发展，以技术集约化、产品标准化、操作规范化为特征的蔬菜规模化高效育苗技术逐步形成，已经成为蔬菜产业现代化的先导。熟悉蔬菜育苗方式和设施设备，了解育苗运作管理，不仅有助于规避育苗风险，还可促进育苗产业向规模化、标准化、高效化发展。

第一节　蔬菜育苗方式

一、蔬菜育苗的意义

蔬菜育苗是指需要移植栽培的蔬菜从播种到定植前在苗床中生长发育的全部过程。蔬菜育苗是蔬菜生产过程中重要的、技术比较复杂的栽培环节，特别是在非生长季节的蔬菜生产，育苗方式就显得更为重要，调控技术更为复杂，育苗的效果也更显著。

蔬菜育苗的实质是使蔬菜提前生长发育，即由于气候或茬口等原因，或为了增加复种茬次，无法在定植的地块上按计划时间播种栽培的情况下，创造可以提前或按时期栽培的条件，以达到能正常栽培或提早栽培的目的。通过育苗可以改变蔬菜栽培的早期环境，让幼苗处于人为创造的适宜环境条件，对蔬菜的幼苗期，甚至整个栽培过程都会产生显著的影响。因此，蔬菜育苗显得尤为重要。

（一）蔬菜育苗的生物学意义

蔬菜作物育苗的生物学意义，首先在于使蔬菜作物提前生长发育。这种早期环境的改变能对蔬菜产生内在的、本质的及后效的生物学影响，且这种影响是极其深远的，但却往往被忽视。例如，在番茄春季保护地育苗阶段，完全可以人为创造强光照低夜温、高营养的良好条件，促进番茄花芽的正常分化与发育，为早熟丰产打下基础。若没有认识或不重视在育苗期间可给予的生物学影响，而在弱光照、高夜温、低营养的条件下育苗，则会降低秧苗素质，影响栽培效果。

育苗的生物学意义，其次在于为蔬菜作物生长发育增加了生物学有效积温。无论哪种作物，整个生育期或每个生育阶段的完成必须有一定的有效积温数，我们通常所说的"生长期不够"实质上指一生中有效积温数不够。通过育苗增加有效积温，就可以提前满足达到一定生育阶段所需的积温数，起到提早成熟或延长生长期的作用。

育苗是以人工生态环境对幼苗施予影响，这种影响有时主要表现在"量"的方面，如创造适宜的温度条件；有时则表现在"质"的方面，如创造低温、短日照条件；有时是"量"和"质"的作用兼而有之。

（二）蔬菜育苗的生产意义

在人为创造的良好育苗环境下育苗，可提高秧苗质量；能缩短在生产田中的占地时间，提高土地利用率；可节省用种量，有节支增收的效果；使蔬菜提早成熟，增加早期产量，提高经济效益；有利于防除病虫害，防止或减少自然灾害；便于茬口安排与衔接，有利于周年集约化栽培的实现；在一定程度上可以克服盐碱地栽培出苗难、幼苗生长缓慢等问题；秧苗体积小，便于运输，可选择资源条件好、育苗成本低的地区异地育苗；高度集中的商品苗生产，可以带动蔬菜产业和一些相关产业的发展；商品苗生产的发展，可减轻菜农生产秧苗的负担及技术压力，促进蔬菜商品性生产的加速发展。

二、蔬菜育苗技术的发展

中国是运用育苗技术最早的国家之一。早在北魏人们已经发现了蔬菜育苗的作用，贾思勰曾在《齐民要术》一书种瓜篇中记载了茄子移植成活的要点。蔬菜育苗是多种蔬菜生产技术的一个重要环节，是蔬菜集约化、产业化生产的必备条件。无论是春、冬、越冬保护地设施栽培，还是春早熟、夏露地、秋延迟等栽培的茄果类、瓜类、甘蓝类、豆类等蔬菜，培育适龄壮苗，均可以充分利用适宜的栽培季节和保护设施，实现早熟早收、优质高产，提高设施和土地利用率，并能获得较高的经济效益。

我国的蔬菜育苗技术，目前已经从简单的风障、阳畦草苫覆盖育苗逐步发展到温室大棚等多种设施工厂化育苗技术为主的现代育苗技术。与社会经济发展和蔬菜技术发展的需要同步。如电热温床育苗的出现，使风障、阳畦育苗上了一个新台阶；无土育苗技术使传统的营养土育苗进行了一次革命；穴盘育苗技术又使蔬菜育苗进入机械操作的工厂化时代，为蔬菜生产集约化、集中化、工厂化、企业化提供了可靠的保障（图 2-1）。

图 2-1 温室集约化育苗

世界发达国家蔬菜育苗技术的发展，也随着各国社会经济的发展、工业发达程度的不断提高以及人们对蔬菜生物学、生理学特性认识程度的加深而不断提高，随着蔬菜生产发展的需要而不断发展。在设施园艺发达的荷兰、韩国、日本等国，蔬菜工厂化育苗已成为一项成熟的农业生产技术，发展成为一个产业。这些国家以先进的设施设备、现代化的工程技术、规模化的生产方式、企业化的经营管理装备种苗产业，实现了秧苗工厂化生产和商品化供应，在种植业中创造了良好的社会和经济效益。在日本，蔬菜生产农户的用苗可由农协、生产合作社供给或向育苗中心、育苗会社购买，农户基本没有自育自用的。我国台湾省的蔬菜生产者也都是向育苗公司买苗种植。

随着世界经济一体化的进展，我国蔬菜种苗生产的规模化、集约化、商品化、工厂化已成为蔬菜产业向现代化发展的重要标志，也是经济发展的必然趋势。

三、蔬菜育苗的特点及前景

（一）蔬菜育苗的特点

（1）育苗条件设施化 蔬菜育苗占地少，可人为创造适宜的生长环境，保证育苗正常的生长发育，提高生产效率，以获得高品质种苗和良好的经济效益。因此，需要提供一定程度的保温采光或者降温遮阳的保护设施，这些设施是蔬菜育苗的"硬件"条件。

（2）生产技术标准化 蔬菜育苗的重要特征之一就是技术标准化。各个环节、各项技术指标的确定，育苗技术体系的建立，都必须建立在对各种蔬菜秧苗生长发育规律及其生理生态研究的基础之上，这些构成育苗的"软件"部分。

（3）生产管理科学化 育苗的效果要求"硬件""软件"协调，配合得当，生产过程中科学管理，才能取得预期效果。

（4）生产过程机械化、智能化 随着技术经济发展，蔬菜育苗从基质配制装盘到催芽，以及育苗过程中的水分管理、环境控制，逐步采用机械化自动化设施设备，有效提高了生产效率。

（二）蔬菜育苗的前景

我国地少人多，在耕地日益减少的情况下，要保证适宜的蔬菜生产规模，目前我国蔬菜栽培面积 3.3 亿亩（1 亩 =667 平方米），产量 7.8 亿吨，其中设施蔬菜面积 4000 万亩、产量 2.7 亿吨，年产值超万亿元，年人均 190 千克，基本满足人们对蔬菜副食品的均衡供应需求和营养健康要求。育苗作为蔬菜生产中的关键环节，是提高蔬菜生产综合效益的关键技术措施之一。秧苗质量对栽培效果影响显著，培育壮苗是蔬菜产业发展的基础。据测算，我国常年生产的蔬菜约 2/3 采用育苗移栽，全国育苗移栽蔬菜种苗需求量超过 6800 亿株，而目前集约化育苗供苗量约 2000 亿株，缺口很大，蔬菜集约化育苗在我国有广阔的市场前景。

尽管目前分散的一家一户方式育苗仍比较普遍，但随着我国农业现代化发展，以设施蔬菜为主要内容的设施农业发展迅速，蔬菜育苗也由传统的床土育苗、营养钵育苗等方式向着集约化、商品化、规模化育苗的方向转变，根据市场需求，进行周年性计划生产，大大提高了劳动生产率。

从 20 世纪 70 年代我国引入以电热控温技术为主要内容的电热育苗开始，伴随着育苗生产的发展，育苗技术不断改进和完善，主要内容为：控温催芽出苗（催芽室的应用）、提高并控制地温（电热温床的应用）、改善苗床结构和营养（合理配制营养土）、实行无土育苗、改革成苗设施（用大中棚代替小棚）、改善光温条件、适当缩短育苗期、保温节能（多重覆盖）、容器育苗等。

20 世纪 80 年代，北京市、上海市先后引进了蔬菜工厂化育苗的设施设备，在工厂化育苗方面积累了较为丰富的经验，取得了巨大的社会效益和经济效益。其后，国家先后把穴盘育苗研究列为国家重点科研项目，2011 年现代农业产业技术体系设立育苗技术创新岗位，2013 年把"设施农业高效育苗标准化生产工艺与配套设备研究与示范"列为农业行业项目，围绕集约化、规模化育苗的关键技术与配套设备，主要在标准化育苗基质生产线设备和技术、蔬菜苗期生长发育调控技术及配套设备、高效育苗标准化生产工艺与配套设备、商品苗安全贮运技术及配套设备等方面进行了系统研究与开发。经过多年的研究，我国在育苗设施、设备、标准化技术等方面取得许多科技成果，如集约化穴盘育苗得到了快速发展，已在全国各主要优势产区建立了规模化的集约化育苗场，蔬菜集约化育苗场的建设在促进育苗环节的专业化分工、集约化生产、企业化发展，带动蔬菜生产的标准化和规模化，促进设施周年生产，提升蔬菜生产防灾、减灾能力等方面发挥了重要作用。同时，与蔬菜育苗相关的领域也得到了快速发展，例如嫁接育苗技术、精量播种设备、种子丸粒化与引发、育苗基质和肥料、育苗温室与设备等，逐步形成了完整的科技研发体系和产业链条。蔬菜种苗行业日益成为一个技术含量高、经济效益好、具有活力和良好前景的产业。

四、蔬菜育苗的主要方式

我国幅员辽阔，气候各异，栽培的蔬菜种类繁多，各地经济基础、设施条件和栽培技术等方面各不相同，各地因地制宜，形成了具有一定特色的蔬菜生产形式和多样的蔬菜育苗方法。蔬菜的育苗形式，主要可归纳为：露地育苗、保护地育苗、无土育苗、工厂化育苗等。

（一）蔬菜育苗方式的分类

根据根系保护设施，蔬菜育苗分为土坨育苗、营养土块育苗、纸袋和草钵育苗、塑料钵育苗和穴盘育苗。

根据育苗基质，蔬菜育苗可分为有土育苗，一般包括床土育苗，配制营养土育苗；无土育苗，包括砂砾育苗，炉渣育苗，炭化稻壳育苗，蛭石、珍珠岩育苗，草炭有机质育苗，水培育苗。

根据繁殖材料及方式，蔬菜育苗分为普通育苗、扦插育苗、嫁接育苗、试管育苗（组织培养育苗）。

根据育苗技术水平，蔬菜育苗分为普通育苗、规模化育苗、工厂化（机械化）育苗。

根据育苗设施，蔬菜育苗分为风障、阳畦育苗，酿热温床育苗，电热温床育苗，日光温室育苗（大棚温室育苗），智能化温室育苗。

（二）主要方式

1. 露地育苗

露地育苗是在露地设置苗床直接培育秧苗的育苗形式。其特点是：在自然环境条件适合于蔬菜种子萌发和幼苗生长的季节（一般为春、秋两季）进行播种和秧苗的管理，其方法简便，苗龄一般较短，育苗成本低，适于大面积的蔬菜育苗；所用设施简单，最多是进行简易的覆盖。这种育苗形式不能人为地控制或改变育苗过程中所处的环境条件，同时也易遭受自然灾害影响。目前适宜于露地育苗的蔬菜种类主要是栽培面积较大、种子发芽或幼苗生长对环境条件的适应能力较强的白菜、甘蓝、芥菜、菠菜、芹菜、莴苣等叶菜类蔬菜，以及部分豆类和葱蒜类蔬菜。

2. 增温育苗

增温育苗一般是指采用人为的措施利用某些设施或材料对苗床进行保温或增温，提高苗床温度，培育蔬菜秧苗的育苗形式。常见的增温育苗有阳畦冷床育苗、酿热温床育苗、电热温床育苗、塑料棚多层覆盖育苗和温室育苗等，不同程度地调控育苗环境的温度，使苗床内的温度适当高于外界的温度，基本满足秧苗生长的需要。增温育苗一般是在较寒冷的或低温季节进行，冬季培育春季栽培的喜温蔬菜，如番茄、茄子、辣（甜）椒、黄瓜、西瓜、甜瓜、冬瓜、菜豆等。

3. 降温育苗

降温育苗是指利用某些设施或一定的手段降低育苗环境的温度，改善局部小气候，培育蔬菜秧苗的一种育苗形式。在我国，降温育苗主要是夏秋高温季节的一种主要育苗形式，遮阴后培育秋冬蔬菜的秧苗（主要是秋延蔬菜，如秋冬辣椒、番茄、甘蓝、芹菜、早熟花椰菜等），解决秋冬蔬菜在高温气候条件下发芽不良，生长发育不正常的难题，并可提前播种，减缓 9 ~ 10 月份的蔬菜供应淡季。

4. 无土育苗

无土育苗又称营养液育苗，是指用配制的无机营养液在特定的容器内培养蔬菜幼苗的育苗形式。可采用理化性质良好的固体材料作为育苗基质，也可直接采用营养液水培的方法。

无土育苗的优点是育苗基质通气性好，养分水分供应充足，幼苗生长速度比用床土育苗快，根系发达，有利于缩短苗龄；易实现蔬菜育苗的科学化、标准化管理，选好育苗基质和营养液的配方，加上温度、光照等环境条件的人工控制及调节，配合必要的自动化、机械化设施，有利于实现工厂化育苗；蔬菜秧苗根部无土，便于远距离运输、节省劳力，而且根系几乎无损伤，秧苗的成活率高，能连续、成批培育蔬菜商品苗。

5. 穴盘育苗

蔬菜穴盘育苗是指利用先进的设施、设备和管理技术，将幼苗的不同生长阶段放置在人工控制的最优环境里，充分发挥幼苗的潜力，快速、高质量地培育出优质壮苗的一种工厂化育苗方式。任何一种可以育苗的移栽蔬菜均可采用穴盘育苗的方式，对于根系较弱、再生能力差、苗龄短的蔬菜秧苗特别适合。

穴盘育苗是现代蔬菜花卉等育苗技术发展到较高层次的一种育苗方法，在人工控制的最佳环境条件下，采用科学化、标准化技术措施，运用机械化、自动化手段，使蔬菜等育苗实现快速、优质、高效率的大规模生产。

因此，要求的设施档次高、自动化程度高，通常是具有自动控温、控湿、通风装置的现代化温室或大棚，棚室空间大，适于机械化操作，配备自动滴灌、喷水、喷药等设备，并且从基质消毒（或种子处理）至出苗是程序化的自动流水线作业，通常有自动控温的催芽室、幼苗绿化室等（图 2-2）。

图2-2 工厂化穴盘育苗

（三）蔬菜育苗技术

1. 露地育苗技术

（1）播种时期　播种期的正确与否，不仅关系到蔬菜秧苗质量，而且关系到产量的高低、品质的优劣和病虫害的轻重。播种时期受多种因素制约，包括经济因素、栽培因素、土壤气候因素、病虫害和蔬菜植物生物学特性因素等。决定播种期最重要的因素是气候条件，即温度、霜冻、日照、雨量等；其次是作物的生物学特性，包括生长期的长短，对温度及光照条件的要求，特别是产品器官的形成对温度、光的要求，以及对霜冻、高温、干旱、涝渍的忍受能力等。

蔬菜的播种时期很不一致，随种子的成熟期、当地气候条件和栽培目的不同而有很大差异。一般来讲，露地蔬菜播种期主要以春播和秋播为主，春播从土壤解冻后开始，以2～4月份为宜，秋播多在8～9月份，至冬初土壤封冻前为止。亚热带和热带可全年播种，以幼苗避开暴雨和台风季节为宜。

（2）播种方式　土壤育苗的种子播种可分为大田直播和畦床播种两种方式，大田直播可以平畦播，也可以垄播，播后不必移栽，就地长成苗或供作砧木进行嫁接培养成嫁接苗。畦床播，一般在田地苗床或室内浅盆集中育苗，经分苗培养后定植田间。播种或用干种子，或用浸泡过的种子，或用催芽的种子，播种方法也有所不同。但不论用何种种子播种，播种前都要整平土地，或作小垄等。

干籽播种一般用于湿润地区或干旱地区的湿润季节，可趁雨后土壤墒情合适，能满足发芽期对水分的需要时撒种。播种时，根据种子大小、土质、天气等，先开 1～3 厘米深的浅沟，撒播可用钉齿耙在畦面轻轻划拉出播种沟，穴播用锄开穴，然后播种。播后用耙子平沟，用土盖住种子，并进行适当镇压，使土壤和种子紧紧贴合以助种子吸水。如果土壤墒情不足，或播后天气炎热干旱，则在播种后需要连续浇水，始终保持土面湿润直到出苗。但浇水会引起土面板结，使出苗时间延长和不整齐。为防止土面浇水后板结，可在畦面铺碎草进行喷灌，或利用高秆作物的宽阔行间作畦播种。

浸种和催芽的种子，需播于湿润的土壤中，土壤墒情不够时，应事先浇水造好墒情再播种。播法与干籽相同。在天气炎热干旱或土壤温度很低的季节播种，不论干籽或浸种催芽的种子，最好用湿播法。播种前先把畦地浇透水，把存水的凹处撒细土填平，再撒种子，然后埋土 0.5～2.0 厘米，覆土深度依种子大小和出苗特性而定。1～2天后，用耙轻轻耙平和镇压土面。炎热天气可盖碎草或草帘来遮阴和保墒，当幼芽顶土时撤去。

（3）播种地选择 播种地应选择有机质较为丰富、土质松软、排水良好的砂质壤土。播前要施足基肥，整地作畦，耙平。

（4）播种方法 常见的播种方法有撒播、条播、点播（穴播）三种。

我国现已开发出一套种子线生产机器（视频 2-1），将蔬菜种子根据需要的间距均匀包裹在种子线中，便于均匀播种和提高播种效率。

视频 2-1 蔬菜种子线机器

撒播：白菜、韭菜、菠菜、小葱等小粒种子多用撒播，撒播要均匀，不可过密，撒播后用耙轻耙或用筛过的土覆盖，深度以覆盖住种子为度。此法比较省工，出苗量多，但出苗稀密不均、管理不便，苗生长细弱。

点播：多用于大粒种子。如豆类蔬菜等的播种。先将床地整好，开穴，每穴播种 2～4 粒，待出苗后根据需要确定留苗株数。该法分布均匀，营养面积大、生长快，成苗质量好，但产苗量少。

条播：用条播器在苗床上按一定距离开沟，沟底弄平，沟内播种，覆土填平。条播可以克服撒播和点播的缺点，适宜大多数蔬菜播种。

2. 组织培养育苗技术

植物组织培养（简称"组培"）是指在无菌条件下，将离体的植物器官（如根、茎、叶、花、果实、茎尖）、组织（如形成层、表皮、皮层、髓部组织、胚乳等）、细胞（如大孢子、小孢子、体细胞）以及原生质体，培养在人工控制的环境里，使其生长成完整的植株。也就是将植物的一部分（外植体）放在无菌的容器中，供给充足的营养物质，置于适宜的环境中，使它们得以生存和形成完整的植株的一种方式。

组织培养育苗，可人为地控制外界条件，条件均一，有利于植物的生长。其生长周期短，繁殖速度快，成本低廉，利于工厂化生产，可快速繁殖规格整齐的苗。管理方便，有利于自动化管理，可以大大节省人力、物力及田间种植所需要的土地，便于流水线作业。在组培中，利用微茎尖培养可脱出植物所带病毒，获得无毒苗，可大量繁殖，满足需要（图 2-3）。

图 2-3　组织培养育苗

目前，组培在蔬菜育苗生产中应用，并引起社会的广泛重视（图2-4）。

图2-4　辣椒组培育苗

植物快速繁殖的过程可分为以下5个阶段：获取外植体母株的准备阶段；建立无性繁殖系；在快繁培养基上多次重复继代培养，加速繁殖；培养出达到移栽入土壤要求的生根小植株；驯化、栽培由离体培养转入温室条件下栽培的小植株。一般将快繁苗的驯化、栽培划入育苗范围。

（1）获取组培快繁外植体的准备工作

① 选择正确的品种：品种选择很重要，尤其对快繁脱毒苗十分重要。在条件允许的前提下要选择品质好，产量高，抗、耐病毒病性好的品种作为快繁原材料。

② 外植体母株的培育：确保外植体母株的品种纯度是生产高纯度、优质种苗的基础。外植体母株不纯，或不具备品种的典型性状，获得试管苗即是杂株，那么以其为基础繁殖的所有植株亦全是杂株。特别是一些栽培历史长、用种量大的无性繁殖作物，品种易发生混杂。因此要严格鉴定外植体母株的品种纯度，打好基础，可避免无效劳动，提高工作效率。

a. 外植体的取材。最好取于室内培育的母株，这样既不受季节影响，又易消毒。但如果条件不允许，可直接取于大田，但要特别注意将植株携带的泥土反复冲洗干净，严格消毒、灭菌，否则会加重组织培养污染。

b. 选择优良母株。培养或选择生长健壮、无病虫害的母株获取快繁外植体，由这类外植体培养的无菌苗生长势强、生长快。

c.打破休眠。如果取材尚未度过休眠的块茎或鳞茎等营养贮存器官，需在培养前用理化方法进行处理，以打破休眠，催芽。请参阅第一章第三节种子处理技术打破休眠，通常可采用例如低温处理和药剂处理等方法，以鳞茎（块茎）为例，可将鳞茎（块茎）放置于 2～8℃ 低温下处理 4～8 周或采用（5～10）×10^{-6} 赤霉素（生产用"920"）浸泡块茎或鳞茎 5～20 分钟均可有效打破其休眠。

③ 外植体取材部位：外植体取材部位是根据所采用的繁殖方法决定。通常茎尖分生组织取自植物茎顶端，例如马铃薯、大蒜、芋头等的脱毒；花端分生组织取自植物花端；根尖分生组织取自植物根端；叶片取植物叶片等。

④ 材料灭菌：一般灭菌程序为先将材料洗净，自来水冲洗 30～40 分钟，用杀菌剂处理 2～10 分钟，3 遍，然后用灭菌纸将材料揩干水分备用。

⑤ 灭菌方法：不同植物不同器官的灭菌方法有所不同。种子、块根、块茎和幼芽一般先用自来水冲洗，取出，滤干水，浸入 70% 酒精 2～3 秒后取出，浸于氯化汞溶液或次氯酸钠溶液中 2～10 分钟，取出，滤干水，再用灭菌水冲洗。对于包有较厚鳞片的大蒜，可浸蘸 70% 酒精在酒精灯上均匀烤干，即可进行剥离接种操作。但不可烤得时间过长，否则茎尖会受高温灼伤而死亡。

（2）获得无菌试管苗 将经灭菌处理的材料置超净台上，无菌条件下，剥去包裹在拟取外植体外部的叶片、芽鳞片、花苞片等，切取位于茎顶端或花端的带 2～3 个叶原基的分生组织，幼芽或其他类型的外植体，接种到诱芽培养基上，每培养瓶接种外植体个数因快繁的植物种类和外植体不同而不等。将接种好的试管放置于（26±2）℃，连续光照 12 小时，光照强度 1500 勒克斯的培养室，培养 2～4 周成无菌试管苗。

（3）无菌试管苗的继代培养快繁 继代培养快繁的途径主要有 3 条，即通过愈伤组织、通过不定芽和通过促生腋芽亦称多芽发生。根据选取的快繁途径，设计筛选出适宜的培养基，建立优化的快繁体系。将无菌苗按要求方式，或分割，或切段，或粉碎后接种在继代培养基上，置于 23～28℃、光照 10～16 小时、光强 1500～3000 勒克斯培养室内培养增殖。

（4）快繁苗的生根及微型鳞茎（薯，原球）的培养 将生长至1～1.5厘米长以上的无菌苗或将较长的无菌苗按叶节切段，逐段地接种到筛选好的生根或微型鳞茎培养基上，也可把无根试管苗蘸上生根剂（通常是 NAA、IBA 等与滑石粉混合）直接插入经灭菌处理的栽培基质中，通常效果也很好，同时减少了无菌操作步骤，降低了培养成本。

3. 穴盘育苗技术

穴盘育苗是一种以草炭、蛭石、珍珠岩等轻型基质材料为育苗基质，以不同规格的育苗穴盘为育苗容器，采用机械化自动精量播种生产线完成基质装填、压穴、播种、覆土、镇压和浇水等系列作业，然后在催芽室和温室等设施内进行有效的管理，一次培育成苗的现代化育苗技术体系。

（1）穴盘育苗设施 穴盘育苗的设施可根据育苗要求、目的和条件综合考虑。工厂化穴盘育苗的设施应具有先进和完整配套的特点，一般要求性能良好、环境调控能力较强的玻璃或加温塑料温室。局部小面积的穴盘育苗可因地制宜，配置必要的育苗设施和设备。北方地区可采用结构性能较好的日光温室，配备适当的加温或补温设备，如电热温床等，以防地温过低等极端条件出现。其设施请参阅本章第二节穴盘育苗设施。

（2）穴盘育苗一般程序 大部分蔬菜作物适于工厂化穴盘育苗，一般经过种子精选、基质与穴盘准备、种子精播、催芽、棚室育苗等过程。

种子精选：由于高精度的精量播种机以真空吸入法每穴播 1 粒种子，如种子发芽率不足 100%，造成空穴，补苗费工，因此，对种子质量（包括纯度、净度、发芽率、发芽势等）要求很高。必须精选和进行必要的预处理，低于 85% 发芽率的种子不能用于精量播种。

基质与穴盘准备：蔬菜育苗基质选配，请参阅第三章第一节蔬菜育苗基质相应内容。穴盘准备请参阅本章第四节蔬菜育苗的辅助设备相应内容。

精量播种，请参阅本章第三节蔬菜育苗的主要设备。

催芽与棚室育苗环境管理，请参阅第四章蔬菜育苗环境管理关键技术相应内容。

（3）穴盘苗商品标准　不同蔬菜的穴盘育苗商品苗标准不一样，以番茄为例，上海地方标准如表2-1。

表 2-1　番茄种苗商品质量标准（上海地方标准，2001）

类别	中苗			小苗		
	一级	二级	三级	一级	二级	三级
真叶数	6.0～6.5 片			4.0～4.5 片		
日历苗龄	45 天左右（冬春）；35 天左右（夏秋）			35 天左右（冬春）；25～28 天（夏秋）		
真叶	鲜绿有光泽	轻褪绿有光泽	绿黄光泽差	鲜绿有光泽	轻褪绿有光泽	绿黄光泽差
子叶	绿色健全	绿黄健全	黄脱落	绿色健全	淡绿健全	绿黄有脱落
苗高 / 厘米	< 20	20～25	> 25	< 15	15～20	> 20
节间	紧凑	较紧凑	松散	紧凑	较紧凑	松散
茎粗 / 厘米	> 0.4	0.3～0.4	< 0.3	> 0.3	0.2～0.3	< 0.2
盘根松散率 /%	< 10	10～20	> 20	< 10	10～30	> 30
白根率 /%	> 90	80～90	75～80	> 90	80～90	75～80
病虫害	无	无	轻微	无	无	轻微
机械损伤	无	无	轻微	无	无	轻微
秧苗整齐度 /%	> 90	80～90	< 80	> 90	80～90	< 80

第二节　蔬菜育苗设施

一、育苗设施

原则上，用于蔬菜生产上的温室大棚等设施，均可用于蔬菜育苗。简介如下。

（一）温室

温室是以采光覆盖材料作为全部或部分围护结构材料，可在冬季或其他不适宜露地植物生长的季节供栽培植物生长的建筑物或构筑物，是各种类型园艺设施中性能较为完善的一种，可以进行冬季生产。

温室的种类很多，依不同的屋架材料、采光材料、外形及加温条件等又可分为很多种类，如玻璃温室、塑料聚碳酸酯温室；单栋温室、连栋温室；单屋面温室、双屋面温室；加温温室、不加温温室等。温室结构应密封保温，但又应便于通风降温。现代化温室中具有控制温湿度、光照等条件的设备，用计算机自动控制创造植物所需的最佳环境条件。

我国近几十年来温室发展速度极快，尤其是塑料薄膜日光温室，因其保温节能性好、成本低、效益高，在三北地区 −20℃ 的寒冷地区，可以实现冬季不加温生产喜温果菜，在世界上是一项突破。各地应根据当地的气候土壤条件和经济技术水平，选择适应的温室类型。

1. 大型温室

大型连栋温室一般具备结构合理、设备完善、性能良好、控制手段先进等特点，可实现作物生产的机械化、科学化、标准化、自动化，是一种比较完善和科学的现代化温室。这类温室可创造作物生育的适宜环境条件，能使作物高产优质。要注意结合当地的生态气候条件选择适宜的温室。目前生产上常用和常见的是各类连栋温室。覆盖材料主要采用塑料薄膜、聚碳酸酯（PC）板或玻璃。

连栋温室是将两栋以上的单栋温室在屋檐处连接起来，去掉连接处的侧墙，加上檐沟（天沟）而成的。主要有圆拱形屋顶、尖拱形屋顶、大双坡或者小双坡屋顶、锯齿形屋顶等形式。生产性温室，规模较大，面积 3000 ～ 10000 平方米，温室环境调控系统完备，包括采暖系统、通风系统、降温系统、灌溉系统、施肥系统、控制系统。单栋跨度与温室的结构形式、结构安全、平面布局直接相关。研究和应用结果表明，我国从低纬度的南方到高纬度的北方，跨度应逐渐加大，一般南方地区 4 ～ 6 米，黄河流域至京津地区 8 ～ 10 米，东北、内蒙古地区 12 米左右，以保持良好环境条件下的良好经济性。一般生产型连栋温室的檐高在 3.5 米左右，加大了温室的规模，适应大面积甚至工厂化植物生产的需要；保温比大，保温性较好；节省单位面积的土建造价；占地面积少；较单栋降低了造价，节省能源。

温室的结构构件和设备设计使用年限为 15 ～ 25 年。

连栋温室的辅助设施一般较完善，如水、暖、电等设施，控制室、加工室、保鲜室、消毒室、仓库及办公休息室等（图 2-5，图 2-6）。

图 2-5 大型温室 1 玻璃温室

图 2-6 大型温室 2 塑料连栋温室

2. 日光温室

日光温室节能性好、成本低、效益高，在 -20℃ 的北方寒冷地区，冬季可不加温生产喜温果菜，这在温室生产上是一项突破。我国的日光温室分布广泛，结构类型繁多，名称也不统一。从屋面形状分，有拱形屋面、半拱形屋面、单拱屋面、双拱屋面和平面之分。从后坡形状分，有长后坡、短后坡和无后坡之分。从骨架材料分，有竹木结构、钢筋混凝土结构、钢筋结构和装配镀锌管结构。从室内立柱的有无可分为有立柱温室和无立柱温室（图 2-7）。

图 2-7　日光温室

几种主要的日光温室类型如下。

① 普通型日光温室。原始型温室为直立窗，受光面积和栽培面积都很小，室内光照较弱，后期随着发展，逐渐将直立的纸窗改为斜立的玻璃窗，同时把后屋顶加长，形成普通型温室。

② 改良型日光温室。对普通型温室进行了改造，因而产生了北京改良温室、鞍山一面坡立窗温室和哈尔滨温室等。进一步加大了温室的空间和面积，改善了采光和保温条件，方便了作物栽培和田间作业，增加了作物产量。

③ 发展型节能日光温室。为了进一步扩大温室的栽培面积，改善室内光照、温度、通风条件，按不同地理纬度确定温室屋面角度，

设计出了高跨比适宜的钢骨架无柱式温室，更加适合作物的生育和田间作业，这就是发展型温室。自20世纪70年代发展的斜立窗无柱式温室和三折式温室等，到20世纪80年代开始发展起来的日光温室均属于发展型温室。由于这类温室建造简单、成本低、效益好，因此很受生产者的欢迎。

④ 装配镀锌管日光温室。为固定棚型，前屋面为半拱形（图2-8）。应结合本地实际，选择已有的优型结构的日光温室。

图2-8 装配镀锌管日光温室

（二）塑料棚

用于蔬菜生产和育苗的塑料棚，形式多样。蔬菜育苗一般可采用小棚、中棚和大棚。

1. 塑料小拱棚

小拱棚的型式主要有拱圆形、半拱圆形和双斜面形等三种类型。以下主要介绍前两种。

（1）拱圆形小拱棚 拱圆形小拱棚是生产上应用最多的小棚。主要采用毛竹片、细竹竿、荆条或钢筋等材料，弯成宽1～3米、高0.5～1.5米的弓形骨架，骨架上覆盖0.05～0.10毫米厚聚乙烯薄膜，外用压杆或压膜线等固定薄膜而成。

通常，为了提高小拱棚的防风保温能力，除了在田间设置风障之外，夜间可在膜外加盖草苫等防寒物。为防止拱架下弯，必要时可在拱架下设立柱及横梁。拱圆形小拱棚多用于多风、少雨、有积雪的北方。

（2）半拱圆形小拱棚　半拱圆形小拱棚又称改良阳畦、小暖窖等。小拱棚为东西方向延长，在棚北侧筑起约1米高、上宽30厘米、下宽40～50厘米的土墙，拱架一端固定在土墙上，另一端插在覆盖畦南侧土中，骨架外覆盖薄膜，夜间加盖草苫防寒保温。通常棚宽2～3米，棚高1.0～1.5米。薄膜一般分为两块覆盖，接缝处约在南侧离地60厘米高处，以便扒缝放风。土墙上每隔3米左右留一放风口，以便通风换气。放风口对于春季的育苗及栽培十分重要。

塑料小棚可用于塑料大棚或露地有机无土栽培栽培的春茬蔬菜及西瓜、甜瓜等育苗。

2. 塑料中棚

面积和空间比小拱棚稍大，人可在棚内直立操作，是小棚和大棚的中间类型。常用的中拱棚主要为拱圆形结构。

（1）结构　拱圆形中拱棚一般跨度为3～6米。在跨度6米时，以高度2.0～2.3米、肩高1.1～1.5米为宜；在跨度4.5米时，以高度1.7～1.8米、肩高1.0米为宜；在跨度3米时，以高度1.5米、肩高0.8米为宜。另外根据中棚跨度的大小和拱架材料的强度，来确定是否设立柱。一般在用竹木或钢筋做骨架的情况下，棚中需设立柱。而用钢管作拱架的中棚不需设立柱。按材料的不同，拱架可分为竹片结构、钢架结构，以及竹片与钢架混合结构。

a. 钢架结构。拱架分成主架与副架。跨度为6米时，主架用钢管作上弦、中12毫米钢筋作下弦制成桁架，副架用钢管做成。主架1根，副架2根，相间排列。拱架间距1米左右。钢架结构也设3道横拉。横拉用直径12毫米钢筋做成，横拉设在拱架中间及其两侧部分1/2处，在拱架主架下弦焊接，钢管副架焊短节钢筋连接。钢架中间的横拉距主架上弦和副架均为20厘米，拱架两侧的2道横拉，距拱架 18 厘米。钢架结构不设立柱，呈无柱式。

b.混合结构。混合结构的拱架分成主架与副架。主架为钢架，其用料及制作与钢架结构的主架相同，副架用双层竹片绑紧做成。主架1 根，副架 2 根，相间排列。拱架间距 1 米左右。混合结构设 3 道横拉。横拉用中 12 毫米钢筋做成，横拉设在拱架中间及其两侧部分 1/2 处，在钢架主架下弦焊接，竹片副架设小木棒连接。其他均与钢架结构相同。

（2）性能 塑料中棚由于其空间大，热容量大，故气温较稳定，日较差较小，可用于蔬菜育苗。塑料中棚可作为临时性设施，也可作为永久性设施，国内面积十分大。

3. 塑料大棚

塑料大棚是用塑料薄膜覆盖的一种大型拱棚。它和温室相比，具有结构简单、建造和拆装方便、一次性投资较少等优点；与中棚相比，又具有坚固耐用，使用寿命长，棚体高大，空间大，必要时可安装加温、灌水等装置，便于环境调控等优点。目前，在全国各地的春提早及秋延后蔬菜栽培和育苗过程中，大棚被广泛应用，南方部分气候温暖地区，也可进行冬季生产。

（1）大棚类型 目前生产中应用的大棚，从外部形状可以分为拱圆形和屋脊形，以拱圆形占绝大多数。从骨架材料上划分，可分为竹木结构、钢筋混凝土预制杆柱结构、钢架结构、钢竹混合结构等。塑料大棚多为单栋大棚，也有双连栋大棚及多连栋大棚。我国连栋大棚屋面多为半拱圆形，少量为屋脊形。

（2）大棚结构 塑料大棚应具有采光性能好，光照分布均匀；保温性好；棚型结构抗风雪能力强，坚固耐用；易于通风换气，利于环境调控；利于园艺作物生长发育和人工作业；能充分利用土地等特点。

塑料大棚（图 2-9）的基本骨架是由立柱、拱杆（架）、拉杆（纵梁）、压杆（压膜线）等部件组成，俗称"三杆一柱"，其他类型都是由此演化而来。大棚骨架使用的材料比较简单，容易做造型和建造。但大棚结构是由各部分构成的一个整体，因此选料要适当，施工要严格。

① 竹木结构单栋拱形大棚。这种大棚的跨度为 8 ～ 12 米、高 2.4 ～ 2.6 米、长 40 ～ 60 米，每栋生产面积 333 ～ 667 平方米。由木立柱、竹拱杆、竹（木）拉杆、木（竹）吊柱、棚膜、压杆（或压膜线）和地锚等构成。

② 钢架结构单栋大棚。用钢筋焊接而成。具有坚固耐用，中间无柱或只有少量支柱，空间大，便于作物生育和人工作业等特点，但一次性投资较大。大棚因骨架结构不同可分为单梁拱架、双梁平面拱架、三角形断面（由三根钢筋组成）拱形桁架及屋脊形棚架等形式。通常大棚宽 10 ～ 12 米、高 2.5 ～ 3.0 米，每隔 1.0 ～ 1.2 米设一拱架，每隔 2 米用一根纵向拉杆将各排拱架连为一体，上面覆盖棚膜，外加压膜杆或压膜线。钢架大棚的拱架多用直径 12 ～ 16 毫米圆钢材料；双梁平面拱架由上弦、下弦及中间的腹杆连成桁架结构；三角形断面拱架则由三根钢筋及腹杆连成桁架结构。因此，其强度大、刚性好，耐用年限可长达 10 年以上。

③ 镀锌钢管装配式大棚。竹木结构、钢筋混凝土、钢筋结构和钢竹混合结构的大棚大多是生产者自行设计建造的。1980 年以来，我国一些单位研制出了一批定型设计的装配式管架大棚。这类大棚多是采用热浸镀锌的薄壁钢管为骨架建造而成。尽管目前造价较高，但由于它具有重量轻、强度好、耐锈蚀、易于安装拆卸、中间无柱、采光好、作业方便等特点，同时其结构规范标准，可大批量工厂化生产，所以在经济条件允许的地区，可大面积推广应用。主要有 GP 系列和 PGP 系列等。

GP 系列镀锌钢管装配式大棚由中国农业工程研究设计院设计。为了适应不同地区气候条件、农艺条件等特点，使产品系列化、标准化、通用化，骨架采用内外壁热浸镀锌钢管制造，抗腐蚀能力强，使用寿命 10 ～ 15 年，抗风荷载每平方米 31 ～ 35 千牛，抗雪荷载每平方米 20 ～ 24 千牛。如 GP-Y8-1 型大棚，其跨度 8 米，高度 3 米，长度 42 米，面积 336 平方米；拱架以 1.25 毫米厚薄壁镀锌钢管制成，纵向拉杆也采用薄壁镀锌钢管，用卡具与拱架连接；薄膜采用卡槽及蛇形钢丝弹簧固定，为了牢固，还可外加压膜线，作辅助固定薄膜之用；棚两侧还可附有手摇式卷膜器，取代人工扒缝放风。

图2-9　塑料大棚

（3）**塑料大棚的性能**　塑料大棚较高大，一般不能覆盖草苫子等保温覆盖物。光照条件一般为露地光照的60%。大棚内的温度条件比外界稍高，保温性能在保护设施中最差。在冬春寒冷季节，棚内最低气温比露地高3℃。春季2～3月，华北地区棚内10厘米处地温比露地高5～6℃。

（4）**育苗应用**　主要采取大棚内多层覆盖的方式进行。如大棚内加保温幕、小拱棚，小拱棚上再加保温覆盖物等保温措施，或采用大棚内加温床以及苗床安装电热线加温等办法，进行果菜类蔬菜育苗。夏秋育苗可将大棚塑料薄膜揭除或保留顶部，辅以遮阳网、防虫网进行育苗（图2-10）。

（三）简易设施

1. 冷床

冷床是指育苗床中的温度条件完全依赖日光，不进行人工加温。床内的温度条件较低，受外界环境条件影响较大。

冷床多数建在塑料大、中、小棚日光温室中。在广大北方地区很多建在风障阳畦中。

图 2-10　塑料大棚（带顶部通风）

2. 温床

温床育苗技术是在冷床育苗的基础上，采用人工加热设备，使苗床内的温度条件由日光热和人工补热两个来源供应，改变了完全依赖自然条件的被动局面，改善了育苗环境，提高了苗床温度。这是育苗设施中较先进的一类。温床的种类很多，有人工加火的烟道温床，有利用马粪等酿热物的酿热温床等。目前应用较多的是电热温床。

电热温床（图 2-11）是在冷床的基础上利用电能，通过特制的绝缘电阻线发热，在人工控制下，提高苗床的温度，创造适于蔬菜幼苗生长发育的温度条件的育苗设施。

电热温床的结构主要分两部分：一是冷床设施，冷床可为风障阳畦，也可为塑料大、中、小棚内的栽培畦；二是电加热设备，电加热设备主要是电热加温线和控温仪，另外，还需要部分线材和开关等零部件。电热加温线是特制的单股绝缘导线，通电后，表面可发热达 40℃ 表面温度，长度有 60 米、80 米、100 米、120 米不等。控温仪可根据育苗畦内的地温状况而自动通、断电，以使电热加温线放热或停止放热，从而保持畦内地温恒定。

电热温床苗床的温度条件可完全人工控制，更适宜秧苗生长发育。秧苗的素质提高，增产潜力更大，更省工、省种。当外界气温下降到 –15℃时，苗床内的地温仍可控制在 15～20℃。基本避免了冻、冷害风险。电热温床育苗的生育期大大缩短，因此，播种期应比冷床育苗适当推迟。苗期注意控制床温，勿使床温过高，以免秧苗徒长。

电热温床耗电量较高，应用中应注意节约用电，降低成本。育苗中，一般育小苗期用电热温床，大苗期改用冷床。

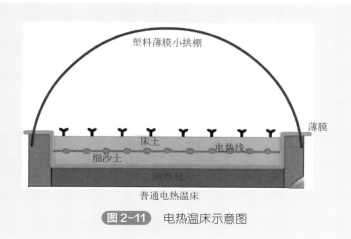

图 2-11 电热温床示意图

（四）夏季保护设施

1. 遮阳网

遮阳网俗称遮阴网、凉爽纱，国内产品多以聚乙烯、聚丙烯等为原料，经加工制作编织而成的一种轻量化、高强度、耐老化、网状的新型农用塑料覆盖材料。利用它覆盖作物具有一定的遮光、防暑、降温、防台风暴雨、防旱保墒和忌避病虫等功能，用来替代芦帘、秸秆等农家传统覆盖材料，进行夏秋高温季节作物的栽培或育苗，已成为我国南方地区克服蔬菜夏秋淡季的一种简易实用、低成本、高效益的蔬菜覆盖新技术。它使我国的蔬菜设施栽培从冬季拓展到夏季，成为我国热带、亚热带地区设施栽培的特色。与传统芦帘遮阳栽培相比，其具有轻便、管理操作省工省力的特点，年折旧成本一般仅为芦帘的50%～70%。是南方地区晴热型夏季条件下进行优质高效叶菜栽培的主要形式和夏秋高温强光季节蔬菜育苗必备的一类重要设施。

（1）遮阳网的种类　依颜色分为黑色或银灰色，也有绿色、白色和黑白相间等品种。依遮光率分为35%～50%、50%～65%、65%～80%、≥80%等四种规格，应用最多的是35%～65%的黑网和65%的银灰网。宽度有90厘米、150厘米、160厘米、200厘米、220厘米不等，每平方米重45～49克。可根据作物种类的需光特性、栽培季节和本地区的天气状况来选择颜色、规格和幅宽（图2-12）。

图2-12　不同颜色遮阳网

（2）大棚遮阳网的覆盖形式　利用我国南方地区冬春塑料薄膜大棚栽培蔬菜之后，夏季闲置不用的大棚骨架盖上遮阳网进行夏秋蔬菜栽培或育苗的方式，是夏秋遮阳网覆盖栽培（图2-13）的重要形式。根据覆盖的方式又可分为棚内平盖法、大棚顶盖法和一网一膜三种。棚内平盖法是利用大棚两侧纵向连杆为支点，将压膜线平行沿两纵向连杆之间拉紧连成一平行隔层带，再在上面平铺遮阳网，一般网离地面1～1.5米；大棚顶盖法和一网一膜法覆盖一般大棚两侧离地面1米左右悬空不覆网。根据各地经验，栽培绿叶菜最佳的覆盖方式是一网一膜法,其遮阳降温、防暴雨的性能较单一的遮阳网覆盖的效果要好得多,但要注意将遮阳网盖在薄膜的外面,若将遮阳网盖在薄膜的内侧,则导致大棚内热积聚增温而不是降温。

图 2-13 遮阳网覆盖

2. 防雨棚

防雨棚是在多雨的夏、秋季,利用塑料薄膜等覆盖材料,扣在大棚或小棚顶部,任其四周通风或扣防虫网,使蔬菜等作物免受雨水直接淋洗。利用防雨棚可进行夏季蔬菜的避雨栽培或育苗。

3. 防虫网

防虫网是以高密度聚乙烯等为主要原料,经挤出拉丝编织而成的20 ~ 40 目等规格的网纱,具有耐拉强度大,优良的抗紫外线、抗热性、耐水性、耐腐蚀、耐老化、无毒、无味等特点。由于防虫网覆盖能简易、有效地防止害虫对夏秋季蔬菜育苗或夏季小白菜等的危害,还可在南方地区作为无(少)农药蔬菜栽培的有效措施而得到推广(图 2-14)。

（1）**品种规格** 目前防虫网按目数分为 20 目、24 目、30 目、40 目，按宽度有 100 厘米、120 厘米、150 厘米，按丝径有 0.14 ～ 0.18 毫米等数种。使用寿命为 3 ～ 4 年，色泽有白色、银灰色等，以 20 目、24 目最为常用。

（2）**主要覆盖形式**

① 温室大棚覆盖。是目前最普遍的覆盖形式。通常由数幅网缝合覆盖在单栋或连栋大棚上，全封闭式覆盖，内装微喷灌水装置。

② 立柱式隔离网状覆盖。用高约 2 米的水泥柱或钢管，做成隔离网室，在其内种植，夏天既舒适又安全，面积在 500 ～ 1000 平方米范围内。

（3）**应用范围** 用于夏秋季节育苗，每年的 6 ～ 8 月，是秋冬蔬菜的育苗季节，又是高温、暴雨、虫害频发期，育苗难度大，出苗率、成苗率低，使用防虫网，注意 7 ～ 8 月份气温特别高时要调控网内温度，如增加供水次数，保持网内湿度，以湿降温。采用防虫网育苗出苗率高，秧苗质量好。

图 2-14 防虫网覆盖（四周）

二、组织培养育苗设施

包括蔬菜在内的园艺植物组织培养，其应用日益重要和广泛，已经发展成为一种生产者普遍接受的种苗繁育方法和手段。

（一）植物组织培养实验室

1. 基本实验室

基本实验室包括准备室、接种室和培养室，是组织培养实验室所必须具备的条件。

（1）准备室　准备室的功能就是进行一切与实验有关的准备工作。包括器皿的洗涤、培养基的配制与分装，培养基和器皿的灭菌等。根据需要和条件，准备室可设计成分体式或通间式，可安排1～3间，分解为药品储藏室、培养基配制与洗涤室和灭菌室等（图2-15）。

图 2-15　准备室

（2）接种室　接种室的功能是进行无菌操作，对组织培养的成功与否十分重要。该实验室要求封闭性好、干燥清洁、能较长时间保持无菌。房间一般不宜过大，其规模根据实验需要和环境控制的难易程度而定。为了保持清洁，接种室应防止空气对流。一般新建的接种室在使用之前应进行灭菌处理，可采用甲醛和高锰酸钾熏蒸。使用过程中应定期进行灭菌，保持良好的无菌环境（图2-16）。

（3）培养室　培养室的功能是对蔬菜等园艺植物的离体材料进行控制条件下的培养。培养室的基本要求是能够控制光照和温度，并保持相对无菌的环境。因此，培养室应保持清洁和适度干燥。每一个培养室的空间不宜过大，以便于环境的均匀控制。为节省空间和能源，培养室应配制适宜的培养架。此外，为满足培养材料生长对气体的需要，在必要时还应安装换气装置（图2-17）。

图 2-16　接种室

图 2-17　培养室

2. 其他实验室

工厂化组培苗的生产少，除上述几种基本实验室外，如果有条件，还可配备培养物的检测与观察记录室、试管苗炼苗温室或大棚等。

（1）洗涤室 植物组织培养对玻璃器皿的清洁程度要求较高，新购进的玻璃器皿首先要用1%左右浓度的稀盐酸将可溶性无机物除去，再用中性洗涤剂洗涤，一般器皿的洗涤可用洗衣粉洗涤，或用洗衣粉加热洗涤，用自来水冲洗干净。对较难洗涤的培养容器，如吸管等可在重铬酸钾洗液中浸泡后再洗，洗到玻璃表面上不沾水滴才算合乎要求。由于洗涤室主要洗涤培养容器、小用具等，要求有工作台面、上水和下水、水池、培养容器摆放支架、电源、电热干燥箱等。洗涤室墙壁要有耐湿、防潮功能。

（2）药品贮藏室 要求干燥、通风，避免光照，有存放各种药品试剂的药品柜、冰箱等设备，化学试剂等物品分类存放于柜中，有毒物品需要专人密封保存，需低温保存的药品和药液放置于冰箱中贮藏，药品贮藏室紧邻化学称量室较好，便于工作。

（3）称量室 要求干燥、密闭，无直射光照，避免腐蚀性药品和水汽直接接触。有固定的水磨石平台，安放普通天平和万分之一分析天平（电子天平），要有电源插座。称量室紧邻培养基配制室较好，以方便配制母液和培养基。房间较少时，可以与药品贮藏室合二为一。

（4）培养基配制室 植物组织培养是将离体的植物材料培养在人工配制的培养基上，这就首先需要预先配制好培养基。培养基配制室要求备有各种试管、三角瓶、烧杯、吸管等玻璃器皿，有实验台以及安放器皿的各种橱架、水浴锅、过滤灭菌装置和酸度计等。主要进行培养基的配制、分装和灭菌前的暂时存放。规模较小时，可与洗涤室合并在一起。

（5）培养基灭菌室 器皿和培养基的消毒灭菌，最好在一个专用的灭菌室内进行。由于采用高温高压蒸汽灭菌方法，灭菌室最好有排除蒸汽的排风扇等。建筑上要求其墙壁耐湿、耐高温。此外还应该有用于干热灭菌的烘箱、湿热灭菌的高压蒸汽灭菌锅、蒸馏水器、水源、水池和供排水设施。有用于灭菌的两相和三相电源或煤气加热装置，摆放和存放器皿、培养基的架子及橱柜。规模较小时，也可与洗涤室和培养基配制室合并在一起。

（6）无菌操作室　在植物组织培养中，无菌室是进行植物材料的分离接种及培养材料转接的一个重要场所，需长时间的无菌操作，对组织培养十分重要。植物组织培养短则一个月，长则达几年，因此防止细菌和真菌混入十分重要。通常无菌室外要设一个缓冲间，错开门向，以免气流带进杂菌。无菌室和缓冲间都必须密闭、室内装备的换气设备必须有空气过滤装置。

（7）培养室　培养室也就是将接种到试管等培养容器的培养材料进行控制条件下的培养和生长的场所，培养室的大小，应根据培养架（图2-18）的数量和规模而定。培养室配备照明设备和控温设备。一般要求温度在（25±2）℃之间，用控温仪下保证室内的温度恒定在规定的范围之内。为了便于检查温度、湿度的变化情况，可放置自动记录温度、湿度计。培养室的光源，一般采用白色荧光灯、LED光源等，光源通常置于培养物的上方或侧面。在培养室里，还要放置培养装置，最常见的是固体培养所需要的培养架。若要进行液体悬浮培养，还需要有摇床、转床等。节能培养室可充分利用自然光能，以节约能源。室内还应有消防设施。

图2-18　培养架

（8）**细胞学实验室**　为观察、记录培养材料的生长情况及实验结果，需要有细胞学实验室。细胞学实验室应有固定的水磨石台面，放置显微镜、解剖镜等仪器。室内应安静、清洁、明亮，保证光学仪器不振动、不易受潮、不污染。室内还应该有一套制片和细胞学染色设备，便于需要时进行制片或染色观察。

（9）**暗室**　试验材料的摄影记录，一般可以用装有照相装置的显微镜、解剖镜进行，有时需要用照相机直接拍摄完整材料。若进行拍摄后需要冲洗，就必须有配套的暗室，以便及时看到结果。

（10）**物品存放室**　暂时不用的器皿、用具等贮存在物品存放室内。物品存放室应当设计在背阴、通风的房间，室温较低，一般用楼房低层的阴面房间较好，便于搬运。

（二）温室（大棚）

试管苗移栽一般在温室或塑料大棚内进行。移栽时，一般要求温室最低温度在 15℃ 以上，相对空气湿度在 70% 以上。

以上培养设施要保证无菌培养的顺利进行，设计的每个组成部分最好按照工作的自然程序连续排列，以便于工作，如洗涤室可设置在培养基配制室之前，无菌室应该与培养室相连。另外要有温室配套，以实现周年生产。

三、工厂化育苗设施

工厂化育苗以现代生物技术、环境调控技术、施肥灌溉技术、信息管理技术贯穿种苗生产过程，现代化温室和先进的工程装备是工厂化育苗最重要的基础。

育苗设施由育苗温室、播种车间、催芽室、计算机管理控制室等组成。工厂化育苗最重要的设施是育苗温室。在中国不同的地区和不同的生产条件下，工厂化育苗所选择的温室类型有塑料钢管大棚、日光温室和现代温室三大类型。不同类型温室环境控制系统的配置差异较大，对环境的监测和控制能力也具有差异，种苗的生长速度和质量也不同。现代温室具备完善的加温、降温和遮阴保温系统，能够精确控制种苗不同培育阶段的温度，可配置二氧化碳补充系统补充育苗温室内的二氧化碳，提高种苗的光合作用效率，补光系统能够在阴雨天提高光照强度、增加种苗的光合作用时间或者调节光周期，应用计算机、网络技术，能够实现种苗环境控制的自动化，并且实现种苗生产的信息化管理。

（一）温室

用于种苗工厂化生产的育苗设施，与栽培温室基本相同。主要有塑料管棚、日光温室、连栋塑料薄膜温室、PC板温室和玻璃温室（图2-19）等，同时或部分具备通风、加温、降温、遮阴、补光和自动控制等设施设备配置。其类型、结构、性能与蔬菜育苗应用，请参照蔬菜育苗设施。

图2-19 连栋玻璃温室

（二）播种间

播种间是进行播种操作的主要场所，通常也作为成品种苗包装、运输的场所。播种间一般由播种设备、催芽室、种苗温室控制室等组成。很多育苗工厂将温室的灌溉设备和贮水罐也安排在播种间内。

播种间内的主要设备是播种流水线（图2-20），或者用于播种的机械设施。在播种间的设计中，要根据育苗工厂的生产规模、播种流水线尺寸等合理确定播种车间的面积和高度，而且要注意空间使用中的分区，使基质搅拌、播种、催芽、包装、搬运等操作互不影响，有足够空间进行操作。播种间也可以与包装间互为一体，便于种苗的搬运，提高空间利用率。

播种间一般与育苗温室相连接，但不能影响温室的采光。播种车间目前多以轻型结构饱和彩色轻质钢板建造，可实现大跨度结构，提高空间利用率。此外，播种间应该安装给排水设备，大门的高度应在2.5 米以上，便于运输车辆进出。

图2-20 播种车间及播种流水线

（三）催芽室

种子播种后进入催芽室，因此催芽室要提供种子发芽的温度、湿度和氧气等条件，有些种子在发芽过程中还需要光照。

催芽室多以密闭性、保温隔热性能良好的材料建造，常用材料为彩钢板。为方便不同种类、批次的种子发芽，催芽室的设置为小单元的多室配置，每个单元为 20 平方米为宜，一般应设置三套以上。催芽室中苗盘多采用垂直多层码放，因而高度应在 4 米以上。催芽室的技术指标：温度和相对湿度可控制和调节，相对湿度 75% ～ 90%；温度 20 ～ 35℃，气流均匀度 95% 以上。

主要配备有加温系统、加湿系统、风机、新风回风系统、补光系统以及微电脑自动控制器等；由铝合金散流器、调节阀、送风管、加湿段、加热段、风机段、混合段、回风口、控制箱等组成。

1. 加湿系统

催芽室应保持较高的湿度，以保证种子萌发过程中的水分条件，如催芽室湿度过低，会加快穴盘中基质水分的散失，导致种子吸胀困难，影响发芽率和发芽势。催芽室的加湿可以选用离心式加湿器，制热器采用不锈钢电极棒。在空气相对湿度为 55% 时，相对湿度加至 90%，20 平方米的催芽室加湿量为每小时 2.5 千克左右。

2. 加温系统

种子萌发一般用较高温度，温度过低不仅降低种子发芽速度，而且影响种苗质量。冬春季育苗时，加温系统最为关键。一间 20 平方米的催芽室，当室内温度由 5℃升至 35℃时，可采用不锈钢热片式管道加温器，功率 6 千瓦即可满足生产需要。

3. 通风系统

种子发芽的一个重要条件是有充足的氧气，由于催芽室相对密闭，如不进行新鲜空气的补充和室内废气的排放，催芽室内的二氧化碳浓度将逐渐增加，氧气浓度逐渐下降，而且一些有害气体也会逐渐积累，严重影响种子萌发。通风回风系统用于调节新风、回风比率，为催芽室补充新风和排出废气，所设计的系统可调节为全新风或者内部循环风。

催芽室设计气流组织为垂直单向气流，通过风机使室内气体发生交换和流动，从而保证室内气流的均匀度。风机选用防潮、耐高温管道风机，安装于新风回风系统前，是催芽室控制气流精度的主要设备。

催芽室（图2-21）的操作方式为：系统正常工作温度、湿度达到设定范围时，系统自动停止工作，风机延时自动停止；温度、湿度偏离设定范围时，系统自动开启并工作，湿度进入设定范围时，加湿器自动停止工作；加热器继续工作，风机继续工作，如风机、加湿器、加热器、新风回风混合段等任何段发生故障，报警提示，系统自动关闭。

图2-21　催芽室（外观）

（四）控制室

工厂化育苗过程中对温室环境的温度、光照、营养液、灌溉实行有效的监控和调节，是保证种苗质量的关键。育苗温室的环境控制由传感器、计算机、电源、配电柜和监测控制软件等组成，对加温、保温、降温排湿、补光和微灌系统实施准确而有效的控制。控制室一般具有育苗环境控制和决策、数据采集处理、图像分析与处理等功能（图2-22）。

四、穴盘育苗设施

穴盘育苗从基质消毒（或种子处理）至出苗一般为程序化的自动

流水线作业。

图 2-22 控制室（左）与设施环境控制管理系统（右）

（一）基质处理设施

穴盘育苗多为批量生产，基质用量较大，而且常使用复合基质，需要基质混合、搅拌、消毒等机械。基质处理车间一般可存放一定数量的育苗基质，能容纳相应的机械设备，并留有作业空间。基质存放在大棚内或者是通风良好的车间内，不要露天存放，消毒后的基质要避免与未消毒的基质接触。

（二）装盘及播种设施

工厂化穴盘育苗过程中，基质的混合、搅拌、装盘机械一般与播种流程机械连接在一起，所以要求作业场所至少要有（14～18）米×（6～8）米的作业空间，完成基质的自动搅拌、装盘、播种、覆土、浇水等全过程。播种车间要求通风良好，有充足的水源。

（三）催芽设施

催芽室是专供种子催芽、出苗所使用的设施。工厂化穴盘育苗的一次播种量较大，需设置催芽室，将播种后的穴盘放入催芽。催芽室要有一定的空间，而且室内的温度、湿度条件等能够根据各种作物种子发芽的最适温、湿度进行调节。

催芽室主要由中央控制系统、围护结构、温湿度系统、智能新风换气系统、光照系统、制冷系统等组成。可通过智能控制室内的温度、湿度、光照度等条件，来为种子催芽提供一个良好的条件。同时催芽室不受外界温度变化的影响，在不同季节也能保证种子出芽所需的温度，大大缩短了种子的出芽时间。

（四）绿化、驯化设施

穴盘育苗在催芽室内催芽，待幼苗出土后需立即转移到有光并能保持一定温、湿度的绿化室内绿化，否则，幼芽黄化会影响幼苗的生长和质量。穴盘培育的嫁接苗需要经过一段时间的驯化过程，以促进伤口愈合。因此，穴盘育苗要有绿化和驯化的设施，一般为性能较好、环境条件能够调控的玻璃温室或加温塑料大棚。通常配备加温、遮阳、保温、自动供液装置，二氧化碳发生器，人工或自动灌溉装置，通风装置以及必要的补光装置等，标准、规格和类型因地制宜（图 2-23）。

图 2-23 驯化愈合室及绿化室

第三节　蔬菜育苗的主要设备

育苗设备在育苗中占据重要地位，现代化育苗需要更多精量化生产，条件要求高，要想达到标准，需要配置一些设备，才能达到优质优产的现代化生产。

一、常规育苗

（一）电热温床

电热温床是育苗的辅助补温设施。电热温床的设备主要是电加温线和控温仪，附属设备还有开关和导线（功率大时应加交流接触器）。

1. 电加温线

电加温线是将电能转为热能的器件，它是电热温床基本的电气设备。电加温线的绝缘材料用聚氯乙烯或聚乙烯注塑而成，绝缘厚度在 0.7～0.95 毫米，比普通导线厚 2～3 倍。它的厚度考虑到了土壤中有大量的水、酸、碱、盐等电介质，还考虑到了散热面积、虫咬和小圆弧转弯处易损坏等问题。电热丝采用低电阻系数的合金材料，为防止折断，除 400 瓦以下电加温线外，其他产品都用多股电热丝。电热丝与导线的接头采用高频热压工艺，电加温线两头一般有 2 米长导线，并与电加温线颜色不同，以示区别。电加温线在设计制造时特别注意到了使用的安全性能，它的绝缘电阻高，接头击穿电压在 1.5 万伏（特）以上，加温线部分在 2.5 万伏以上，所以在 220 伏电压工作时，按规定应用安全性高。

使用电加温线应注意：严禁成圈在空气中通电使用；电加温线不许剪短或加长；布线时不许将电加温线交叉、重叠、扎结；电加温线工作电压一律为 220 伏，不许两根串联，不许用 A 型接法接入 380 伏三相电源，给土壤加温时应把整根线，包括接头部分全部均匀地埋入土中；从土中取出电加温线时，禁止硬拔硬拉或用铁锹横向挖掘，以免损坏电加温线绝缘层；旧电加温线每年应做一次绝缘检查，可将电加温线浸在水中，引出线端接兆欧一端，表的另一端插入水中，摇动兆欧表，绝缘电阻应大于 1 兆欧；电加温线不用时要妥善保管，放置阴凉处，防止鼠、虫咬坏绝缘层。

2. 控温仪

控温仪是电热温床用以自动控制温度的仪器，它能自动控制电源的通断，以达到控制温度的目的。使用控温仪可以节电约 1/3，并满足各种作物对不同地温的要求。

3. 交流接触器

如果电加温线功率大于控温仪的允许负载时，应外加交流接触器。交流接触器的线圈电压有 220 伏和 380 伏两种，用 220 伏的较适宜，选用 CJ 系列的交流接触器较好。安装交流接触器时应注意安全，由于它的触点裸露，通断时打火花，既要防触电，又要防火。

（二）催芽设备

目前生产中，用于较大规模催芽和播种育苗的设备为催芽室。用于催芽的小型设备很多，常见的有恒温箱、光照培养箱、生物培养箱、催芽缸、电褥子等。

（1）恒温箱 常用的催芽设备之一，控温准确，催芽效果好，但设备成本高，催芽量少（图2-24）。

图2-24 恒温培养箱

（2）自制发芽箱 用木板制成箱体，用控温仪自动控温，250 瓦电加温线或 80 瓦电褥子加热。

（3）催芽缸 在大号水缸内放置一根缠有 250 瓦加温线的小木架，注意线间应有间距，接上电源和控温仪，缸上加盖棉垫保温，缸底四周都应进行保温处理。这种催芽缸一次可催芽 1.5 ～ 3.0 千克种子。

（4）电褥子催芽器　采用市售电褥子，最好有高温档和低温档。将电褥子铺在床或桌子上，上面铺一层塑料薄膜，薄膜上放两层纸或纱布，将浸过的种子（沥去多余的水分）铺在纸或纱布上、厚度 2 厘米左右，种子上再覆盖纱布，纱布上覆盖薄膜、薄膜上盖棉被。接上电源，通过加减覆盖物调节温度。还可通过高温或低温档来辅助调节温度。

（三）育苗容器

1. 育苗钵

育苗钵种类繁多，形状多样，有圆形、方形、六棱形等，材料为聚乙烯或聚氯乙烯。目前，生产上应用最多的为单个、近圆柱形塑料钵，底部有一个或三个排水孔，一般钵的上口直径为 6 ～ 10 厘米、下口直径 5 ～ 8 厘米、高 8 ～ 12 厘米。生产中应根据不同的秧苗种类和苗龄来选择口径适宜的育苗钵（图 2-25）。

图 2-25　育苗钵

2. 育苗盘

常见的育苗穴盘是用黑色聚乙烯塑料制成，大小一般为 55 厘米

×28 厘米，规格有 50 穴、72 穴、128 穴、200 穴、288 穴。蔬菜穴盘育苗可根据不同的蔬菜种类和生理苗龄的需要选择适合的苗盘（图2-26）。

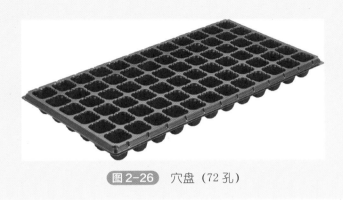

图 2-26　穴盘（72 孔）

3. 营养土块

将配合好的营养土或泥炭土，压制成块形，整齐摆放在苗床上。配制材料主要是有机肥，一般结合实际，就地取材，如消毒鸡粪、圈肥等。不管用什么材料制成的土块都应"松紧适度，不硬不散"。播种前浇透水，使营养土块充分吸足水，以免抑制秧苗生长。

4. 水培育苗钵

在砾培和深液流水培技术中常用，育苗钵形状为上大下小的圆台形，侧面和底面有孔穴的硬质塑料钵，内装砾石或岩棉，容积为 20 ～ 80 厘米。定植时直接插入定植板的孔穴中，根系随之从底部和侧面的小孔中伸入到营养液中。

5. 纸钵

用纸浆和亲水性纤维等制作而成，纸钵展开时，呈蜂窝状，由许多上下开口的六棱形纸钵连接在一起而成，不用时可以折叠成册。为了使纸钵中的培养土不散开，而相邻纸钵间的土块又易分开，可以在纸钵下铺透水性好且又不致被根系穿透的垫板或不织布，其表面平整，且具有弹性、厚度适当。

6. 育苗杯

一般为一种利用可降解的植物秸秆做出杯状的育苗容器，有连体的，也有单个的。定植时，幼苗和杯一同移栽，避免伤苗伤根，根据需要，可以调节育苗杯的降解时间。育苗杯降解后，可以改善土壤结构，提高土壤肥力。使用育苗杯省工、省力，降低费用，具有广阔的发展前景。

（四）苗床

为便于操作和创造更佳的育苗环境，育苗温室配置有苗床设备，种子经播种放入穴盘，催芽后即放入育苗温室的苗床上进行绿化。苗床不仅适用于常规育苗，对于组培育苗、工厂化育苗均为主要设备之一。

苗床一般分为固定式和移动式两种，设计时主要考虑最大限度地利用育苗温室的面积、便于操作和提高利用率等因素。

1. 固定式苗床

固定式苗床（图2-27）主要由固定床架、苗床框以及承托材料等组成。床架用角铁、方钢等制作，育苗框多采用铝合金制作。承托材料可采用钢丝网、聚苯泡沫板等。固定式苗床因位置固定，作业时较为方便，但过道面积大，育苗温室利用率相对较低，苗床面积一般只有温室总面积的50% ～ 65%。

2. 移动式苗床

移动式苗床（图2-28）床架固定，育苗框可通过滚动杆的转动而横向移动，或将育苗框做成活动的单个小型框架，在苗床床架上纵向推拉移动。与固定式苗床相比，可大大提高温室利用率，最高可达90% 以上；但对制作工艺、材料强度等要求高。有些苗床的育苗框和承托材料之间密封，可以以浸灌方式为幼苗供应所需水分和肥料。苗床的高度可通过床架的螺栓进行调节。

图 2-27　固定式苗床

图 2-28　移动式苗床

3. 节能型加温苗床

节能型加温苗床用镀锌钢管作为育苗床的支架，质轻绝缘的聚苯板泡沫塑料作为苗床铺设材料，电热线加热，并用珍珠岩等材料作导热介质，温室内保温、固定式苗床灌溉等设备和方法设计制作。

工厂化育苗的苗床设施，在承托材料上铺设珍珠岩等保温和绝热性能好的材料作填料，在填料中铺设电加温线，上面再铺设无纺布，电加温线由独立的组合式控温仪控温。这种节能型苗床可节省加温成本，保证育苗时的热量和温度要求，创造了更适宜于幼苗根系生长的环境条件。温度较低时，苗床加温结合温室加温，可确保达到要求的温度，温度不太低时，只用苗床加温即可满足温度要求。

二、组培育苗

（一）常规设备

常规设备主要是用于试剂保存与称量、培养基配制与分装以及水处理等，据实际需要予以配置。

（1）天平　根据实验需要，配备 2 ～ 3 台不同精度的天平。用于一般称量有0.1或0.01感量的天平。还有精确度较高的0.001或0.0001感量的天平（图2-29）。

图2-29　天平

（2）冰箱　各种维生素和激素类药品以及培养基母液均需低温保存，在一般情况下均可利用普通冰箱完成。实验室一般配备冰箱 1 ～ 2 个，一个用于药品的贮藏，一个用于保存培养基母液等。

（3）酸度计　用于测定培养基等的 pH，其精度要求因需要而定。

一般要求可测定 pH 范围在 1 ～ 14 之间，精度 0.01 即可。

（4）**加热器**　用于培养基的配制，实验室一般选用带磁力搅拌功能的加热器，规模化大型实验室宜选用大功率加热和电动搅拌系统。有时，亦可用电炉代替加热器。

（5）**纯水器**　离体培养应使用符合试验要求的纯水或蒸馏水，用于一般培养，可使用 4 级过滤的反渗透纯水器，也可使用蒸馏水机。对于一些精确培养试验，有时需要使用双蒸水或超纯水，须配备更高一级的纯水设备（图 2-30）。

图 2-30　纯水器

（6）**分装设备**　用于培养基分装。培养基分装可以采用手工分装和自动分装。手工分装一般只适用于小型试验，严格的试验可辅助使用定量分装瓶或注射器，以便使每一容器的培养基均等。而对于一些大型生产实验室，则需要使用相应的培养基分装设备。选择分装设备主要根据实验规模和精度而定，最好能有较大的可调节范围，以便适于不同试验的需要。

（二）灭菌设备

灭菌设备包括高压蒸汽灭菌锅、干热消毒柜、过滤灭菌装置、喷洒消毒器和紫外灯等。高压蒸汽灭菌锅（图2-31）是常用的灭菌设备，一般用于培养基、玻璃器皿以及其他可高温灭菌用品的灭菌，根据实验室规模大小可选择手提式、立式、卧式等不同规格的产品。干热消毒柜，用于一些金属工具如镊子、解剖刀等灭菌，亦可用于玻璃器皿的灭菌，一般可选择温度200℃左右的普通或远红外消毒柜。过滤灭菌器，用于一些酶制品、激素以及某些维生素等不能高温灭菌试剂的灭菌。

图 2-31　高压蒸汽灭菌锅

（三）无菌操作设备

无菌操作设备主要有净化工作台、接种箱等。净化工作台是现在普遍使用的无菌操作设备，它采用双重吸附过滤后的空气，按一定风速净化操作台面的原理设计。其操作台面是一个半开放区，因此具有使用方便、操作人员舒适等优点。通过过滤的空气连续不断地经台面吹出，微生物很难在工作台内滞留，从而保持了较好的无菌环境。

（四）培养设备

培养设备是根据需要选用不同规格和控制精度的设施和设备，包括培养架、培养箱和摇床等。培养架可根据培养室房间的高度设计成 4～5 层，每层间隔 40～50 厘米。光照强度可根据培养植物的特性确定需要安排的灯管数。由于灯管一般安装在上一层隔板下方，常使上层隔板温度升高，因此，培养架的间隔板最好设计成双层中空型，以避免放置培养物的隔板局部温度上升。对于一些要求精确控制的培养实验可在培养箱中进行，以便于温度、光照等条件的精确控制。植物培养箱一般采用光照培养箱，其光照强度和时间可设置和自动控制。

三、工厂化育苗的主要设备

育苗温室的设施设备决定了工厂化育苗环境控制的能力和种苗质量，包括育苗温室环境控制系统和育苗生产设备两大部分。

育苗温室环境控制系统为种苗培育提供适宜的生长环境，由加温系统、降温系统、遮阳保温系统、二氧化碳补充系统、补光系统和计算机控制与管理系统等组成。

育苗生产设备主要指种苗工厂化生产所必需的，包括种子处理设备、精量播种设备、基质消毒设备、灌溉和施肥设备，以及种苗储运设备等。

（一）育苗环境控制设备

现代工厂化育苗生产是一个复杂的系统，除了受到包括生物和环境等众多因子的制约外，还与市场状况和生产决策密切相关。各子系统间的运行与协调，能实现复杂控制和优化管理。

育苗温室环境的计算机控制：在育苗过程中，计算机可进行复杂的环境控制、各种数据的采集与分析处理等工作，通过各项设施的有效运作，给种苗培育创造一个适宜的环境条件，以减小外界环境的不利影响。还可通过有线或无线连接到互联网上，使得管理者可远程对被控对象实现监测、查询、管理。育苗温室环境控制系统包括对光照、温度、湿度、气体、土壤等影响因子的控制。

种苗生产管理和决策支持系统：利用计算机技术辅助育苗的生产管理，基于计算机的环境监测和控制系统，为种苗生长提供最适宜的环境。同时，充分利用计算机技术和辅助手段对种子、原料等生产资料的采购、管理，种苗产品的销售，以及如何快速地适应国内外市场对种苗质量的要求等提供决策支持。

1. 加温

加温是冬季育苗和调控育苗环境的重要措施。加温设备与通风设备相结合，为育苗温室内种苗的生长发育创造适宜的温度和湿度条件，从而缩短种苗培育时间，获得长势均匀一致的优质种苗。

全世界农业生产中，一年的耗能量有 35% 用于温室生产，温室能源消耗费用占温室生产总费用的 15% ～ 40%。

我国除热带地区的温室冬季生产不需要加温外，大部分地区冬季都比较寒冷，有的地区严寒期甚至长达 120 ～ 200 天，要保证种植作物的正常生长发育，温室生产必须配置加温，人工补充热量。根据所在地区的不同，温室加温的时间长短不一：东北地区，加温时间大约需要 5 ～ 6 个月；华北地区，需要 3 ～ 5 个月；南方地区，连栋温室尤其是花卉生产和育苗温室，冬季生产也需要进行加温或临时加温。

一般，连栋温室加温年耗煤量为每平方米 90 ～ 150 千克，燃煤成本占整个生产成本的 30% ～ 50%，设计不合理的温室、严寒地区的温室，加温耗煤量超出上述指标。

在我国北方的单屋面日光温室内，大多采用炉灶煤火加温，也有安装锅炉水暖加温或地热水暖加温设备的日光温室。大型连栋温室和混合温室，多数采用水暖加温的集中供暖方式，也有部分采用热风采暖方式。6 ～ 9 米不同宽度的单栋塑料管棚大多没有加温设备，少部分使用热风炉短期加温，冬季育苗仍然停留在营养钵保护地育苗的水平，环境控制能力较低。用液化石油气经燃烧炉产生热风加温，是小型育苗大棚有效防止低温冻害的加热方式。

（1）**热水采暖** 采用集中式加温系统，用于大面积的温室群或大型温室。系统由锅炉、管道系统、控制系统和散热器等构成。其特点是：冷热水循环，锅炉加热；可灵活调节设施内温度，局部温差不超过3℃（图2-32）。

图 2-32 燃气锅炉系统

（2）**蒸汽采暖** 以蒸汽为热源的采暖系统，其组成与热水采暖系统相近，但由于热媒为蒸汽，温度一般在100～110℃，要求输送热媒的管道和散热器必须耐高压、耐高温、耐腐蚀、密封性好（图2-33）。

图 2-33 置于苗床下方的散热管道

由于温度高、压力大，相比热水采暖系统而言，散热器面积小，亦即采暖系统的一次性投资相对较低，但管理的要求比热水采暖系统更严格。一般在有蒸汽资源的条件下或有大面积连片温室群供暖时，为节约投资才选用。其特点是：升温快、遮阴少、热效率高、技术复杂。

（3）暖风机、热风器及燃煤热风炉 热风采暖，是指通过热交换器将加热空气直接送入设施内以提高设施内温度的加热方式。

热空气的输送：管道输送、非管道输送。注意控制风筒出风口温度。具有加温运行费用较高，一次性投资小，安装方便简单等特点。主要用于室外设计温度较高（-10～-5℃及以上）、冬季采暖时间短的地区，尤其适合于小面积的单栋温室，以及我国长江流域及以南地区。其主要技术指标及参数如表 2-2 至表 2-4。

表 2-2　燃油、燃气加温机的主要技术指标

额定发热量		设计风温 /℃	煤柴油 /（千克 / 时）	天然气 /（标准立方米 / 时）	液化气 /（标准立方米 / 时）	城市煤气 /（标准立方米 / 时）
加热 /（千卡 / 时）	功率 / 千瓦					
5×10^4	60	60	4.9	5.85	2.27	11
10×10^4	120	60	9.8	11.70	4.54	22
20×10^4	230	60	19.6	23.40	9.10	44

注：1 千卡 / 时 =4.186 千焦。

表 2-3　电热风机主要规格参数

规格型号 SFDNT	风机				加热		
	风量 /（立方米 / 时）	全压 / 帕	电机功率 / 瓦	出口风速 /（米 / 秒）	功率 / 千瓦	加热 /（千卡 / 时）	气体升温 /℃
800/5400	800	28	120	2.5	5.4	4.64	18
800/10800	800	28	120	2.5	10.8	9.28	37
1600/10800	1600	110	120	5.0	16.2	13.9	18
800/16200	800	28	120	2.5	16.2	13.9	56
1600/16200	1600	110	120	5.0	6.3	5.4	28

表 2-4　电加热线主要规格及其主要参数

型号	电压/伏特	电流/安培	功率/瓦	长度/米	色标	使用温度/℃
DV20410	220	2	400	100	黑	≤45
DV20406	220	2	400	60	棕	≤40
DV20608	220	2	600	80	蓝	≤40
DV20810	220	4	800	100	黄	≤40
DV21012	220	5	1000	120	绿	≤40

2. 降温

棚室工厂化育苗以及周年生产，当设施内气温超过 35℃时，影响到蔬菜育苗的正常生产，保护设施内的降温最简单的途径是通风，但在温度过高，依靠自然通风不能满足园艺作物生长发育要求时，必须进行人工降温。降温措施可从三方面考虑：①减少进入温室的太阳辐射能；②增大温室的潜热消耗；③增大温室的通风换气量。

温室大棚降温方式（依据其利用的物理条件）分为加湿（蒸发）降温法、遮光法、通风换气法。

（1）蒸发降温　是利用空气的不饱和性和水的蒸发潜热来降温，当空气中所含水分没有达到饱和时，水会蒸发变为水蒸气进入空气中，同时吸收空气中热量、降低空气的温度，而相对湿度提高。由于设施内作物正常生长需较高的相对湿度，当相对湿度达到 80%～90% 时，不会对植物造成不利影响。

蒸发降温过程中，必须保证温室内外空气流动，排出高温高湿气体，补充新鲜空气。目前采用的蒸发降温的方法有湿帘风机降温系统和喷雾降温系统。

湿帘风机降温系统由湿帘箱、循环水系统、轴流风机和控制系统四部分组成。其中，湿帘箱由箱体、湿帘、布水管和集水器组成（图 2-34）。一般采用负压纵向通风方式，即风机、湿帘安装在相对应的山墙上。工作原理：当风机抽风时，温室内产生负压，迫使室外不饱和空气流经湿帘表面，湿帘表面水分蒸发，空气中大量显热转化为潜热，使得进入温室内空气的干球温度降低 8～12℃，同时经过湿帘进入温室内的空气相对湿度增加。湿帘降温装置的效率取决于湿帘的性能和过流面积大小。湿帘采用的材料有白杨木细刨花、瓦楞纸、聚氯乙烯等。

图 2-34　温室中的风机及湿帘

喷雾降温是直接将水以雾状喷在温室的空中，由于雾粒的直径非常小，只有 10 微米，可以直接在空气中汽化。汽化时吸收热量，降低室内空气温度。其降温速度快、蒸发效率高、温度分布均匀，是蒸发降温的最好形式。系统由水过滤装置、高压水泵、高压管道、旋芯式喷头组成。工作过程：水经过过滤器过滤后，通过水泵加压，由管道输送到各个喷头，以高速喷出，形成雾粒。旋芯式喷头的主要参数：喷量每分钟 60 ～ 100 克，喷雾锥角大于 70°，雾粒直径小于 10微米。喷雾降温效果好，但整个系统比较复杂，对设备要求较高，造价及运行费用较高（图 2-35）。

图 2-35　温室喷雾降温系统（雾化降温）

（2）屋面喷水降温　是将水均匀喷洒在玻璃温室的屋面上，用来降低温室内空气的温度。

工作原理：当水在温室屋面上流动时，水与温室屋面覆盖材料换热，吸收屋面覆盖材料热量，进而将温室内的余热带走；同时，水在温室屋面流动时，会有部分水分蒸发，进一步降低了水的温度，强化了水与覆盖材料间的换热；另外，水膜在屋面流动，可减少温室的日光辐射量，当水膜厚度大于 0.2 毫米时，太阳辐射的能量全部被水膜吸收并带走，这一点相当于遮阴。

系统由水泵、输水管道、喷头组成。降温效果与水温、水在屋面流动情况有关。如屋面水分布均匀，降温效果可达 6 ~ 8℃，分布不均，降温效果不好。

（3）遮阳降温　也称遮阴降温，是利用不透光或透过率低的材料遮住阳光，阻止多余的太阳辐射能量进入温室，降低温室内的空气温度，保证作物能够正常生长。因材料不同和安装方式的差异，一般可降温 3 ~ 10℃。

遮阳方式：室内遮阳、室外遮阳、屋面喷白降温。

遮阳材料：苇帘、黑色遮阳网、银色遮阳网、缀铝条遮阳网、镀铝膜遮阳网、石灰水等。

① 室外遮阴降温系统　在温室骨架外安装遮阳骨架，将遮阳网安装在骨架上，利用拉幕机构或卷膜机构带动遮阳网，实现开闭。使用时，根据需要，可进行手动控制、电动控制、自动控制（与计算机连接）。

遮阳网室外安装，降温效果好，直接将太阳光能阻隔在温室外，各种遮阳网降温效果差别不大，均可使用。室外遮阳骨架耗费钢材，气候恶劣时，对遮阳网强度要求高；各种驱动设备露天使用，要求设备对环境的适应能力强、机构性能良好（图 2-36）。

② 室内遮阳系统　将遮阳网安装在温室内，通过在温室骨架上安装（金属或者塑料的网线）支撑系统，将遮阳网安装在支撑系统上。整个系统简单轻巧，造价低。室内遮阳网一般采用电动控制，或者电动加手动控制，双向或者单向开闭。

图2-36 温室外遮阳系统

遮阳装置组成：主要操纵部分，如手动链轮，齿条；传动部分，如传动轴、滚轮、牵引绳、滑轮、连接夹；工作部分，如遮阳网；附属部分，如支撑管、托钩、托帘绳、钢丝绳、端部滑轮。

降温原理：主要是遮阳网反射和吸收太阳光能量，吸收部分最终仍留在室内，促使温室内气温升高。因此，室内遮阳效果主要取决于遮阳网的反射能力，不同材料制成的遮阳网，使用效果差异很大。以缀铝条遮阳网的效果最好。

室内遮阳系统一般与室内保温幕系统共设。夏天使用遮阳网降温，冬季换成保温幕，夜间使用，保温节能；或者遮阳网本身就同时具有遮阳、保温效果，将夏季室内遮阳与冬季保温相结合（图2-37）。

（4）强制通风设备　温室面积在2000平方米以上时，应安装大功率的排风扇，达到强制通风的目的。通风设备的种类和安装位置，自然通风的通风量是由窗口大小和窗口位置决定的。通风量大，能减少温差。特别是能减少垂直温差，若窗口的位置不适合，容易产生无风区而增加温差。强制通风的通风量比自然通风大，容易使垂直温差减少。强制通风一般是由一侧面吹向另一侧面的过道风，即从外边进来的低温空气开始向低流逐渐被加热后向高流，在排气口前变高温，并在排气口附近与外气混合，温度边降边出去。由于这种水平气流的影响，上下形成了两个循环气圈。

图 2-37　温室内遮阳保温系统

　　这种气流依风力的大小、进出口的位置以及气流的方向等而产生种种变化，影响温室内的温度分布。

　　目前，温室内安装的换气扇是 9FJ 系列轴流式节能通风机（中国标准），依靠风机排气来实现温室的强制通风。9FJ 系列轴流式节能通风机的特点：全压低、流量大、耗电少、噪声小、运转平稳、安全可靠、百叶窗自动开闭。适于输送温度不大于 70℃，RH 不大于 90%，含尘量不大于 100 毫克 / 米³ 的气体，是温室强制通风的理想设备（图 2-38）。其性能见表 2-5。

　轴流风机

表 2-5   低压大流量轴流风机性能表

风机型号	叶轮直径/厘米	叶轮转速/(转/分)	不同工作静压时的风量（立方米/时）							电机功率/千瓦
			0 帕	12 帕	25 帕	32 帕	38 帕	45 帕	55 帕	
9FJ 5.6	56	930	10500	10200	9700	9300	9000	8700	8100	0.25
9FJ 6.0	60	930	12000	11490	11150	10810	10470	10130	9640	0.37
9FJ 7.1	71	635	13800	13300	13000	12780	12600	12400	11800	0.37
9FJ 9.0	90	440	20100	19000	18000	17300	16700	16000	15100	0.55
9FJ 10.0	100	475	26000	24800	23270	22420	21570	20720	19200	0.55
9FJ 12.5	125	320	33000	31500	30500	28500	27000	25000	21000	0.75
9FJ 14.0	140	310	57000	55470	53770	52750	51400	50040	45500	1.50

一般，育苗温室大棚的降温方式，不是采用单一方法实现，而是采用多种方法组合实现。如强制通风与蒸发冷却的结合、遮阳与湿帘风机系统的结合等。

3. 保温

育苗温室的温度要求达到并维持适宜于园艺种苗生育的设定温度，并且温度的空间分布均匀，时间变化平缓。因此保温系统十分重要。

保温的原理是，在不加温的情况下，利用地表的辐射，在夜间增加保护设施内空气的热量，同时减少热量散失。夜间地供热量的大小取决于白天吸热量和土壤面积，土壤对太阳能的吸收率与射入室内的太阳能有关，热量失散是贯流散热和换气散热，主要取决于热贯流率和通风换气量。

常用的保温措施：减少向室内的对流传热和辐射传热，减少覆盖材料自身的热传导散热，减少设施外表面的对流传热和辐射传热，减少覆盖材料的漏风而引起的换气传热。具体方法就是增加保温层的覆盖层数，采用隔热性能较好的覆盖保温材料，以提高设施的气密性。

温室大棚采用不同的保温方法和保温覆盖材料的节能保温效果，可参照表 2-6。

表 2-6　保温覆盖的节热率

保温方法	保温覆盖材料	节热率	
		玻璃温室	塑料大棚
双层覆盖	玻璃、PVC 膜	0.40	0.45
	PE 膜	0.35	0.45
一层保温帘	PE 膜	0.34	0.35
	PVC 膜	0.35	0.40
	不织布	0.25	0.30
	铝箔反射膜	0.30	0.55
二层保温帘	PE 膜二层	0.45	0.45
	PE 膜 + 反射膜	0.65	0.65
外面覆盖	草帘	0.60	0.65

4. 灌溉

育苗设施内的喷水系统，一般采用行走式喷淋装置，既可喷水，又可喷药。

苗长到一定大小，宜采用底面供水方式，即在平整并有一定坡度的苗床上铺设塑料膜（有条件的，可在其上铺设 0.2～0.4 厘米厚的吸水无纺布），将穴盘摆放在上面，通过床面浇水，水经过穴盘底部的孔吸入基质中。在寒冷季节，由底面供水比喷淋优越。设施内工厂化育苗，灌溉设施十分重要。设施内蔬菜育苗通常采用高效节水灌溉技术。

目前，设施内主要采用两大类先进的灌溉技术，即滴灌技术和微喷灌技术。通常将滴灌技术和微喷灌技术合称为微灌技术，滴头和微喷头统称为灌水器。对于蔬菜育苗可采用微喷灌技术。

（1）微喷灌类型　依据喷洒方向划分为三种类型。

① 悬吊式向下喷洒微喷灌　是将毛管及其上安装的微喷头悬吊于设施内屋架上，微喷头向下喷洒的灌水方式。该类型微喷灌多用于设施内灌溉苗木和无土栽培盆栽植物。悬吊高度，取决于植物种类、微喷头灌溉强度，一般距地面 1.0～1.5 米（图 2-39）。

图 2-39 温室内自行式喷灌设备

② 插杆式向上喷洒微喷灌　微喷头安装在可插入地下的竖杆上，并用微管与布置在设施内地面下的输水毛管相连接，由输水毛管供水，安装在插杆上的微喷头向上喷洒的灌水方式，该类型微喷灌主要用于喷洒花卉和苗圃等设施内植物。

③ 多孔管道微喷灌　是在毛管上钻出单排、双排或者多排小孔，依设计灌水要求，可以向上、向下或多个方向进行喷洒的灌水方式。该类型微喷灌是一种简易型微喷灌，一般应将多孔管道铺设于设施内植物行间地面上，不宜埋设于地下。

（2）微灌系统及其组成　微灌系统通常由水源、首部枢纽、输配水管网和灌水器四部分组成。

① 水源　水质符合规定水质要求，参见《农田灌溉水质标准》（GB 5084），一般须通过过滤装置过滤后灌溉。

② 首部枢纽　一般包括动力设备、水泵、过滤器、加药器、泄压阀、逆止阀、水表、压力表，以及控制设备，如自动浇灌控制器、恒压变频控制装置等。其作用是从水源取水，并对水进行加压、水质处理、肥料注入和系统控制。首部枢纽设备的多少，可视系统类型、水源条件及用户要求有所增减。其中，过滤装置和施肥装置以及控制阀门等有时也可安装在干支管进入每间设施或者各组设施群的首部。

③ 输配水管网　由不同管径的管道组成，一般分为干管、支管、

毛管等三级管网，可采用 UPVC 管或 PE 管，将压力水输送并分配到所需灌溉的区域。通过各种相应的管件、阀门等设备将各级管道连接成完整的管网系统。毛管在设施内，可铺设于地面上，也可埋入地下，依据情况和需要而定。毛管必须采用 PE 管，内径一般为10～16毫米。

④ 灌水器　有滴头、微喷头（图 2-40）、涌水器、滴灌带、滴灌管和多孔管道等多种形式。设施内蔬菜育苗使用的灌水器一般均放在地表或悬吊于设施屋架上。

图 2-40　温室内喷头

部分微喷头产品性能如表 2-7、表 2-8 所示。

表 2-7　部分微喷头产品规格性能表

规格	工作压力 / 兆帕	流量 /（升 / 时）	喷洒直径 / 米	喷洒强度 /（毫米 / 时）	备注
WPX60-150	0.2	65	6.5		旋转
WPZ30-100	0.15	38	3.6		折射
WP-1	0.1	36.2	1.32	5.9	折射

规格	工作压力 / 兆帕	流量 / （升 / 时）	喷洒直径 / 米	喷洒强度 / （毫米 / 时）	备注
WP-2	0.1	61.7	1.45	7.3	折射
WP-3	0.1	53.6	1.48	6.2	折射
WP-61	0.1	60	1.5	14.3	折射
5415	0.2	72	3.0		旋转
5414	0.2	72	2.5		折射
5412	0.2	72	1.5		旋转
5411	0.2	72	1.0		折射

表 2-8　高压雾化微喷头性能

规格型号	雾滴直径 / 微米	喷雾射程 / 米	工作压力 / 兆帕	流量 / （升 / 时）
WPX60-150	≤ 100	4	1.5 ～ 2.5	1 ～ 1.4
WPZ30-100	≤ 50	3	3.0	0.5 ～ 0.8

（二）播种育苗设备

播种育苗设备主要是指与蔬菜播种作业相关的机械设备，主要包括栽培基质消毒设备、栽培基质搅拌设备、种子清选设备，精量播种设备等。

1. 育苗基质消毒设备

（1）蒸汽消毒　将用过的基质装入消毒箱等容器内，进行蒸汽消毒，或将基质块或种植垫等堆叠一定高度，全部用防水防高温布盖严，通入蒸汽，在 70 ～ 100℃下，消毒 1 ～ 5 小时，杀死病菌。具体消毒温度和时间要根据不同基质和蔬菜作物来灵活掌握，如黄瓜病毒等需 100℃才能将其杀死。一般来说，蒸汽消毒效果良好，而且也比较安全，但缺点是成本较高。

（2）太阳能消毒　太阳能消毒是近年来在温室栽培中应用较普遍的一种廉价、安全、简单实用的无土栽培基质消毒方法。具体方法为：夏季高温季节在温室内把基质堆在一起，喷湿基质，使其含水量达到 60% 以上，并用塑料薄膜盖严，密闭温室，暴晒 10 天以上，消毒效果很好。

（3）漂白粉和高锰酸钾消毒 主要消除包括线虫在内的传染性病虫害。具体做法为：用 0.3% ～ 1% 次氯酸钙或次氯酸钠溶液，在栽培槽基质内滞留 24 小时后，用水清洗 3 ～ 4 次，直至完全将药剂洗去为止，或用喷壶将基质均匀喷湿，覆盖塑料薄膜，24 ～ 36 小时后揭膜，再风干 2 周后使用。高锰酸钾使用浓度为 0.1%，将基质堆起后注入基质中，施药后，随即用薄膜盖严，3 ～ 7 天后揭去薄膜，晒 7 天以上即可使用，消毒效果很好，使用中要严格遵守操作规程，防止人畜受伤害和泄漏对周围环境造成影响。

（4）移动式基质蒸汽消毒 利用移动式基质蒸汽消毒机，蒸汽锅炉通过蒸汽管和移动小车的蒸汽入口连接，基质输送机位于移动小车一侧，基质输送机的出料口位于移动小车上方，基质通过基质输送机输送至移动小车，高温高压蒸汽通过蒸汽管通入消毒小车，对基质进行高温蒸汽消毒，移动式基质蒸汽消毒机可通过移动小车运载基质，移动小车同时作为消毒容器，该机器移动方便，消毒效率高。

2. 基质搅拌设备

育苗基质搅拌是穴盘育苗作业中的一个重要环节，直接影响基质填充和播种等作业质量以及后期秧苗的生长发育。穴盘育苗基质通常由 2 ～ 3 种基质材料构成，如砂、煤渣、草炭、蛭石和土壤等。为了降低育苗基质成本，一般还可选用炭化稻壳、棉籽壳、锯末等价格低廉的轻质材料作为穴盘育前基质。基质材料的配比要保证其具有良好的持水能力、透气性、粒度、压实度、透水能力、阳离子交换能力和坚实度。基质材料请参阅第三章第一节蔬菜育苗基质相应内容。

基质搅拌的目的是使各种具有不同特性的基质材料均匀地混合在一起，最终使搅拌好的基质具有均匀良好的持水性、透气性、颗粒性、压实度、透水性等性能。

国外基质搅拌机研究较早，效率高，而且技术已经成型，能够与播种育苗系统配套使用，如荷兰飞梭国际贸易与工程公司生产的 Bi-Mix 系列和 BUZ-Mix 系列搅拌机、日本京和 Green 株式会社研制的 KYM-B 型搅拌机、美国罗斯公司生产的混合机（图 2-41）。

图 2-41　基质搅拌设备

3. 精量播种设备

蔬菜工厂化育苗是国际蓬勃发展的新型农业现代技术,是现代农业、工厂化农业的重要组成部分,而精量播种设备(视频 2-2)则是关键部分(图 2-42)。

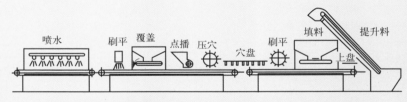

喷水　刷平　覆盖　点播　压穴　穴盘　刷平　填料　提升料　上盘

图 2-42　精量播种设备结构示意图

视频 2-2 精量播种机

欧美以及日本等各农业先进国家在蔬菜生产中采用工厂化集中育苗,已有 20 多年的历史。美国 BLACK MORE 公司、荷兰飞梭国际贸易与工程公司以及日本的洋马公司等生产的设备,已建立了完备的工厂化育苗播种生产体系,大大降低了劳动强度,提高了生产率。

我国对机械化育苗设备的研制及应用起步较晚,但近年来发展较快。近年,一些科研单位也进行了相关的研究,如上海交通大学机器人研究所研制的蔬菜工厂化育苗播种生产线、中国农业大学等单位联合研制的 ZXB-400 型精量播种生产线、南京农机化研究所研制的 2QB-330 型振动气吸式穴盘精量播种生产线，以及 2BSP-360 型蔬菜育苗播种生产线等。市场上也有了一些较为成熟的产品。

ZXB-400 型精量播种生产线，由农业农村部规划设计研究院和中国农业大学等单位联合研制，包括基质筛选、基质搅拌、基质提升、基质填充、基质刷平、基质镇压、精量播种、穴盘覆土和喷水等作业过程。整个播种生产线外形尺寸长 × 宽 × 高为 4100 毫米 ×700 毫米 ×1450 毫米，传送带高度 780 毫米，总重量 500 千克，功率消耗 0.5 千瓦，该生产线可对 72 穴、128 穴、288 穴和 392 穴等规格的标准穴盘进行精量播种，播种精度高于 95%，该机可播种粒径为 4 ～ 4.5 毫米的丸化大粒种子和 2 毫米左右的小粒种子或圆形自然种子，并可播种除黄瓜以外的各种蔬菜、花卉和某些经济作物。其净工作时间生产率为 8.8 盘 / 分。

ZXB-400 型精量播种生产线采用滚筒式播种装量进行播种作业。滚筒式播种装置可播种大多数蔬菜种子，应用于大型育苗场，播种效率高，播种速度可达 500 ～ 1200 盘 / 小时；可对穴盘和平盘进行播种，也可对装在平底托盘上的营养钵播种；通过更换滚筒可实现对不同种子和穴盘播种；对于某些发芽率较低的种子，还可选用双粒、三粒或多粒播种功能。

2BSP-360 型蔬菜精量播种生产线主要由机架、基质填充装置、播种装置、喷水装置、传动装置及辅助设备等六部分组成。其工作过程为：当穴盘通过基质填充装置下方时，填充装置通过平输送带均匀地向穴盘穴内填土，接着在喷水装置下方进行喷水作业；喷水装置的水泵从机架旁边的水箱中抽水，水通过管道进入喷水管，喷水装置将水以水帘的形式喷射到穴盘内；随着穴盘的前进，水渗入基质内，当穴盘到达播种装置下方时，喷淋到基质表面的水已渗入基质下层，随后播种和覆土装置依次进行精量播种和覆土作业；最后采用人工方式将穴盘放到运苗车上，送至温室。

浙江 2BPC-1000H 滚筒式播种机采用气吸式滚筒播种方式，从基质装盘、压穴、播种、覆土到喷淋，全机采用光机电体控制、无盘检测等创新技术，实现了蔬菜温室大棚播种机的自动化流水生产。可实现 1000 ～ 1200 盘每时的高效率播种，设种子播种数据库，调取快捷；插拔式播种滚筒可实现快速更换；播种滚筒具备防堵塞功能；各种种子的准确率：辣椒种子精度 ≥ 97%，砧木南瓜种子精度 ≥ 92%，甜瓜种子精度 ≥ 95%，圆形或丸粒化种子精度 ≥ 99%，西红柿（脱毛）种子精度 ≥ 93%（图 2-43）。

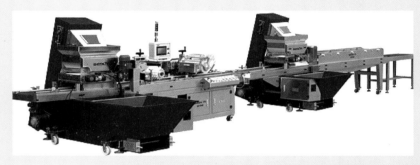

图 2-43 浙江 2BPC-1000H 滚筒式播种机

第四节　蔬菜育苗的辅助设备

　　在蔬菜育苗中设施设备是工厂化育苗的必备，批量生产、要求品种优、符合各地的要求等需要完备的设施，需要适合的环境使植物在保护地中生长。

一、简易覆盖

　　简易覆盖是设施栽培中的一种简单覆盖栽培形式，即在植株或栽培畦面上，用各种防护材料进行覆盖生产。如夏季对浅播的小粒种子，如芹菜，用稻草或秸秆覆盖，促使幼苗出土和生长等，是传统的简易覆盖方法。

（一）地膜覆盖

地膜覆盖是在土壤表面覆盖一层极薄的农用塑料薄膜，具有提高地温或抑制地温升高、保墒、保持土壤结构疏松、降低室内相对湿度、防治杂草和病虫、提高肥效等多种功能，为各种农作物创造了优良的栽培条件。其适应性广，应用量大，促进覆盖作物早熟、高产。在蔬菜等作物上应用，普遍增产30%～40%。地膜的种类很多，按树脂原料可分为高压低密度聚乙烯地膜、低压高密度聚乙烯地膜等。按其性质及功能可分为普通地膜和特殊地膜。

地膜覆盖形式有垄面、畦面覆盖，高畦沟、高畦穴覆盖，沟畦覆盖，地膜加小拱棚覆盖等形式（图2-44）。

图2-44 地膜覆盖

（二）无纺布覆盖

无纺布又称不织布，有聚乙烯醇、聚乙烯等为原料制成的短纤维无纺布，也有聚丙烯、聚酯等为原料制成的长纤维无纺布，其常见规格有 17 克 / 米 ^{2}、20 克 / 米 ^{2}、30 克 / 米 ^{2}、50 克 / 米 ^{2} 等，除具有透光、保温、保湿等功能外，还具有透气和吸湿的特点，被用来替代传统的秸秆等覆盖防寒、防冻、防风、防虫、防鸟、防旱和保温、保墒等功能，是实现冬春寒冷季节保护各种越冬作物不受寒害或冻害的一种覆盖新技术。

覆盖方式可直接覆盖播种畦面或栽培畦上，也可覆盖于小拱棚上，能防止不利气候环境影响，促进种子或秧苗的发芽与生长。

二、人工补光设备

人工补光是温室大棚蔬菜育苗的一项重要技术措施，采用人工补光的主要目的是：弥补一定条件下温室光照的不足，特别是冬季育苗日照短、光照强度低，不利于秧苗生长。尤其是遇到阴雨雪天秧苗几乎停止生长，采用人工补光，一定程度上可以缓解上述问题，以便有效地维持蔬菜种苗的正常生长发育。

（一）人工补光的基本要求

光源的光谱特性与植物产生生物效应的光谱灵敏度尽量吻合，以便最大限度利用光源的辐射能量；光源所具有的辐射通量使作物能得到足够的辐照度；光源设备经济耐用，使用方便。

（二）补光灯具

补光的灯具有荧光灯（日光灯）、白炽灯、高压汞灯、高压钠灯、生物效应灯和 LED 补光灯（图 2-45）。

荧光灯由灯管、启辉器、灯架和灯座等组成。荧光灯灯管由玻璃管、灯丝和灯丝引出脚（灯脚）构成。灯管规格较多，有 6 瓦、8 瓦、12 瓦、15 瓦、20 瓦、30 瓦、40 瓦、100 瓦等，温室常用 30 瓦以上的各种规格。荧光灯的发光光谱主要集中在可见光区域，其成分一般为蓝紫光 16.1%、黄绿光 39.3%、红橙光 44.6%。荧光灯的发光光谱可通过改变荧光粉成分，以获取所需的光谱，如采用卤磷酸钙荧光粉制成的白色荧光灯，其辐射波长范围为 350 ～ 750 纳米，峰值 580 纳米，较接近太阳光。

荧光灯发光效率高，约为白炽灯的4倍，达50%～84%。使用寿命长达3000小时以上，价格便宜。是目前使用最普遍的一种光源。

生物效应灯可发连续光谱，其紫外光、蓝紫光和近红外光低于自然光，而绿、红、黄光比自然光高。近红外光比自然光低25%左右。

LED补光灯是固体发光光源，不需要加热就能发光，是一种冷光源，因此其减少了消耗在加热上的电量，也是单色光源，发光效率高，其半峰波宽大多为20纳米左右，可以精确地为植物提供所需要的光谱而不浪费电，也能发出黄光、绿光等植物光合不需要的光谱。

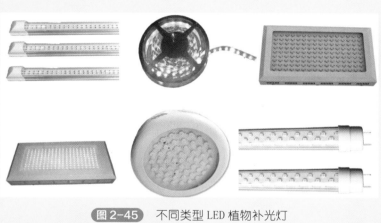

图 2-45 不同类型 LED 植物补光灯

（三）光源的选用

温室大棚补光光源的选用，应本着以下两个原则进行：一是补光的目的，二是光源的性能价格比。

补光的目的通常有两个：①满足作物光周期的需要。抑制或促进温室大棚内作物花芽分化、调节开花时期，一般要求有红光，但光照度比较低；②促进作物光合作用，补充自然光照不足。人工补光过程中，主要涉及光源选择、光照强度、补光时间、补光位置以及补光效益等。通常要求补光的光照强度在植物的光补偿点以上（3 千勒克斯）；有一定的光谱构成，近似于太阳光光谱，富含红光和蓝光。现多使用生物效应灯或者 LED 灯。选配光源时，要考虑作物种类及生育期对光照的要求。蔬菜育苗人工补光可参照表 2-9 进行选择。

表 2-9　蔬菜育苗人工补光参数

蔬菜种类	光照强度 / 千勒克斯	光照时间 / 小时	蔬菜种类	光照强度 / 千勒克斯	光照时间 / 小时
番茄	3 ~ 6	16	芹菜	3 ~ 6	12 ~ 24
茄子	3 ~ 6	12 ~ 24	生菜	3 ~ 6	12 ~ 24
甜椒	3 ~ 6	12 ~ 24	花椰菜	3 ~ 6	12 ~ 24
黄瓜	3 ~ 6	12 ~ 24			

选取光源时，需要注意光源种类、功率、发光效率、实际光能等。

光源的性价比：不同种类的光源，其初装费、使用寿命、发光效率、光谱特性、可用能量等均不相同，选用时应综合考虑。以生物效应灯和 LED 补光效果较好。

三、穴盘育苗辅助设备

（一）穴盘

穴盘是工厂化育苗的关键工具。20 世纪 90 年代中期以前，我国所使用的穴盘多数是从欧美或者韩国引进，20 世纪 90 年代后期起所用穴盘 90% 以上实现了国产化。穴盘是蔬菜、花卉、绿化苗木等穴盘苗生长的场所，育苗基质、种子和种苗培育过程在穴盘中完成。穴盘的种类按照材质、空穴数量或者颜色划分（图 2-46）。

1. 穴盘育苗的优点

① 高出芽率，苗生命活力强，可以大大节约种子，使种苗产业可以放心采用价值很高的优秀种子。穴盘育苗适于采用高精度播种流水线，便于实现机械化育苗，并且操作简便。用高精量播种生产线实行机械化播种，作业质量高，每穴中基质填装量一致，播种深浅相差

无几，压实程度、覆盖深度等都很接近。进入温室后规范化管理，苗成活率高，出苗日期和苗大小较整齐一致。

② 穴盘的穴与穴之间相对独立，既减少了一些土传病虫害的发生和蔓延，又可避免幼苗之间的营养竞争。根系可得到充分发育。

③ 穴盘育苗比传统育苗高几倍的密度，节省了育苗所需温室面积。每株商品苗所需的温室固定成本和冬季采暖费用显著下降，便于集约化管理，可提高温室利用率，穴盘育苗也有利于统一操作和控制育苗的生长发育，利于提高种苗均匀度和种苗质量。

④ 种前起苗时非常方便，移栽简单。在起苗时，根系和基质网结而成的根坨相当结实，不易散开。不论是手工或机械化移栽，根坨部不易散结而使根系受伤。穴盘苗定植后成活率高，缓苗期非常短或基本没有缓苗期，有利于定植后迅速恢复生长和提高幼苗对逆境的耐受力和抵抗力。即使没有经验的农家，用穴盘苗移栽也能取得成功。

⑤ 穴盘苗便于存放，适宜远距离运输。如果措施得当，存放时间可延长数周而不受影响；穴盘育苗采用轻基质、轻容器，便于实现集装运输也便于装卸，使得种苗远程运输成为可能，可以扩大供应和销售范围，国外育苗工厂的供苗半径可达 1000 千米以上，非常利于实现种苗商品化供应。

图2-46 穴盘苗及其包装箱

2. 穴盘规格与穴盘苗大小

穴盘可以看作是把许多营养钵达成一体的连体钵。现代的穴盘已经逐渐规格化,一只穴盘上连接几十个甚至几百个大小一致上大下小的锥形小钵,每个小钵称为穴,穴与穴之间紧密连接,这样就达到最大的种植密度。现代穴盘育苗大多用泥炭、蛭石、珍珠岩等轻材料作基质,操作上省时、省力,育苗密度大大增加,节省基地建设投资、冬季采暖费用和劳力耗费,经济效益大为提高。

育苗盘按照材质可划分为聚乙烯注塑、聚丙烯薄板吸塑及发泡聚苯乙烯三种。入孔的形状有圆形和方形两种。国内厂家生产的有方口盘、圆口盘两种,一般长 54 厘米、宽 27 厘米,50 孔育苗盘每个穴孔上径 5 厘米、下径 4 厘米、深 5 厘米,此外还有 72 孔、84 孔等规格;美国、德国等普遍采用方口育苗盘,一般长 54 ～ 55 厘米、宽 27 厘米左右,常用规格有 50 孔、72 孔、84 孔、128 孔、200 孔、288 孔等,穴孔深度视孔大小而异。日本还开发出莴苣育苗专用穴盘,可与水稻育苗箱配套试用,盘长 59 厘米、宽 30 厘米,253 孔,可用于白菜、芹菜、青花菜等的育苗。育苗中应根据育苗种类及所需苗的大小,相应选择不同规格的育苗盘。育苗盘一般可以连续使用 2 ～ 3 年。

不同蔬菜育苗的穴盘规格,可参照表 2-10 进行选择。

表 2-10　不同蔬菜种类的穴盘规格与种苗大小

栽培季节	种类	穴盘规格 /(孔 / 穴)	种苗大小
春季	茄子、番茄	72	6 ～ 7 真叶
	辣椒	128	7 ～ 8 真叶
	黄瓜	72	3 ～ 4 真叶
	青花菜、甘蓝	392	2 叶 1 心
	青花菜、甘蓝	128	5 ～ 6 真叶
	青花菜、甘蓝	72	6 ～ 7 真叶
秋季	芹菜	200	5 ～ 6 真叶
	青花菜、甘蓝	128	4 ～ 5 真叶
	莴苣	128	4 ～ 5 真叶
	黄瓜	128	2 叶 1 心
	茄子、番茄	128	4 ～ 5 真叶

（二）二氧化碳补充系统

温室大棚等设施育苗环境下，进行二氧化碳施肥能显著增加幼苗的生物学产量。研究表明，二氧化碳施肥能显著增大黄瓜、番茄幼苗叶片，使叶片肥厚，增加叶肉细胞内淀粉粒的大小和数目，增加基粒数和片层数，提高了光合作用和干物质积累。

1. 意义

由于温室大棚设施环境相对封闭，CO_2 浓度白天低于外界，为增强设施内蔬菜作物的光合作用，需补充 CO_2，解决温室内 CO_2 的不足，尤其是 CO_2 的饥饿状态对设施蔬菜苗生育的影响；供给作物适宜的 CO_2 含量，可获取优质蔬菜种苗。

2. CO_2 的施用方法和施用设备

（1）生物分解法　利用微生物分解有机物产生 CO_2。增施有机肥，畜禽粪便堆沤，利用微生物发酵产生 CO_2。优点是不需设备投资，原料就地取材，成本低；缺点是产气缓慢，气量无法控制。同时产生如 NH_3、NO_2、H_2S 等有害气体，易造成环境污染。

（2）燃烧法　通过燃烧酒精、柴油、汽油、天然气、液化气、沼气等液体、气体燃料产生 CO_2。具有启动性好、供气量大、操作方便等优点。缺点是消耗能源多、基础设施投资大、成本高、气量不易控制；同时易产生 CO、SO_2、NO_2 等有害气体（图2-47）。

图2-47　燃烧法增加二氧化碳

（3）土壤化学法　利用 $CaCO_3$ 粉末与其他添加剂、黏合剂等混匀，高温形成固体颗粒，将之埋之入土壤，经土壤作用缓慢放出 CO_2。优点：操作简单、省工省时。缺点：气量不易控制，应用效果较差，贮存条件要求较高。

（4）成品气法　利用成品 CO_2 经压缩贮存于钢瓶，直接或分装施入。具有气量易控制的优点，缺点是受气源、产地限制，且一次性投资较大、费用高（图 2-48）。

图 2-48　二氧化碳钢瓶

（三）种苗转移车

种苗转移车包括穴盘转移车（移动式发芽架）和成苗转移车。穴盘转移车将播种完的穴盘运往催芽室，车的高度及宽度应根据穴盘的尺寸、催芽室的空间和育苗的数量来确定。成苗转移车采用多层结构，根据商品苗的高度来决定放置架的高度，车体可设计成分体组合式，以适合于不同种类的园艺作物的搬运和卸载（图 2-49）。

（四）种苗分离机

在种苗生产量非常大，不带穴盘进行销售的种苗企业应配备种苗分离机。种苗分离机的配备不损伤种苗，保证育苗基质完整，有利于保证种苗质量，提高工作效率。种苗分离机有横杆式和盖板式，横杆式种苗分离机适合对较高的种苗进行分离。

图2-49 穴盘转移车和成苗转移车

（五）移苗机

移栽是园艺作物生产过程中的重要环节之一，机械移栽对气候有补偿作用，并有使作物生育提早的综合效益，可以充分利用光热资源，其经济效益和社会效益均非常可观。长期以来，园艺作物生产被认为是一项劳动密集型产业，劳动力成本占整体生产成本的50%以上。约有60%蔬菜是采用育苗移栽方式种植的，并且移栽作业仍以人工为主。采用人工移栽，劳动强度大，作业效率低，生产效益低下，制约了园艺作物生产的发展，可见实现移栽作业机械化已成为我国园艺作物生产中亟待解决的问题。

为了减少移苗的劳动力投入和降低劳动强度，移苗机随着蔬菜等种苗生产数量的增加应运而生。我国20世纪80年代研制出半自动化蔬菜栽植机，同时从国外引进了多种适合移栽蔬菜、烟叶、甜菜等经济作物的移栽机械，但因育苗技术落后、配套性能差，以及机具本身性能不稳定和生产率低等原因，未得到推广使用。随着育苗技术的发展以及劳动力成本的上升，推动了移栽机械的研制开发工作。到目前为止，已研究成功多种类别的移栽机械，部分机型已申请了专利，部分机型投入了小批量生产，实现了移栽过程的全自动化，大大提高了移栽机的作业效率。

目前，辣椒、番茄等茄果类及芹菜、小葱等叶菜蔬菜移栽机（视频 2-3 ～视频 2-6）已经在生产上成熟应用。

视频 2-3 叶菜类移栽机　　视频 2-4 茄果类移栽机　　视频 2-5 辣椒机械化移栽　　视频 2-6 葱蒜类自动移栽机

四、水培育苗辅助设备

（一）设施

水培育苗的主要设施包括育苗床、育苗板、营养液循环系统、自动控制系统和营养液消毒装置。

（二）苗床

水培育苗以集中育苗为宜，苗床多为长方形，可用红砖、空心砖或木板等材料做成，用黑色塑料薄膜铺底，薄膜边缘盖在苗床边缘或木板上，并检查是否漏水，如发现渗漏应及时更换薄膜或彻底补好漏洞。水培育苗的苗床宽度根据设施的规格而定，以大于 120 厘米为宜；苗床长度依播种面积而定，一般以 10 米为宜。用 100 平方米的大棚育苗，可在大棚中间做一条 50 厘米宽的走道，两侧沿着大棚走向做成营养液池，以提高幼苗生产效率。大棚两侧最好有 100 厘米的垂直高度，以利于操作管理和通风。苗床做好后，于播种前一周灌营养液，盖上薄膜提高营养液温度。

五、植物组培育苗辅助设备

玻璃器皿是最常用的培养器皿，包括各种规格的培养皿、培养瓶、试管等。玻璃器皿通光性好，便于观察，同时还可以高温高压灭菌，因而可以反复使用。此外，玻璃器皿的化学稳定性好，不会分解对培养物产生危害的有害物质。但玻璃器皿在洗涤和操作中容易损坏，因而增加了生产成本。

近年来，一些高分子新型材料逐渐用于制造各种培养器皿，因其质地轻、不易破碎而受到欢迎，但有些器皿不能高温灭菌或只能一次性使用，因而成本较高。我国实验室利用聚碳酸酯，设计生产可高温灭菌的培养瓶、培养皿，受到广泛应用。除了培养皿外，接种用具是另一类重要的实验用具，包括解剖刀、各种剪刀、镊子等。这些用具一般为金属材质，需要经受200℃以上的干热消毒，因此一般要求以不锈钢材质为宜（图2-50）。

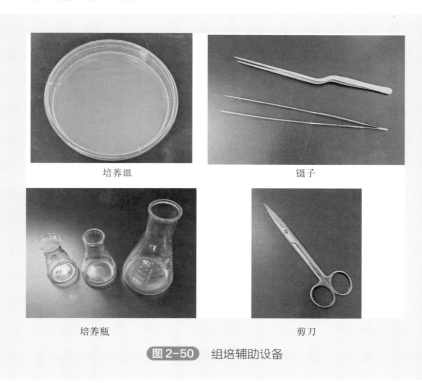

培养皿　　　　　　　　　　镊子

培养瓶　　　　　　　　　　剪刀

图2-50 组培辅助设备

六、工厂化育苗辅助设备

工厂化育苗的辅助设备，如 CO_2 增施机、营养液自动供液装置、育苗床架、运苗车等。请参照穴盘育苗辅助设施相应内容。

第三章
蔬菜育苗基质与营养

    蔬菜育苗过程中，基质是育苗的基础。幼苗发育过程中所需的水分和营养，主要是由基质提供。因此，育苗基质的理化性质和营养状况直接关系到幼苗的生长发育。

    基质栽培要求设备简单、投资较少、管理较易、性质稳定，并有较好的经济效益，很多物质都可作为基质来使用，如草炭、岩棉、蛭石、珍珠岩、树皮、锯末、炭化稻壳、砂、砾石、陶粒、甘蔗渣、树脂及各种泡沫塑料等。

第一节　蔬菜育苗基质

    良好的基质能够为幼苗的生长提供稳定协调的水、气、肥及根际环境，支持和固定植株，还能够贮存一定的水分和养分，对环境条件有一定的缓冲作用。

    育苗基质的主要作用有：①固定支撑作用。固体基质可以支持并固定植株，使其固定在基质中而不致倾倒，有利于植株根系的附着和伸展。②保水保肥。固体基质通常都有一定的保水保肥能力，如珍珠岩可以吸收相当于本身重量 3 ～ 4 倍的水分，泥炭可吸收相当于本身重量 10 倍以上的水分，这些被基质吸附的水分可在植株缺水期间为植株提供水分供应。③透气作用。一般情况下，基质都有一定的孔隙，可容存植株根系所需的氧气，同时可吸持水分，满足作物对水分和空气的需求。④缓冲作用。缓冲能力良好的基质可有效缓冲某些外来物质或根系本身新陈代谢过程中产生的一系列有害物质，保护根系不受伤害。如蛭石、泥炭等。⑤提供营养物质。某些固体基质如泥炭、椰壳等，可为作物苗期或生长期间提供一定的营养物质。

一、对基质的要求

基质性状的好坏，主要包括以下 10 个指标，可供判断参考。

（一）容重

容重是指单位体积内干燥基质的重量，通常用克 / 升或克 /（厘米）^{3} 来表示。它与基质的质地、粒径和总孔隙度有关，反映了基质的疏松、紧实程度。不同基质容重不同，小于 0.25 克 /（厘米）^{3} 属于低容重基质，0.25 ～ 0.75 克 /（厘米）^{3} 属于中容重基质，大于 0.75 克 /（厘米）^{3} 属于高容重基质，一般情况下，基质容重在 0.1 ～ 0.8 克 /（厘米）^{3} 范围内栽培效果较好。容重过大，基质紧实，总孔隙度小，影响植株根系生长，育苗操作和运输均不方便；容重过小，基质较为疏松，总孔隙度大，不利于根系伸展和固定，且浇水时易漂浮，常见育苗基质容重见表 3-1。

表 3-1　常见育苗基质容重

基质种类	容重 /［克 /（厘米）^{3}］	基质种类	容重 /［克 /（厘米）^{3}］
土壤	1.10 ～ 1.70	砂	1.30 ～ 1.50
蛭石	0.08 ～ 0.13	珍珠岩	0.03 ～ 0.16
岩棉	0.04 ～ 0.11	草炭	0.05 ～ 0.20

（二）总孔隙度

总孔隙度是指基质中持水孔隙和通气孔隙的总和，通常以相当于基质体积的百分数（%）来表示。总孔隙度大的基质疏松，重量较轻，通透性好，利于植株根系生长，但固定根系的作用较差，易倒伏，如蛭石、岩棉、蔗渣等。总孔隙度小的基质紧实，重量较重，通透性较差，不利于植株根系的伸展，如砂等。因此，在实际生产中，往往将多种不同颗粒大小的基质混合使用，以改善单种基质带来的弊病。总孔隙度计算公式为：

$$总孔隙度 = （1 - 容重 / 密度）\times 100\%$$

一般来说基质的孔隙度在 54% ~ 96% 之间即可。

（三）气水比

总孔隙度只能反映基质中空气和水分能够容纳的空间总和。而气水比是反映基质中空气和水分各自所能容纳的空间。气水比是指在一定时间内，基质中容纳气、水的相对比值，通常以通气孔隙与持水孔隙的比值来表示，即大孔隙与小孔隙之比，大孔隙是指孔隙直径在0.1毫米以上，灌溉后溶液也不会吸持的那部分孔隙，主要功能是贮气；小孔隙是指孔隙直径在 0.001 ~ 0.1 毫米之间的孔隙，这部分孔隙可吸持水分，主要功能是贮水。

大小孔隙之比能够反映出基质中气与水之间的状况，是衡量基质优劣的重要指标之一，一般而言，育苗基质的气水比在（1:4）~（1:2）之间为宜，此时，基质持水通气均较好。

（四）粒径

粒径是指基质颗粒直径的大小，单位可用毫米表示，基质颗粒太粗，通气性较好，但持水性较差，颗粒太细，持水性较好，但通气不良，不利于养分流通和吸收，影响根系生长。因此，良好的基质颗粒大小要适中，表面粗糙但不带尖锐棱角，一般情况下，砂粒粒径以 0.5 ~ 2.0 毫米为宜，陶粒粒径以 1 厘米内为宜，而岩棉等块状基质粒径则不重要。在实际生产中，往往将几种颗粒大小不同的基质混合，以避免单种基质带来的弊端。

（五）生物学稳定性

良好的基质应具有一定的生物学稳定性，受到微生物和作物根系的影响时，不易发酵和分解。利用未腐熟的有机基质时，要将基质进行一定的前处理，如通过高温好氧堆沤或一定时间的生物氧化与腐熟，方可利用。

（六）化学组成和化学稳定性

基质的化学组成是指基质本身所含有的化学物质种类及其含量，不仅包括作物可以吸收利用的矿质营养和有机营养，也包括对作物生长的有害物质。

基质的化学稳定性是指基质发生化学变化的难易程度。基质栽培中通常要求有较强的化学稳定性，对营养液有一定的缓冲作用。由石英、长石、云母等无机矿物构成的基质，如砂、石砾等，具有较强的化学稳定性；由角闪石、辉石等组成的次之；由石灰石、白云石等碳酸盐矿物组成的基质最不稳定。

含碳水化合物最多的基质（如新鲜稻草、甘蔗渣等）易被微生物分解，使用初期会因微生物的活动而发生生物化学的变化，影响营养平衡，尤其是氮素的平衡。通常情况下，泥炭、经过堆沤处理后腐熟了的木屑、树皮、甘蔗渣等稳定性高。

（七）酸碱性

基质的酸碱性与养分的溶解度有关，同时影响植物根际微生物的活动，多种元素在 pH 为 6.0 时有效性最大，pH 超过 7 时，Fe^{2+}、Mn^{2+}、Zn^{2+}、Cu^{2+} 将会生成氢氧化物沉淀，降低其有效性；pH 小于 5 时，磷几乎全部以 $H_2PO_4^-$ 的形式存在，也是植物对磷最有效的吸收形式。可采用酸性物质（如硫黄粉等）或碱性物质（如石灰等），对基质进行酸碱性调节（图 3-1）。

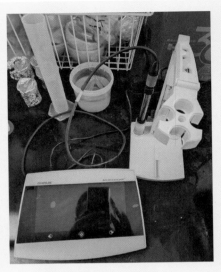

图 3-1　pH 计

（八）缓冲能力

基质的缓冲能力是指基质在加入酸碱物质后，本身所具有的缓和酸碱变化的能力。缓冲能力强的基质，根系生长环境较为稳定。缓冲能力的大小主要是由阳离子代换量以及盐类的多少来决定的。一般情况下，基质含有较多的有机酸，对碱的缓冲能力较强；基质含有较多的钙盐和镁盐，对酸的缓冲能力较强；基质含有较多腐殖质，对酸碱两性都有缓冲能力。

一般植物残体基质都有一定的缓冲能力，泥炭的缓冲能力要比堆沤的蔗渣强。可将缓冲能力由大到小排序：有机基质＞无机基质＞惰性基质＞缓冲液。

（九）电导率

基质的电导率（EC）反映了基质中可溶性盐分的多少，直接影响营养液的平衡和幼苗的生长状况，一般可用毫西门子 / 厘米来表示，基质的可溶性含量不宜超过 1000 毫克 / 千克，最好小于 500 毫克 / 千克。

一些植物性基质含有较高的盐分，如树皮、炭化稻壳等，在使用之前应对其电导率进行测定，可选用淡水淋洗或作其他适当处理（图3-2）。

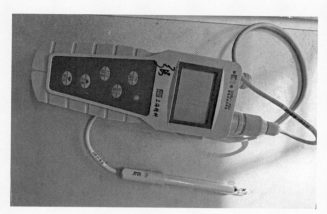

图 3-2　便携式电导仪

（十）碳氮比

碳氮比是指基质中碳素和氮素的相对比值。碳氮比高的基质，由于微生物生命活动对氮的竞争，导致植物缺氮，当碳氮比达到1000∶1时，需人工加入超过植物生长所需要的氮，以补偿植株对氮的需求。一般情况下，无机物的碳氮比较低，如蛭石、岩棉等，有机物的碳氮比较高。通常，碳氮比宜中宜低不宜高，其比例在30∶1左右最利于植株生长。

二、育苗基质种类

基质的分类方法有很多，按照基质的来源分类，可分为天然基质和人工基质，砂、石砾等为天然基质，岩棉、泡沫塑料、多孔陶粒等为人工基质；按照基质的性质分类，可分为活性基质和惰性基质，泥炭、蛭石等为活性基质，砂、石砾、岩棉、泡沫塑料等为惰性基质；按照基质使用时组分的不同，可分为单一基质和复合基质，生产上为了克服单一基质所带来的各种弊病，常常将几种基质混合形成复合基质来使用。

目前，最常使用的分类法是按照基质的组成来分，可分为无机基质和有机基质。

无机基质主要是指一些天然矿物或经过高温等处理后的产物作为栽培材料，其本身并不含有营养物质，没有生物活性，化学性质较为稳定，多作为作物根系支持物或调解基质孔隙度和容重，耐分解，性质稳定，孔隙度大，但是盐基交换量较低，缓冲性较弱，蓄肥能力差。常见的无机基质主要有砂、石砾、蛭石、岩棉、珍珠岩、陶粒、炉渣、泡沫塑料等。

有机基质是指一些含有C、H的有机生物残体及其亚生物构成的栽培基质，本身含有丰富的营养成分，有较强的生物活性，化学性质常常不太稳定，盐基交换量较高，蓄肥能力高。常见的有机基质主要有草炭、树皮、木屑、菌渣等。

通常情况下，由无机矿物构成的基质（如砂、石砾等）化学稳定性较强，有机基质（如草炭、锯末、稻壳等）的化学性质组成复杂，有较高的盐基交换量，缓冲能力比无机基质强，可抵抗养分淋洗和pH变化，且锯末和新鲜稻壳中含有极易被微生物分解的物质，使用初期会由于微生物的活动，发生一系列生物化学变化，影响基质中营养元素的平衡，极易引起氮素的缺乏症，有时还会产生有机酸、酚类等有毒物质，影响根系正常生长，因此，有机基质必须首先进行堆沤发酵，使其形成稳定的腐殖质，并将有害物质降解后方可使用。

（一）无机基质

1. 砂

砂的来源较为广泛，价格便宜，在河流、海、湖的岸边以及沙漠等地均有分布，是应用较为广泛的基质之一，但砂容重大、持水力差、化学成分和质量差异较大，热传导较快，保水保肥力差，水气矛盾较大，使用时应首先进行筛选，剔去过大砂砾，并用水进行清洗，除去泥土、粉砂。良好的砂基质应保证其不包含有毒物质；在石灰性地区的砂含有较多石灰质，使用时要特别注意，一般碳酸钙的含量不应超过20%，易于排水、通气［图3-3（a）］。

2. 石砾

石砾主要来源于河边石子或石矿场岩石碎屑，不同地区化学组成差异较大。石砾本身并不具有盐基交换量，持水保肥能力差，但通气排水能力强，一般选用非石灰性石砾，且棱角不明显，特别是株形高的植物或在露天风大的地方，要选用棱角钝的石砾，以免植株茎部受伤，由于石砾容重较大，搬运、清理和消毒等日常工作较为复杂，导致其使用较少［图3-3（b）］。

(a)   (b)

图3-3 砂、石砾

3. 蛭石

蛭石为云母类次生硅质矿物，一般为铝、镁、铁的含水硅酸盐，由一层层薄片叠合构成，蛭石的容重很小，有良好的透气性和保水性，盐基交换量也很高，保肥和缓冲能力较强，一般为中性至微碱性（pH 6.5～9.0），通常与酸性基质（如泥炭等）混合使用，但其使用一段时间后会由于坍塌、分解、沉降等原因破碎，孔隙度减少，结构变细，影响透气和排水，因此在运输、种植过程中不能收到重压［图3-4（a）］。

4. 岩棉

　　岩棉是在高温条件下由辉绿岩、石灰石和焦炭以3∶1∶1或4∶1∶1的比例，或由冶铁炉渣、玄武岩和砂砾混合后经过一定处理所得，一般为黄色、灰色或白色，不含任何病菌和其他有机物，岩棉的化学性质稳定、物理性质优良、pH稳定且经过高温消毒后不含任何病菌等的特点，可为植株提供一个保肥、保水、无菌、空气供应量充足的良好根际环境，此外，岩棉质轻、不会腐烂分解、透气性好，从而被广泛应用，但板块状岩棉废弃后在土壤中难以分解，且能损害土壤的耕作性状 [图 3-4（b）]。

(a)　　　　　　　　　　　　　　(b)

图 3-4　蛭石、岩棉

5. 珍珠岩

　　珍珠岩是由一种灰色火山岩（铝硅酸盐）经过一定处理后所得，容重较小，通气排水性较好，盐基交换量较低，几乎没有缓冲作用，但珍珠岩受压后易破碎，且粉尘污染较大，对呼吸道有一定的刺激作用 [图 3-5（a）]。

6. 陶粒

　　陶粒又称膨胀陶粒，是由大小均匀的团粒状陶土处理而成，内部为蜂窝状孔隙构造，质地较为疏松，略呈海绵状，色微带灰褐，容重较大，通气排水性较好，坚硬、不易破碎，且耐用，但是陶粒价格较珍珠岩、蛭石要高 [图 3-5（b）]。

7. 炉渣

炉渣一般为煤燃烧后的残渣。具有良好的理化性质，利于根系的固定，若使用未受污染的炉渣，则不易产生病害。其具有价廉易得、透气性好的特点，但其碱性大、持水量低、质地不够均匀，一般可用清水洗碱，并淋去硫、钠等元素 [图 3-5（c）]。

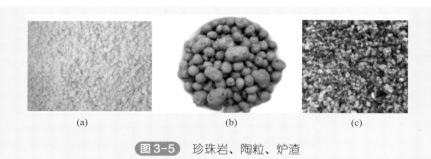

(a)   (b)   (c)

图 3-5 珍珠岩、陶粒、炉渣

（二）有机基质

有机基质主要为各类植物的残体或加工副产品。

1. 草炭

草炭又称泥炭，是由苔藓、苔草、芦苇等水生植物以及松、桦、赤杨等陆生植物在水淹、缺氧、低温、泥沙掺入等条件下未能充分分解而堆积形成的，主要由未完全分解的植物残体、矿物质和腐殖质组成。泥炭是植物有机体经过上千年的腐殖化后，由植物残体组成的一种有机矿产资源，分为高位泥炭、低位泥炭和中位泥炭。我国以低位泥炭为主，一般发生于地平面较低的沼泽地，由于受地下水的影响，这种环境下生长着多种半水生植物和其他杂草类植物，它们通过生育与枯死的不断循环而形成泥炭。我国草本泥炭占总量的 98.5%，其富含多种氨基酸、蛋白质、多种微量元素及纤维素等有机物，具有良好的保水、保肥、透气、透水等物理特性；具有良好的生物活性，能提高种子发芽率，促进根的发育，增强植物逆境的抵抗能力，内含丰富的有机质及氮、磷、钾、钙、镁、硫、铁等多种营养元素，能提供植物生长所需的多种营养；无毒、无味、无病、无虫、干净，可直接与其他基质混合使用。同时其在使用过程中的不足表现在：含氮量较高，但多为有机态氮，不能有效地转换成有效氮，且有效磷、钾含量不高，酸性大，有时含有活性铝和盐分，或携带土传病虫草害，有机质难以分解，且透气性差。因此，在实际应用上，通常将草炭与砂、煤渣、珍珠岩、蛭石等其他基质组成混合基质，以增加容重，改善结构，并调节 pH ［图 3-6（a）］。

2. 树皮

树皮是木材加工过程中的下脚料，其化学成分差异较大，有些树皮甚至含有有毒物质，不可直接使用，而且大多数树皮的碳氮比较高，直接使用会引起植株对氮素的竞争，应将新鲜的树皮进行堆沤，堆沤时间至少一个月，此时，树皮含有的病原菌、线虫和杂草种子等也会被杀死。此外，树皮在使用过程中会因物质分解而导致容重增加，体积变小，结构受到破坏，造成通气排水不良，通常可将树皮与其他基质混合使用。

不同的树种差异很大，作为基质最常用的树皮是松树皮和杉树皮。树皮含有无机元素但保水性较差，并含有树脂、单宁、酚类等抑制物质，需充分发酵使之降解。研究表明腐化树皮：草炭为 7∶3 时对于生菜的生长最为有利。国外研制的人造土壤就是以腐烂的树皮或泥炭为重要成分制作，其具有良好的排水性、保水能力和保肥能力，可用于番茄等蔬菜园艺作物的有机无土栽培 ［图 3-6（b）］。

3. 锯木屑

锯木屑是木材加工的下脚料，质轻，有较强的吸水性。以黄杉和铁杉的锯末为最好，有些侧柏的锯末有毒，不能使用。较粗锯末混以

25% 的稻壳，可提高基质的保水性和通气性。另外锯末含有大量杂菌及致病性微生物，需经过适当处理和发酵腐熟才能应用。锯木屑在使用前可堆沤，堆沤时可加入较多的氮素，且堆沤时间通常为 3 个月左右，尽量选择对植物无害的木屑，并在木屑中按照干重加入 1% 的氮，且木屑作为混合基质使用时不得超过 20%〔图 3-6（c）〕。

(a)　　　　　　　(b)　　　　　　　(c)

图 3-6　草炭、树皮、锯木屑

4. 稻壳

稻壳是稻米加工时的副产品，既通气排水、抗分解，又稳定，价格便宜，但稻壳质轻，浇水后易浮起，使用前要蒸煮以杀灭病原菌。稻壳不易腐烂，持水能力一般，可与其他基质材料配合使用。通常使用方法是通过暗火焖烧将其炭化，形成炭化稻壳即砻糠，其营养丰富，通透性好，但持水孔隙度小，持水能力差，使用时要经常浇水。稻壳可作为基质和基质配方进行设施蔬菜育苗和栽培基质使用。

5. 椰衣纤维

椰衣纤维又称椰壳纤维或椰糠，是椰子加工业的副产品。与泥炭相比，椰衣纤维含有更多的木质素和纤维素，疏松多孔，保水和通气性能良好。pH 为酸性，可用于调节 pH 过高的基质或土壤。磷和钾的含量较高，但钠、钙、镁含量低，因此使用中必须额外补充氮素，而钾的施用量则可适当降低。国内外用于蔬菜等园艺作物的无土栽培。可用于番茄等果菜类蔬菜的育苗和无土栽培（图 3-7）。

图 3-7　椰衣纤维

6. 蔗渣

蔗渣是制糖业的副产品，主要成分是纤维素，其次是半纤维素和木质素。新鲜甘蔗渣由于碳氮比太高，不经处理植物根系难在其中正常生长，使用前必须经过堆沤处理。在自然条件下其堆沤效果较差，需经过添加氮源并堆沤处理后，方可成为与泥炭种植效果相当的良好无土栽培基质。研究表明，蔗渣中加入膨化鸡粪和堆肥速效菌曲后进行堆沤处理，基质可用于黄瓜、番茄和甜瓜的育苗和无土栽培。我国两广一带蔗渣资源丰富，其作为基质运用的潜力巨大 [图 3-8（a）]。

7. 秸秆

将秸秆粉碎后加入鸡粪等有机质或秸秆腐熟剂进行发酵处理，可得到有机基质，与其他基质混配后，可用于蔬菜等园艺作物的育苗和无土栽培（图 3-9）。我国作为农业大国每年都会产生大量的农作物秸秆，将秸秆开发利用为园林、园艺育苗和栽培基质，不仅可以获得廉价原料，使基质生产成本降低，而且对于实现能源多元化，解决农业有机废弃物问题也有积极的意义 [图 3-8（b）]。

(a)   (b)

图 3-8　甘蔗渣与秸秆

图 3-9　水稻秸秆粉碎发酵后

8. 其他有机基质

　　其他有机基质主要来自于各种有机固体废弃物，包括工农业废弃物和城市垃圾。如污泥和垃圾堆肥可部分代替泥炭，中药渣、花生壳、咖啡加工的废渣都有应用于无土栽培的报道。通常这些有机基质与蛭石、珍珠岩等无机基质或泥炭等其他有机基质按一定比例混合使用才能取得较好的效果。

一般而言，无机基质通常不含养分或所含养分低，单一成分的有机基质单独作为栽培基质进行育苗或无土栽培的时候，因其物理性质如容重过轻或过重、通气不良或保水性差等原因，常将两种或两种以上基质混合形成复合基质来利用。

可以说，基质的配制是设施蔬菜育苗和无土栽培成功与否的关键环节之一。

（三）复合基质的配制

用于蔬菜育苗和无土栽培的固体基质，要能为蔬菜作物生长提供稳定协调的根际环境条件，不仅能起到锚定植物、保持水分和透气的作用，还具有养分供应作用，能使作物正常生长。因此，它的理化性状要达到一定的要求：即容重在 0.1～0.8 克每立方厘米之间，pH 在 6.5 左右，且具有一定的缓冲能力，电导率（EC 值）在 2.5 毫西门子每厘米以下，保肥性良好，具有一定的碳氮比以维持栽培过程中基质的生物稳定性。

基质的使用，可以是单一基质，也可以是复合基质。不同地区、不同形式以及不同蔬菜作物育苗生产时，可根据实际情况，因地制宜选用（图 3-10）。

图 3-10 复合基质

一般来讲，单一基质通常存在一些缺陷和不足，因此，复合基质应用广泛。

由于基质的有机原料资源丰富易得，处理加工简便，可就地取材，如玉米秸、葵花秆、油菜秆、麦秸、大豆秆、棉花秆等，农产品加工后的废弃物如椰壳、菇渣、蔗渣、酒糟等，木材加工的副产品如锯末、树皮、刨花等，还有中药厂制药后废弃的中药渣，都可以使用。为了调整基质的物理性能，可加入一定量的无机物质，如蛭石、珍珠岩、炉渣、砂等，加入量依调整需要而定。有机物与无机物之比按体积计可自 2：8 至 8：2。常用的混合基质有 4 份草炭：6 份炉渣；5 份砂：5 份椰子壳；5 份葵花秸秆：2 份炉渣：3 份锯末；7 份草炭：3 份珍珠岩等。基质的养分水平因所用有机物质原料不同，可有较大差异。栽培基质的更新年限因栽培作物不同，一般为 2～5 年。含有葵花秸秆、锯末、玉米秸的混合基质，每种植一茬作物，均应补充一些新的混合基质，以弥补基质量的不足。

复合基质通常由几种单一基质按照不同比例混合而成，即可无机与无机混合，也可无机与有机混合或有机与有机混合。可扬长避短，克服各自的缺点，有效调节水、气、肥等环境条件（图 3-11）。

图 3-11 复合基质配制生产

基质混合总的要求是：容重适宜，增加孔隙度，提高水分和空气含量。一般不同作物其符合基质也有所不同，但生产上较多使用的混合基质主要有以下几种。

① 1∶1∶1的草炭、珍珠岩、砂；

② 1∶1的草炭、珍珠岩；

③ 1∶1的草炭、砂；

④ 1∶3的草炭、砂；

⑤ 3∶1的草炭、砂；

⑥ 1∶1的草炭、蛭石；

⑦ 4∶3∶3的草炭、蛭石、珍珠岩；

⑧ 2∶2∶1的草炭、火山岩、砂；

⑨ 2∶1∶1的草炭、蛭石、珍珠岩；

⑩ 3∶1的草炭、珍珠岩；

⑪ 1∶1∶1的草炭、珍珠岩、树皮；

⑫ 1∶1∶3的玉米秸、草炭、炉渣灰；

⑬ 1∶1∶1的草炭、蛭石、锯末；

⑭ 2∶3的草炭、炉渣。

在配制混合基质时，要先混入一定的肥料，可使用三元复合肥，以0.25%的比例加水混入，在混合基质时，要及时搅拌均匀，但尽量不要掺入土壤，以免带入病菌或虫卵。基质使用前要进行筛选、去杂质、清洗或必要的粉碎、浸泡处理，若重复使用基质，要采取合适的方法消毒灭菌，方可再次利用。

三、基质的选用

基质的选用不仅要考虑到基质本身的各项理化性质，而且要考虑到所栽培作物的生长发育要求、当地环境条件和市场要求等因素。

（一）适用性

适用性是指所选用的基质是否适合所种植的蔬菜，通常情况下，基质化学性质稳定、酸碱度适中、无毒、总孔隙度在60%左右、气水比在0.5左右时，最适宜蔬菜种植。蔬菜育苗基质中，由于泥炭粒径较小，使用最为普遍。

（二）经济性

有些基质虽然适宜作物生长，但因其来源困难、运输不便、价格较高等因素，使用较少，如草炭。而有些基质则来源丰富、价格便宜，如秸秆、稻壳、甘蔗渣等。

（三）市场需求

近年来，绿色蔬菜和有机食品蔬菜发展迅速，为了满足有机蔬菜食品的需求，对于其育苗基质要求营养全面、不含生理毒素、不妨碍植株生长和具有较强的缓冲能力。不仅要求有机质为主要成分的复合基质，而且还要使用有机肥料，才能生产出相应等级的优质的蔬菜种苗，满足市场要求。

育苗基质有专门工厂生产，有的主要成分为草炭和蛭石（表3-2），各地可就地取材，混入珍珠岩、堆肥、腐叶土、稻壳、熏炭、菇渣、苇末、椰子纤维、细炉渣和田园土等。

表 3-2　几种主要蔬菜穴盘育苗基质及养分配比

作物	穴盘规格 /（孔 / 盘）	基质配比 （草炭：蛭石）	每盘基质中加入的肥料量 / 克		
			尿素	磷酸二氢钾	腐熟鸡粪
番茄	72	3：1	5.0	6.0	20.0
茄子	72	3：1	6.0	8.0	40.0
辣椒	128	3：1	4.0	5.0	30.0
甘蓝	128	3：1	5.0	3.0	15.0
芹菜	288	3：1	2.0	2.0	10.0

世界上一些国家常用穴盘育苗基质原料组成见表3-3。

育苗专用基质要求保水性好、通气性好。由于每个穴盘内基质用量很少，易干燥或缺肥，因此，一般都混以堆肥、缓效性肥料或培养土，以促进根系发育和保证秧苗所需营养，并能减少移栽时伤根现象。

表3-3　各国常用穴盘育苗基质原料组成

国家名称	原料组成
英国	50% 草炭、50% 细砂
美国	75% 草炭、25% 细砂
荷兰	50% 草炭、50% 蛭石
德国、芬兰	100% 草炭
丹麦	50% 黑泥炭、25% 秸秆堆肥、25% 玻璃纤维

我国一些地区，使用肥沃的壤土和腐熟的优质圈肥按一定比例混合（4：6）。或在基质中加入有机质、肥料、杀菌剂、杀虫剂等混匀过筛，作为育苗基质。

四、育苗基质的消毒

许多基质在使用前可能会含有一些病菌、害虫和寄生虫卵，使用较长时间后，尤其是在连作条件下，易发生病虫害。因此，在下一次使用基质之前，要对基质进行消毒以消灭病菌和虫卵。目前，常用的基质消毒方法有蒸汽消毒、化学药剂消毒和太阳能消毒。蒸汽消毒较为安全，但成本较高，药剂消毒成本虽低，但安全性差，并且会污染周围环境，通常太阳能消毒使用较多。

（一）蒸汽消毒

将基质或用过的基质装入消毒箱等容器内，进行蒸汽消毒，或将基质块或种植垫等堆叠一定高度，全部用防水防高温布盖严，通入蒸汽，在 70 ～ 100℃ 下，消毒 1 ～ 5 小时，杀死病菌。具体消毒温度和时间要根据不同基质和蔬菜作物灵活掌握；如黄瓜病毒等需 100℃ 才能将其杀死。一般来说，蒸汽消毒效果良好，简便易行，而且也比较安全，但缺点是成本较高。

（二）化学药剂消毒

化学药剂消毒所使用的药品主要有甲醛、溴甲烷、威百亩、氯化苦、漂白剂等。

1. 甲醛

甲醛又称福尔马林，是一种良好的杀菌剂，但杀灭害虫的效果较差。使用时一般将甲醛用水稀释成 40 ～ 50 倍液，用喷壶按照每平方米 20 ～ 40 升的水量进行喷洒，将基质均匀喷湿，再用塑料薄膜覆盖一天以上。在使用前将薄膜揭去，让基质风干两周左右，即可使用。

2. 溴甲烷

溴甲烷是一种相当有效的药剂，可同时杀死大多数线虫、杂草种子和真菌。但溴甲烷有毒害，可致癌，施用时要特别小心。施用时可将基质堆起，然后用塑料管将药液喷洒到基质上，混匀，一般每立方米基质施用 100 ～ 200 克即可，混匀后用塑料薄膜密封 3 ～ 7 天，并且在使用前要晾晒 2 ～ 3 天。

3. 威百亩

威百亩是一种水溶性熏蒸剂，属于二硫代氨基甲酸酯类，能有效杀灭根结线虫、杂草和某些真菌。施用时可将威百亩加入 10 ～ 15 升水进行稀释，喷洒在 10 平方米基质的表面，并将基质密封，半月后即可使用。

4. 漂白剂

漂白剂通常为次氯酸钠或次氯酸钙，尤其适用于砂和砾石。一般在水池中配制 0.3% ～ 1% 的药液（有效氯含量），将基质浸泡半小时以上，再用清水冲洗干净，以消除残留氯。该种方法进行基质消毒简便迅速，短时间就可完成。

5. 高锰酸钾

高锰酸钾是一种强氧化剂，可用在石砾、粗砂等没有吸附能力且较易清洗的惰性基质上进行消毒，避免用于泥炭、木屑、岩棉、甘蔗渣和陶粒等有较大吸附能力的活性基质或难以用清水清洗干净的基质消毒，否则会引起植物锰中毒。可先配制浓度为 0.05% ～ 0.1% 的高锰酸钾溶液，将需要消毒的基质浸泡在先前配制好的溶液中 10 ～ 30 分钟，再用清水将基质冲洗干净即可。或将基质堆起后注入基质中，施药后，随即用薄膜盖严，3 ～ 7 天后揭去薄膜，晒 7 天以上即可使用，消毒效果很好。此外，高锰酸钾还可用于无土栽培中栽培槽、定植板和定植杯等的消毒，同样是先浸泡后用清水冲洗。

（三）太阳能消毒

太阳能消毒是一种安全、廉价、简单、实用的基质消毒方法，近年来在温室栽培中应用较普遍。具体方法为：在夏季温室或大棚休闲季节，将基质堆成 20 ～ 25 厘米高，在堆放时将基质喷湿，含水量要超过 60%，然后用塑料薄膜覆盖起来，暴晒 10 ～ 15 天，即可达到消毒目的。

五、废弃基质处理与利用

基质在经过一轮使用后，吸附了较多的盐类或其他物质，因此，必须经过适当的处理才可继续使用。通常基质的再生处理主要有以下几种方法。

（一）洗盐

洗盐可去掉基质内所含多余的盐分，在处理过程中，可通过分析处理液的电导率进行监控。盐基交换量较高的基质操作较为复杂，盐基交换量较低的基质较为简单。

（二）灭菌

通常有高温灭菌法、药剂灭菌法。因高温灭菌无污染，一般使用蒸汽法进行灭菌，但投资较大，此外，可使用暴晒法进行灭菌，可将基质放在黑色塑料袋中，放在日光下暴晒，并及时翻动袋中的基质，以使基质受热均匀，这种方法在夏秋高温季节效果最好。有时基质的灭菌也可采用甲醛，每立方米基质加入 50 ～ 100 毫升药剂，将甲醛均匀地喷洒在基质中，再覆盖塑料薄膜，经过 2 ～ 3 天后，即可揭开薄膜，摊开基质，将剩余的甲醛散发出。

（三）氧化

砂、砾石等基质在使用一段时间后，由于环境中缺氧而生成硫化物，表面变黑，重新使用时，要将这些硫化物除去，通常可将基质放在空气中，空气中的游离氧与硫化物发生反应，从而使基质恢复原貌，除此之外，还可使用药剂进行处理，如使用不会污染环境的过氧化氢进行处理。

第二节　蔬菜育苗营养供应

在育苗过程中，营养对幼苗的生长发育起着至关重要的作用。苗期营养充足，幼苗生长健壮，根系发达，抗逆能力强，果菜类蔬菜幼苗花芽分化早，促进果实发育；营养不足，会导致幼苗生长发育不良，影响果菜类蔬菜的花芽分化和发育，甚至产量。这就要求要做好苗期环境调控和施肥，改善营养条件，保证有充足的营养供应。

一、营养元素及其作用

蔬菜作物包括秧苗，其正常生长发育需要 16 种矿质元素，包括大量元素和微量元素。大量元素包括碳、氢、氧、氮、磷、钾、钙、镁、硫。

大量元素中的碳、氢、氧来源广泛，主要来源于空气和水。

氮在蔬菜生长发育以及秧苗的生命活动中占有首要的地位。氮是构成蛋白质的主要成分，占蛋白质含量的 $16\% \sim 18\%$，也是细胞质、细胞核和酶的组成成分；另外，氮还存在于核酸、磷脂、叶绿素等化合物中。氮是植物生命活动所需要的主要元素之一，缺氮将会影响秧苗的新陈代谢、光合作用等，导致秧苗矮小，叶色淡。磷是细胞质、生物膜和细胞核的组成成分，广泛存在于磷脂、磷酸和核蛋白中。磷在碳水化合物代谢、氮代谢和脂肪转变中起着重要作用，磷能促使各种代谢正常进行，使秧苗生育良好，同时提高秧苗的抗寒性和抗旱性。氮肥和磷肥均可促进幼苗生长及花芽分化形成，而在光照充足、温度适宜的条件下，适当增施氮肥，不会引起秧苗徒长。氮肥过多，秧苗徒长，抗逆性降低。偏施铵态氮，易毒害根系，阻碍水分的吸收，诱发钙镁等缺素症，使光合作用减弱，不利于幼苗生长。钾在蛋白质和核酸形成的过程中及酶活化反应中起着活化剂的作用，也对碳水化合物的合成和运输有影响，在钾的作用下，原生质的水合程度增加，黏性降低，细胞保水力增强，抗旱能力增加。钙是构成细胞壁的一种元素，细胞壁的胞间层是由果胶钙组成的，存在于叶片中。镁在磷酸和蛋白质代谢中起着重要作用，是合成叶绿素的重要元素。镁促进呼吸作用，也促进秧苗对磷的吸收。硫在植物体中同化为含硫氨基酸，这些氨基酸几乎是所有蛋白质的构成分子，硫不足时，蛋白质含量显著减少，叶绿素的形成也受到相应的影响。

微量元素包括铁、锰、硼、锌、铜、钼、氯。铁是酶的重要组成成分和合成叶绿素的必要元素之一。锰是酶的活化剂，叶绿体的结构成分。硼具有抑制有毒酚类化合物形成的作用，缺硼时，酚类化合物含量过高，根尖和茎端分生组织受害或死亡。锌是某些酶的活化剂，是吲哚乙酸生物合成的必要元素。铜是某些氧化酶的成分，影响氧化还原过程，铜还存在于叶绿体的质体蓝素中。钼的生理机能主要参与氮代谢，是硝酸还原酶的金属成分，起着电子传递作用。氯是光合作用的活化剂。

由此可见，以上16种植物所必需的元素在秧苗的生命活动中都有着重要作用。

二、幼苗对营养的需求特性

种子播种后，作物种子吸足水分并在适宜的温度和充足的氧气条件下，经过一定的时间发芽出土。发芽出土前，种子完全由其自身内部贮藏的养分所提供，只有当叶子子叶转绿后方可进行光合作用，此时，幼苗开始正常生长。幼苗不同生育期对营养的需求有所不同，可分为发芽期、幼苗期、成苗期三个阶段。

（一）发芽期

从种子发芽到第一片真叶露心，是植株由异养向自养的过渡阶段，时间长短因种类的不同而不同，白菜类播种后 2～3 天即可出土，芹菜则需 15～20 天。由于种子贮藏养分有限，在播种后要有适宜的环境条件，促使幼苗尽快出土，幼苗子叶转绿后，虽然能够进行光合作用，但光合作用所制造的养分较少，仍需充足的养分供应。发芽期不仅要增大秧苗的光合作用，而且要尽量减少呼吸消耗，可适当降低夜间温度，增加一定的昼夜温差。

（二）幼苗期

幼苗期是指从真叶露心到第一片或第二片真叶展开这段时期，此时，根、茎、叶主要进行营养器官的生长，并且为后期的生长发育或花芽分化作基础，幼苗期秧苗地上部分生长较慢，生长量较小，但地下部分生长较为旺盛，根系生长迅速，侧根发生量较大，若根系生长旺盛，有利于秧苗进一步生长。若环境条件适宜，可缩短幼苗期，叶菜类幼苗期较短，果菜类幼苗期较长，早熟品种要比晚熟品种要短。

（三）成苗期

成苗期是指从第一片或第二片真叶展开到定植，这一时期幼苗迅速生长，根茎叶等营养器官继续生长并保持旺盛的长势，果菜类除了正常的营养生长之外，还要进行花芽分化。成苗期是秧苗培育的关键时期，环境条件对幼苗的生长和花芽分化影响显著，特别是果菜类蔬菜，存在着营养生长和生殖生长的矛盾，需要有适宜的温度、充足的光照、合理的水分和丰富的营养。

在苗期的整个生长过程中，秧苗从基质中吸收的水分和养分总量较大，特别是苗期较长的冬春季节茄果类蔬菜，要求基质中有充足的养分，但是秧苗对养分的忍耐力有限，若养分浓度过高，会出现烧根现象。

三、育苗营养供应

育苗基质中充足的养分供应是培育优质壮苗的基础，特别是氮磷钾的供应更是直接影响到幼苗生长、干物质积累以及定植后的产量，基质中的各项养分要齐全，尤其是氮磷钾，但不宜多施氮肥，否则会造成幼苗徒长。钾素对培育壮苗、提高抗病性有很好的效果，在基质育苗时，要注意氮磷钾的配合使用，以促进幼苗正常生长。

目前，常见的养分供应采用肥料直接供应一种或几种营养，最好根据作物的需求，进行营养成分的均衡供应，常见的做法是将化学肥料等配制成营养液进行育苗的营养供应。

具体方法如下。

（一）营养液供应

营养液是指将含有植物生长发育所必需的各种营养元素的化合物和少量为使某些营养元素的有效性更为长久的辅助材料，按照一定的数量和比例溶解于水中所配制而成的溶液。当幼苗生长需求较大时，除了要求基质具有良好的物理性状，还要求含有丰富的营养元素，当基质中的营养元素不足以维持时，可通过浇灌营养液进行补充。不同地区的气候条件、水质、作物种类、品种都将对营养液的使用效果产生很大的影响。因此，育苗过程中的营养液供应要根据基质中各种养分的含量和幼苗对营养的需求适时调整，既有利于幼苗健壮生长，又可节约用肥。

1.营养液原料及其要求

水和含有营养元素的各种化合物及辅助物质是营养液配制的主要原料。

（1）水　配制营养液所用水的水质或多或少会影响到营养液组成和营养液中某些养分的有效性，有时甚至严重影响到作物的生长。因此，在使用前，应先对当地的水质进行分级检验，以确定水源是否适宜。营养液对水质的要求主要有：

① 硬度　依据水中所含钙盐和镁盐的数量，可将水分为软水和硬水。硬水中钙盐主要是指重碳酸钙、硫酸钙、氯化钙和碳酸钙等，镁盐主要是指氯化镁、硫酸镁、碳酸镁、重碳酸镁等。

② 酸碱度　酸碱度范围较广，pH 5.5～8.5之间的水均可使用。

③ 悬浮物　悬浮物≤ 10 毫克 / 升，若利用河水、水库水要经过澄清。

④ 氯化钠含量　氯化钠≤ 200 毫克 / 升，但不同作物、不同生育期对氯化钠的要求不同。

⑤ 溶解氧　对溶解氧并无严格的要求。

⑥ 氯　氯主要来自自来水中消毒时残存于水中的余氯和进行设施消毒时所使用的含氯消毒剂，如次氯酸钠或次氯酸钙所残留的氯。氯对植物有害，用自来水配制营养液或设施消毒时，要将水放置半天，待余氯散逸后，方可使用。

⑦ 重金属及有毒物质含量　营养液中重金属含量及有毒物质不可超过标准。

（2）各种营养元素化合物　营养液是用各种化合物按照一定的数量和比例溶解在水中所配制而成的。

① 含氮化合物　常见的含氮化合物主要有硝酸钙、硝酸铵、硝酸钾、硫酸铵、尿素等。氮素有铵态氮和硝态氮两种形式，铵态氮过量会抑制蔬菜的生长，两种氮源同时使用时，pH 稳定。

硝酸钙含有氮和钙两种营养元素，其中氮含量为 11.9%，钙含量为 17.0%，硝酸钙外观为白色结晶，极易溶于水，吸湿性极强，暴露于空气中极易吸水潮解，高温高湿条件下更易发生，因此，贮藏时应注意密闭并存放于阴凉处。硝酸钙是一种生理碱性盐，作物根系不仅能吸收硝酸根离子，也可吸收钙离子，但是吸收硝酸根离子的速率大于吸收钙离子，因此表现出生理碱性，是目前最常用的氮源和钙源肥料。

硝酸铵中氮含量为 35%，含有等量的铵态氮和硝态氮，硝酸铵外观为白色结晶，农用硝酸铵通常为了防潮加入疏水性物质制成颗粒状，硝酸铵溶解度很大，吸湿性也很强，易板结，纯的硝酸铵暴露于空气中极易稀释潮解，因此，要贮藏在密闭且阴凉的地方。此外，硝酸铵有助燃性和爆炸性，不可与易燃易爆物品同时存放，以免发生危险。已经受潮结块的硝酸铵，不能用铁锤等金属物品猛烈敲击，要用木锤或者橡胶锤等非金属材料轻敲打碎。由于硝酸铵含有等量的铵态氮和硝态氮，大多数作物在初始时期对铵离子的吸收速率大于硝酸根离子，较易产生较强的生理酸性，但当两者都吸收后，生理酸性会逐渐消失，当用量较大时，一些对铵态氮较为敏感的植株会影响到其他养分的吸收和植株自身的生长，因此，在使用硝酸铵时要特别注意用量。

硝酸钾中氮含量为13.9%，钾含量为38.7%，可同时提供氮源和钾源，硝酸钾为白色结晶，吸湿性较小，但若长期贮藏于较潮湿的环境下，也会结块，硝酸钾在水中的溶解性较好，但是硝酸钾和硝酸铵一样具有助燃性和爆炸性，贮运时不可猛烈撞击，更不要与易燃易爆物品存放在一起，此外，硝酸钾是一种生理碱性肥料。

硫酸铵中含氮量为21.2%，为白色结晶，易溶于水，硫酸铵物理性状良好，不易吸湿，但当硫酸铵中含有较多的游离酸或空气湿度较大时，长期存放也会吸湿结块。溶液中的硫酸铵被植物吸收时，由于对铵根离子的吸收速率要大于对硫酸根离子的吸收速率，会造成溶液中硫酸根的积累，呈酸性，使用时，要特别注意其生理酸性的变化，正是由于这一点，硫酸铵的使用较少。

尿素是在高温、高压并且有催化剂存在条件下，由氨气和二氧化碳反应制得的。尿素含氮量高达46.6%，纯的尿素为白色针状结晶，极易溶于水，吸湿性很强，为了降低其吸湿性，常常将其制成颗粒状，并包裹一层石蜡等疏水物质，以降低尿素的吸湿性。加入营养液中的尿素由于在植物根系分泌的脲酶作用下，会逐渐转化为碳酸铵，又由于作物对 NH_4^+ 比对 CO_3^{2-} 的吸收速率要快，会导致溶液的酸碱度降低，因此，尿素是生理酸性肥，一般作为补充氮源来使用。

② 含磷化合物　常见的含磷化合物主要有过磷酸钙、磷酸二氢钾、磷酸二氢铵、磷酸一氢铵、重过磷酸铵等。磷过量会导致铁和镁的缺素症。

过磷酸钙是一种使用较为广泛的磷肥，是由粉碎的磷矿粉中加入硫酸溶解而成，其中含磷的有效成分是水溶性磷酸一钙，同时还含有在制造过程中产生的硫酸钙。过磷酸钙主要用于基质培以及在育苗时预先混入基质中以提供磷源和钙源，由于它含有较多的游离硫酸和其他物质，并且有硫酸钙沉淀，所以一般不作为配制营养液的氮肥。

磷酸二氢钾为白色结晶或粉末，含磷量为22.8%，含钾量为

28.6%，易溶于水，磷酸二氢钾性质稳定，吸水性小，不易潮解，但若贮藏在湿度较大的地方也会吸湿结块。由于磷酸二氢钾溶于水时，磷酸根解离有不同的价态，因此，对溶液的 pH 变化有一定的缓冲作用，而且磷酸二氢钾可同时提供钾和磷两种营养元素，被称为磷钾复合肥，是重要的磷源。

磷酸一氢铵为白色结晶，含磷量为 53.7%，含氮量为 21.2%，作为肥料用的磷酸一氢铵中常常含有一定量的磷酸二氢铵，磷酸二氢铵为白色结晶体，呈粉状，有一定的吸湿性，易结块，易溶于水，并且对溶液或基质的 pH 变化有一定的缓冲作用。

重过磷酸钙是一种高浓度的过磷酸钙，为灰白色或灰黑色颗粒状或粉末，含磷量为 40% ～ 52%，易溶于水，其水溶液呈酸性，其吸湿性和腐蚀性都比过磷酸钙强，但很易结块，不存在像过磷酸钙那样的磷酸退化作用，很少作为配制营养液的磷源使用，通常将其混入固体基质中使用。

③ 含钾化合物　常见的含钾化合物主要有硫酸钾、氯化钾和磷酸二氢钾等。钾离子的吸收快，要不断补给，但钾离子过多，会影响钙离子、镁离子和锰离子的吸收。

硫酸钾为白色粉末或结晶，农用肥料的硫酸钾多为白色或浅黄色粉末，硫酸钾极易溶于水，但溶解度较低，吸湿性小，不易结块，物理性状良好，水溶液呈中性，属于生理酸性肥料。

氯化钾为白色结晶，作为肥料的氯化钾为紫红色或淡黄色或白色粉末，吸湿性小，水溶液呈中性，属于生理酸性肥料，又由于氯化钾含有氯元素，对忌氯作物不宜使用。

④ 含镁、钙化合物　常见的含镁、钙化合物主要有硫酸镁、硝酸钙、氯化钙、硫酸钙等。使用镁、铁等的硫酸盐，可同时解决硫和微量元素的供应。

硫酸镁为白色结晶，呈粉状或颗粒状，易溶于水，稍有吸湿性，吸湿后会结块，水溶液为中性，属于生理酸性肥料。

氯化钙为白色粉末或结晶，含钙 36%，含氯 64%，吸湿性强，易溶于水，溶液呈中性，属于生理酸性肥料，但是在配制营养液中很少使用，通常替代硝酸钙作为钙源。

硫酸钙为白色粉末状，溶解度较低，水溶液呈中性，属于生理酸性肥料，通常不用其配制营养液，一般在基质中作为钙源来使用。

⑤ 含铁化合物　常见的含铁化合物主要有硫酸亚铁、三氯化铁和螯合铁等。现在大多数营养液配方中都不直接使用硫酸亚铁作为铁源，而是采用螯合铁或硫酸亚铁与螯合剂先进行螯合后才使用，以保证其在营养液中维持较长时间的有效性，同时，也要注意营养液 pH 的变化，要保持在 6.5 以下，否则会产生沉淀。此外，若硫酸亚铁被严重氧化变为棕红色时，不宜使用，在基质栽培中可混入基质中作为铁源使用。

⑥ 微量元素化合物　常见的微量元素化合物主要有硼酸、硼砂、硫酸锰、硫酸锌、氯化锌、硫酸铜、氯化铜和钼酸铵等。

2.营养液的组成

营养液中必须包含有植物生长所必需的全部营养元素。除了碳、氢和氧可由空气和水提供之外，要包括氮、磷、钾、钙、镁、硫、铁、锰、锌、铜、钼、硼和氯这 13 种营养元素，有些微量元素由于需要量较小，在水源、固体基质或肥料中已包含，因此配制营养液时不需另外加入。

营养液中的化合物都必须以可吸收态（即离子态）存在。一般选用的化合物大多为水溶性无机盐类，只有少数为增加某些与元素有效性而加入的络合剂为有机物，而不能被植物直接吸收利用的有机肥不宜作为营养液的肥源。营养液中各种元素要均衡，不产生单盐毒害和拮抗作用。营养液中的各种化合物，要求在营养液中能够维持较长时间的有效性。营养液中化合物组成的总盐分浓度及其酸碱度应是适宜植株正常生长要求的。

（1）营养液总盐分浓度的确定　要根据不同作物种类、不同品种、不同生育时期在不同气候条件下对营养液含盐量的要求，来大致确定营养液的总盐分浓度，同时也要考虑到植株的耐盐程度。一般情况下，营养液的总盐分浓度控制在 0.4% ～ 0.5% 以下较为适宜，超过这个浓度，就会对植株产生一定的盐害。不同作物对营养液总盐分浓度的要求不同，番茄、甘蓝等对营养液的总盐分浓度要求为 0.2% ～ 0.3%，芥菜、草莓等对营养液的总盐分浓度的要求为 0.15% ～ 0.2%。

（2）各种营养元素的用量和比例的确定　主要根据植物的生理平衡和营养元素的化学平衡来确定营养液中各种营养元素的用量和比例。

① 生理平衡　满足生理平衡的营养液是指既能够满足植株生长发育要求吸收到的一切所需的营养元素，又不会影响到其正常生长发育的营养液。影响营养液生理平衡的因素主要是营养元素之间的相互作用，可分为两种，一是协助作用，即营养液中一种营养元素的存在可以促进植株对另一营养元素的吸收；二是拮抗作用，即营养液中某种营养元素的存在或浓度过高会抑制植物对另一种营养元素的吸收，从而降低对某一种营养元素的吸收，最终导致生理失调。由于营养液中化合物的各种离子间的相互作用较为复杂，营养液中阴离子如 NO_3^-、$H_2PO_4^-$ 和 SO_4^{2+} 能够促进对 K^+、Ca^{2+}、Mg^{2+} 等阳离子的吸收，但 Ca^{2+} 和 Mg^{2+} 之间存在拮抗作用；NH_4^+、H^+、K^+ 则抑制植株对 Ca^{2+}、Mg^{2+}、Fe^{2+} 等的吸收，特别是 NH_4^+ 对 Ca^{2+} 吸收的抑制作用非常明显。

② 化学平衡　化学平衡是指营养液配方中的有些营养元素的化合物当其离子浓度达到一定水平时就会相互作用形成难溶性化合物而从营养液中析出，从而降低营养液中某些营养元素的有效性，影响营养液中这些营养元素之间的相互平衡。在植物所必需的 16 种营养元素之间，Ca^{2+}、Mg^{2+}、Fe^{3+} 等阳离子和 PO_4^{3-}、SO_4^{2+}、OH^- 等阴离子在一定条件下会形成溶解度很低的难溶性化合物沉淀。

3. 营养液的配制

不同作物在不同育苗基质、不同生长发育时期甚至不同季节对营养液中离子的吸收都有差异，营养液配制总的原则是确保在配制后存放和使用营养液时都不会产生难以溶解的化合物沉淀。

营养液配制方法：营养液的配制一般配制浓缩贮备液（母液）和工作营养液（栽培营养液）两种。而在实际生产中，通常将浓缩贮备液稀释作为工作营养液，以节省存放空间。

（**1**）**母液的配制**　配制母液时，不可将配方中所有的化合物简单放置在一起溶解，因为浓缩后有些离子的浓度乘积超过了其溶度积常数从而形成沉淀，所以，实际生产中，首先将相互之间不会产生沉淀的化合物放在一起溶解，大致将这些化合物分为三类进行单独配制浓缩液，可称为 A 母液、B 母液、C 母液。

A 母液是以钙盐为中心，凡不与钙作用产生沉淀的化合物均可放置在一起溶解，一般包括有 $Ca(NO_3)_2$、KNO_3，通常浓缩 100～200 倍。

B 母液是以磷酸盐为中心，凡不与磷酸根产生沉淀的化合物都可溶解在一起，一般包括有 $NH_4H_2PO_4$、$MgSO_4$，通常浓缩 100～200 倍。

C 母液是由铁和微量元素合在一起配制而成的，由于微量元素的用量较少，浓缩倍数通常较高，为 1000～3000 倍液。

在配制 A 和 B 母液时，依次正确称取 A 母液和 B 母液中的各种化合物，分别放在各自的贮液容器中，依次加入肥料，充分搅拌，待一种肥料充分溶解后再加入另一种肥料，全部溶解后，加水至所需配制的体积，搅拌均匀即可。

配制 C 母液时，先量取所需配制体积三分之二的清水，分为两份，称取 $FeSO_4 \cdot 7H_2O$ 和 EDTA-2Na 分别加入这两个容器中，搅拌溶解后，将溶有 $FeSO_4 \cdot 7H_2O$ 的溶液缓慢倒入进 EDTA-2Na 溶液中，边加边搅拌，然后再称取其他所需微量元素化合物，溶解后，倒入混合溶液中，边加边搅拌，最后加清水至所需配制的体积，搅拌均匀即可。

（**2**）**工作营养液配制**　通常情况下可将配制好的母液稀释成为工作营养液来使用，在加入各种母液的同时，也要防止沉淀的产生。具体步骤为：先在贮液池中放入所需配制体积的 1/2～2/3 的清水，先量取所需 A 母液倒入，搅拌均匀，再量取 B 母液缓慢将其倒入贮液池中的清水入口处，让水源冲稀母液，搅拌均匀，最后量取 C 母液，同样按照 B 母液的方法加入到贮液池中，搅拌均匀即可（图 3-12）。

4.营养液注意事项

① 营养液母液长期贮存时，通常可加入适当的硝酸或硫酸将其酸化至 pH 3～4，同时放置在阴凉避光处，C 母液最好用深色容器

贮存。

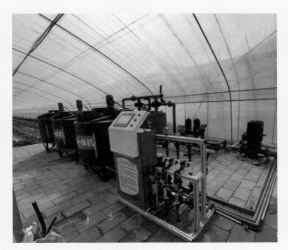

图 3-12 温室中水肥一体化应用

② 直接称量营养元素化合物配制工作营养液时，加入钙盐类物质时，不要立即加入磷酸盐类，要充分搅拌后再加入，以防产生沉淀，加入微量元素时，也不可在加入大量营养元素之后立即加入。

③ 在配制营养液时，一旦发现沉淀，应延长水泵循环流动时间以使产生的沉淀溶解。

（二）将肥料配入基质

将磷、钙、镁和微量元素肥料混入基质中，并在整个生长期间随时使用氮钾肥。由于秧苗对养分的忍耐力较小，且苗期较长，为了既保证秧苗养分的充足供应，又不至于养分浓度过大造成伤害，应尽量使基质中含有较多的有机肥，因为有机肥的养分释放较为缓慢，既能满足秧苗生长的需要，又避免了盐分的伤害。通常所育幼苗苗龄越大，每株苗所占有的营养体积越小，预混入的肥料数量就越多。在冬春季节育苗中，要求有良好的营养土，可加入适量的腐熟有机肥。不同作物、不同育苗方式，基质中添加的肥料量也不同。

此种营养供应方式简便易行，成本较低，目前被广泛采用，但是无论是使用化肥还是有机肥均存在一定的弊端。化肥浓度较高，不可避免地存在磷和钾在基质中的固定和转化，降低其有效性；有机肥的氮供应不稳定，应将两种肥混合使用，无机氮肥可提高有机氮肥的矿化率，有机氮肥可提高无机氮肥的生物固氮率。常见的有机氮源主要有鸡粪、猪粪、牛羊粪等各种牲畜粪便，棉籽壳，大豆饼等饼肥，无机氮源主要是指各种含氮化肥，如尿素、硫酸铵、硝酸铵等。要合理调节基质和肥料的配比，肥料过多，种子发芽后易被烧死，尤其不可添加未腐熟的生粪和未充分发酵腐熟的有机肥，以防烧苗和寄生虫卵的大量繁衍和污染。

第三节　蔬菜育苗营养管理

蔬菜育苗不仅需要充足的营养成分，后期的营养管理也非常重要。良好的管理，能使植株的生长更加旺盛。

常规营养土育苗过程中，通过选择肥料，将配施的各种速效性营养直接施用于土壤中，后期根据秧苗情况，适当进行叶面追肥。

在蔬菜基质育苗过程中，由于幼苗生长较为旺盛，基质中的营养成分不能满足幼苗的生长需求，这时就要求有足够的营养液来提供植物所需的营养成分，而营养液的管理也显得十分重要。

下面以基质育苗为例，介绍蔬菜育苗的营养管理的要点。

营养液的管理主要是指在循环供液系统中营养液的管理，包括营养液浓度的管理、营养液酸碱度的管理、营养液溶解氧的管理、营养液温度的管理、营养液供液时间和供液次数的管理以及营养液的更换等。

一、营养液浓度的管理

由于作物在生长过程中，不断地吸收养分和水分，尤其是对养分的选择性吸收，基质对养分的吸附作用，以及营养液本身的水分蒸发，会引起营养液浓度和组成的变化。

（一）营养液浓度的调整原则

营养液总的盐浓度可通过电导度（EC）来表示，不同种类、不同品种、不同的生长发育阶段和不同的环境条件都会导致电导度的差异。通常茄果类蔬菜和瓜类蔬菜的适宜浓度要比叶菜类要高，黄瓜、甜瓜为 $2.0 \sim 3.0$ 克/升，结球甘蓝、芹菜、番茄为 3.0 克/升左右，胡萝卜、洋葱、草莓为 2.0 克/升左右，最高不可超过 4.0 毫西门子每厘米。绝大多数植株的营养液电导度都在 2 毫西门子每厘米左右，当营养液电导度低于此标准时，就要向营养液中补充先前配制好的母液或固体肥料。

通常，苗期营养液浓度较低，番茄在开花前的苗期，适宜浓度为 $0.8 \sim 1.0$ 毫西门子每厘米。

（二）营养液浓度的调整

在使用营养液时，要定期对营养液进行检测，可通过补充水分、浓缩液的方法来调整营养液浓度。可根据营养液浓度降低的程度来进行营养液的补充，对于高浓度的营养液配方，可每隔 $1 \sim 2$ 天测定一次营养液电导度，当总盐浓度降到初始浓度的 $1/3 \sim 1/2$ 剂量时，要及时补充养分。对于低浓度的营养液配方，应每天检测营养液浓度，每隔 $3 \sim 4$ 天补充一次，确保营养液浓度水平。由于植株根系对水分的吸收和叶片的蒸腾作用，会导致营养液中水分的缺失，从而出现营养液浓度升高的现象，要及时补充水分。尤其是在天气炎热、气候干燥条件下，耗水量较多，需要补充的水分也较多。

不同作物对养分的需求也不同，特别是对氮磷钾的需求，一般叶菜类蔬菜要求有较高的氮肥，可促进植株营养生长，而果菜类蔬菜则喜较低浓度的氮和较高浓度的磷、钾和钙。一般情况下，除硫、铁之外，其他大量元素浓度较高时，一般不会影响植株正常生长，但过多的微量元素会对植株产生毒害。

二、营养液酸碱度的调整

1. 不同蔬菜对酸碱度的要求

营养液的酸碱度通常可用 pH 值来表示，不同蔬菜所适宜的 pH 值也不同（表 3-4），绝大多数蔬菜适宜 pH 5.5 ~ 6.8 的弱酸环境，pH 过高或者过低都会损伤根系，而对于一些耐酸作物，则可适应较酸的环境。

表 3-4　常见蔬菜适宜 pH 值（中值）

蔬菜种类	pH 值	蔬菜种类	pH 值
茄子	6.5	莴苣	7.0
辣椒	6.0	花椰菜	7.5
黄瓜	6.5	芹菜	7.5
甜瓜	6.0	菠菜	6.5
南瓜	6.0	洋葱	7.5
西瓜	6.0	大蒜	6.5
甘蓝	7.5	韭菜	6.5
抱子甘蓝	6.5	胡萝卜	7.5

pH 不仅影响植株根系对营养元素的吸收，而且还间接影响着营养液中各种元素的有效性。当 pH 值小于 5 时，氢离子数量较多，引起氢离子的拮抗作用，造成植株对钙离子的吸收受阻，发生缺钙症，同时还会造成过量吸收其他一些元素而中毒；当 pH 值大于 7.0 时，氢氧根离子数量较多，造成铁、锰、铜等微量元素的沉淀，引起相应的缺素症。此外，当营养液 pH 值不在适宜范围内时，也会对植株产生影响，如根端发黄或坏死、叶片失绿等。

良好的营养液具有较强的 pH 缓冲能力，在使用过程中性质稳定，且不需调节。但是，在实际应用中，常常会因为水源水质较差，或某些基质（如岩棉、砾石等）的化学性质不稳定，或植物根系对营养元素的选择性吸收，或营养液被迅速吸收时，常常造成营养液的 pH 的变化。若配方中主要使用铵态氮、尿素和硫酸钾作为氮源和钾源时，大多呈现生理酸性，此类配方变化幅度较大；若主要使用硝酸盐作为氮源时，大多呈现生理碱性，此类配方 pH 变化幅度较小，较常使用。

通常对于营养液酸碱度的检测，可使用比色法或酸度仪进行测定。比色法操作简单，可采用 pH 试纸（图 3-13）进行，但准确性较差，也可通过溴甲酚紫、溴甲酚绿、氢氧化钠、酚酞等药品指示剂，依据指示剂与营养液反应后的不同颜色来判断。

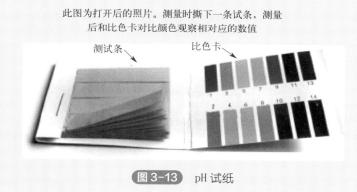

此图为打开后的照片。测量时撕下一条试条，测量后和比色卡对比颜色观察相对应的数值

测试条   比色卡

图 3-13 pH 试纸

2. 营养液酸碱度的调整

（1）加酸中和 当营养液 pH 值高于植物所适宜的 pH 值时，可使用稀酸进行中和。一般选择稀硫酸或稀硝酸，也可选用 H_3PO_4，用稀硝酸进行中和时，HNO_3 中的 NO_3^- 可被植株吸收利用，但若过量使用稀硝酸，会造成氮素过剩；用稀硫酸进行中和时，由于 H_2SO_4 中的 SO_4^{2-} 的吸收量较小，造成 SO_4^{2-} 的积累，而大量积累时就会对植株造成毒害。

（2）加碱中和 当营养液 pH 值低于植物所适宜的 pH 值时，可使用稀碱进行中和。一般选择氢氧化钠或氢氧化钾。用氢氧化钾进行中和时，植株可吸收较多的钾离子，而用氢氧化钠进行中和时，由于植株对 Na^+ 的吸收有限，造成钠离子在营养液中的积累，积累量较大时，会造成盐害。由于氢氧化钠价格昂贵，生产上较常使用氢氧化钾。

此外，中和时可逐渐地、循序渐进地加入稀酸或稀碱，边加边搅拌，并及时测量 pH 值，直到达到适宜的 pH 值范围。

三、营养液溶解氧的管理

植物根系所需养分一部分来自地上部分向根系的输送，另外一部分则来自根系对营养液中溶解氧的吸收，若营养液中的溶解氧不能达到一定的水平，则会阻碍根系对营养的吸收，从而影响植株的正常生长。营养液中的溶解氧的含量受到很多种因素的影响，尤其与温度的关系最为密切，温度越高，饱和溶解氧含量越低；温度越低，饱和溶解氧含量越高，因此，夏季高温季节栽培中植物根系最容易缺氧。此外，不同作物种类、不同生育期的根系耗氧量均有差异。一般情况下，茄子、番茄、辣椒、黄瓜、甜瓜等茄果类和瓜类蔬菜的耗氧量较大，而白菜、生菜、菜心等叶菜类蔬菜的耗氧量较小。

提高营养液中溶解氧含量可通过增加营养液和空气的接触面积，主要方法有：

（1）压缩空气法　通过气泵可将空气直接以小气泡的形式打入营养液中，以提高营养液中的溶解氧含量，此方法效果较好，但成本较高，施工难度大。

（2）降低液温　夏季温度较高，可适当降低营养液温度，以增加溶解氧含量。

四、穴盘育苗的营养液配方与管理

营养液的配方与施用，取决于基质本身的成分。

采用草炭、有机肥和复合肥合成的专用基质，以浇水为主，适当补充大量元素即可。采用草炭、蛭石各半的通用育苗基质，则必须掌握营养液的配方和施肥量。

营养液配方一般以大量元素为主，微量元素多由基质提供。氮：磷：钾以 1：1：1 或 1：1.7：1.7 为宜；氮肥以尿素态和铵态氮占 40%～50%，硝态氮占 50%～55%；磷的浓度稍高对于培育壮苗有利。肥料浓度，视情况而定，通常结合灌水施用。氮肥浓度为

40～60毫克/升（其他元素类推）。注意：与常规育苗相比，穴盘育苗由于每穴基质少，补水补液次数频繁。如，美国在花卉穴盘育苗上推荐的施肥计划是：发根开始期，要求通气、高湿，于播后3～5天内浇灌KNO_3 35毫克/升，经5天，视长势再施1次；至二叶一心期，要求通气、低湿，每2周至少施一次营养液（元素浓度分别为氮80毫克/升、磷10毫克/升、钾80毫克/升、钙20毫克/升、镁10毫克/升）。至真叶生长期，每周施2次元素浓度分别为氮60毫克/升、磷20毫克/升、钾160毫克/升、钙80毫克/升、镁40毫克/升的营养液。至出圃前，要进行炼苗，限制浇水施肥。

我国育苗常用营养液配方如表3-5。

表3-5　几种常用育苗营养液配方　　　　　单位：克/米^3

肥料种类	无土轻基质育苗			培养土
	配方1	配方2	配方3	配方4
硝酸钙	500	450	—	—
二硝基甲酮	250	—	—	340
硝酸铵	—	250	200	
磷酸二氢铵	500	—	—	
硝酸钾	500	400	200	
磷酸二氢钾	100	—	—	465
磷酸二氢钙	—	250	150	
七水硫酸镁	500	250		

注：根据作物种类、生育期使用（稀释或加浓）；必要时可加入微量元素，如螯合铁25克/米^3，硼酸20克/米^3。

第四章
蔬菜育苗环境管理关键技术

第一节 蔬菜育苗的环境要求

　　蔬菜育苗需要水、肥、气、热、光五个环境因素的共同作用，才能使秧苗苗壮成长。水是指水分条件，包括土壤湿度和空气湿度；肥是指包括土壤肥料在内的营养条件；气指气体条件，气体条件又包括育苗温室的气体和育苗床土中的气体；热指的是温度条件，包括室温、地温及昼夜温差；光指的是光照条件。这些环境条件共同影响着秧苗的生长发育，因此，掌握和控制好育苗温室的环境，才能培育出壮苗。

　　蔬菜育苗不同阶段，要求的环境条件也有所不同。例如催芽时要求高湿（90%）和适温，苗期则需要适温以及充足的水分、氧气，常见蔬菜育苗温度环境控制与管理可参照表4-1进行。

　　定植前炼苗：出室前5～7天要降温、通风，减少肥水供应次数进行炼苗；在出室前2～3天要施1次肥水，喷1次杀菌剂、杀虫剂，带肥带水出室。

表 4-1　蔬菜催芽室和育苗室的环境调控

种类	催芽室		育苗室适温	
	适温 /℃	时间 / 天	白天 /℃	夜间 /℃
番茄	25 ～ 28	4	22 ～ 25	13 ～ 15
茄子	28 ～ 30	5	25 ～ 28	15 ～ 18
辣椒	28 ～ 30	4	25 ～ 28	15 ～ 18
黄瓜	28 ～ 30	2	22 ～ 25	13 ～ 16
甜瓜	28 ～ 3	2	23 ～ 26	15 ～ 18
西瓜	28 ～ 30	2	23 ～ 26	15 ～ 18
生菜	20 ～ 22	3	18 ～ 22	10 ～ 12
甘蓝	22 ～ 25	2	18 ～ 22	10 ～ 12
花椰菜	20 ～ 22	3	18 ～ 22	10 ～ 12
芹菜	15 ～ 20	7 ～ 10	20 ～ 25	15 ～ 20

一、种子发芽与环境条件

种子顺利萌发、整齐一致出苗是蔬菜秧苗培育的基础，特别在环境不利于种子萌发的情况下，更是育苗成败的首要关键。为保证蔬菜种子正常发芽和出苗，必须了解它们的发芽特性及其发芽过程中与环境条件的关系，以便采用适当的措施，保证育苗第一步成功。

（一）种子发芽对温度的要求

蔬菜种子发芽对温度的要求依种类、发芽时间长短以及其他条件不同而异。研究表明，蔬菜种子发芽对土温的反应可分以下几种类型：①中温发芽，莴苣、菠菜、茼蒿等；②高温发芽，甜瓜、西瓜、南瓜、番茄、黄瓜等；③适应范围较广，萝卜、白菜、甘蓝、芜菁、葱等。

发芽适宜温度：十字花科、菊科、藜科蔬菜为 15 ～ 25℃；伞形科、百合科蔬菜及豌豆为 20℃；番茄、菜豆为 20 ～ 25℃；茄子、甜椒、辣椒为 25℃；黄瓜、豇豆为 25 ～ 30℃，其他瓜类为 30℃。若不限定出土日期，除个别蔬菜外，叶、茎、花、根菜在 11℃条件下，果菜类在16℃条件下均能出土，且出苗率均较高，达77%以上。土温降低，出土势差，随着土温的提高逐渐有利于发芽出土；当种子处于35～40℃的高温下，种子出土始期延迟，持续时间延长，出苗率骤减。相对地说，在较低土壤温度下出苗缓慢，出苗率较高；相反，在较高土温条件下，出土较快但累计出苗率较差。栽培中要求种子发芽出土快、出土百分率高、出土时期集中。一般地说，蔬菜种子达到出土最多时所需的天数是在种子出土开始后0～2天，即种子开始出土后很快进入高潮并持续较短时间就有70%～80%出土，土温低时，种子出土最多时期与开始出土期的间隔天数较长，在适温下较短，不仅有利于发芽，甚至使这两个时间同时出现，即出苗当天就进入高峰。当土温再提高（超过适温）则出土势变劣，间隔天数又增加，出苗时间延长。

在生产中，低温条件下出苗缓慢甚至不出苗的事是常见的，但人们对出土时过高温度的影响却缺乏认识，高温对种子发芽的不良后果有：出苗率下降，出苗时间延长，幼芽徒长。

（二）种子发芽对光照的要求

不论哪种蔬菜种子播种到土壤或基质中，只要温、水、气合适，一般都能正常发芽出苗，这说明它们都能在黑暗条件下发芽。不同蔬菜种子发芽对光照的反应有差异。一般按照蔬菜种子发芽对光的要求及反应可以将其分为三类。

（1）需光种子 在有光条件下发芽比黑暗条件下好些，光能促进其发芽，如菊科的莴苣，伞形科的芹菜、胡萝卜等。十字花科芸薹属蔬菜基本上属于好光性种子，如结球白菜、花椰菜等，深播的发芽要差一些。但是，芸薹属蔬菜中也有差别，例如甘蓝，种子发芽对光照及波长的反应都不太敏感。同样是十字花科蔬菜，作物种类之间差异也不小，萝卜与芸薹属其他蔬菜同科，表现为嫌光性。

（2）嫌光种子 这类种子在有光条件下发芽不良，在黑暗条件下容易发芽；茄果类、瓜类、葱蒜类种子基本上属于此类。虽然都属于嫌光性种子，但作物之间也还有差异。例如，番茄与黄瓜同属于喜温嫌光性发芽的蔬菜种子，但发芽时对温度与光照的反应也不完全一样。它们的共同特点是，在适温（25℃）下，无论有光或无光发芽率均较高，发芽日数较少，其差别是：黄瓜在较低温度（20℃）下，无论有光或无光发芽率均较高，有光处理只是发芽日数长一些（好暗性的表现），而番茄在该温度下好暗性更显著，有光处理不仅发芽日数增加一倍，且发芽率也显著降低；另外，黄瓜在较高温下（30℃）发芽，无论有光或无光均无差异，完全一致，即在高温下种子发芽完全无好暗性表现；而番茄则不然，在高温下也同样表现出明显的好暗性，有光发芽率降低，发芽日数延长。番茄比黄瓜种子的嫌光性强，为保证番茄快速发芽及较高发芽率，以保持适温发芽为宜，否则必须具备黑暗条件，而黄瓜要求就不太严格。

（3）不敏感种子　发芽时对光反应不敏感，有光或黑暗条件下发芽差异不大。如豆类中一部分种子及萝卜等。

蔬菜种子发芽对光的反应是有差别，但好光性与好暗性（嫌光性）不是绝对的，因温度、种子年限、种子后熟程度，甚至不同品种而异。例如，嫌光性的番茄种子，成熟种子在光照下发芽延迟，而未熟休眠种子在光照下发芽反而得到促进。

种子发芽对光波的反应也有选择性。番茄种子在 740 纳米光波附近的近红外影响下（2 天），发芽受到抑制，如果再用 660 纳米附近的红色光照射，则可解除近红外照射所产生的抑制作用。可见，从对种子发芽的影响来看，红光与近红外之间有拮抗作用。一方的照射作用可被另一方的照射所消除，这种现象在黄瓜等蔬菜中也存在。

一些化学药品也可以代替光的作用。如用硝酸盐（0.2% 硝酸钾）溶液处理，可以代替一些需光种子对光的要求；也可用赤霉素（100 毫克 / 升）处理促进类似莴苣等需光种子的萌发，即赤霉素可起到代替红光的作用。

掌握蔬菜种子发芽与光照的关系，有利于在生产上采取一些措施促进发芽。

（三）种子发芽对水分的要求

种子吸水萌动是植物栽培中生长周期的始点，没有足够的水分供给，种子不能正常发芽。蔬菜种子吸水的基本规律与其他作物相似，从种子萌动至发芽的各个阶段不同，同时依种类、质量、温度及不同阶段而异，与种子内含物（蛋白质、脂肪、淀粉）及种皮特征等内因及温度条件等外因有关。

1. 不同蔬菜种类对水分的要求

在蔬菜育苗时，浸种是常用的措施。它能最大限度地满足种子吸水膨胀过程中对水分的要求。种子吸水应注意两个问题，即吸水量和吸水速度。前者决定浸种用水量，后者决定浸种时间。不同种类蔬菜之间在这两方面都存在着差异。一般来说，蛋白质含量高的种子吸水快，吸水量也大；淀粉质种子吸水量小，吸水速度也低，含脂肪多的种子介于其间。除此之外，种子的化学成分、种皮的厚薄、质地、结构等物理因素对种子吸水也有较大影响，这也就使上述规律有所变化，就构成了二者均可能成为限制因子的复杂情况。蔬菜种子吸水的基本规律与其他作物相似，即依种类、质量、温度及不同阶段而异，与种子内的内含物（蛋白质、脂肪、淀粉）及种皮特征等内因及温度条件等外因有关。掌握这些基本规律对于制定合理措施，保证蔬菜种子正常发芽有重要意义。

在人工浸种（恒温）条件下，以最大限度满足种子吸胀过程对吸水的要求为前提。蔬菜种类之间都存在差异。蔬菜种子在浸种过程中，吸水量大小可分三种类型：①吸水量超过种子风干重，即达种子风干重100%以上（100%～140%）的有豆类、辣椒、冬瓜、瓠瓜、番茄等种子；②吸水量达风干种子重量60%～100%的有番茄、丝瓜、甜瓜等种子；③低于60%（40%～60%）的有黄瓜、苦瓜及茄子等种子。种子的吸水速度与吸水量并不完全一致，例如，茄果类蔬菜种子的吸水速度都很快，黄瓜种子吸水量不大，吸水速度也快，它们在浸种后4小时吸水量即可达最大吸水量的70%；豇豆、丝瓜的吸水量大，但吸水速度慢，在浸种24小时后才能达到最大吸水量的70%。

如果将种子不经过浸种直接播在土壤中或育苗盘内，种子吸水规律以及它们的吸水量和吸水速度不会变化。这些种子能否顺利萌动、发芽和出苗主要决定于土壤的水分条件。当土壤水分达到凋萎系数时，土壤水分均处于无效状态，植物不能吸收利用，种子也有类似情况。但土壤水分过多，通气不良，如超过田间持水量时，也不利于种子发芽。可根据蔬菜种子对土壤水分要求严格的程度分为四类：严格、比较严格、不太严格和不严格。①要求严格的蔬菜，如芹菜，当土壤含水量达 16% ~ 18% 时，发芽率才达 73% ~ 80%，在 10% 以下发芽率为 0%。②比较严格的蔬菜，如莴苣、菜豆和豌豆等。③不太严格的蔬菜，如胡萝卜、菜豆等。这两类蔬菜在土壤含水量为 10% ~ 18% 范围内，发芽率均达 80% 以上，但前一类在永久凋萎点以下（< 9%）的干旱条件下的发芽率低于后一类。④要求不严格的蔬菜，种类较多，有甘蓝、番茄、西葫芦、辣椒、黄瓜、洋葱、菠菜、南瓜、西瓜和甜瓜等。这些蔬菜种子对土壤水分含量的适应性较广，也比较耐旱。土壤水分在 9% ~ 18% 范围内，发芽率均达 90% 以上。达到凋萎系数，甚至低于凋萎系数时，也会有较高的发芽率。只有辣椒例外，它在 9% ~ 16% 的土壤湿度条件下，发芽率只有 75% ~ 80%，水分增至 18%，发芽率反而明显下降，主要是因为种子吸水过多，胚部发生缺氧所致。研究表明，对于大多数蔬菜，发芽率较高的供试土壤含水量大致都在 10% ~ 16% 范围之内。总之，只要土壤有适宜的含水量，不论哪种蔬菜种子都能顺利发芽。

有的蔬菜种子要达到较高的发芽率，除了水分之外，还受其他因子限制，如种皮、果皮阻碍吸水等，应消除这些限制因子以保证种子有高的发芽率。

2. 种子不同发芽阶段的吸水规律

不同发芽阶段如果将种子播在土壤中或基质中，种子吸水规律与完全处于浸种条件下是不一样的，后者（浸种）主要反映出的是种子物理性吸水的全部过程，而前者反映出的则是发芽中的全部吸水过程。种子发芽中的全部吸水过程可划分为以下三个阶段：①物理吸水阶段，相当于浸种过程中的第一吸水阶段，辣椒 12 小时，甘蓝类 6 小时左右；②生理转变阶段，吸水后各种酶开始活动，激素合成，蛋白质再合成等生理活性加强，此阶段吸水量不大，趋于平稳；③生理吸水阶段，即胚根、胚芽开始生长而产生的迅速吸水阶段。可见，播前浸种只能满足种子生理萌动所需的水分，而整个发芽过程中所需的水分还必须依靠发芽时水分的供给。所以，即使种子浸透并吸足水分，而催芽时干燥仍不可能正常出芽。

（四）种子发芽对气体的要求

一般来说，种子发芽要求环境中有较多的氧气和较少的二氧化碳。当种子所处环境中氧分压增高时促进发芽，二氧化碳浓度增高时，抑制发芽。

不同蔬菜种类种子发芽对氧气的要求与敏感程度不同。比较几种果菜种子，黄瓜对氧气要求较低，当氧分压降至 5% 时还可有近 50% 的发芽率；甜椒对氧气的要求较高，为了正常发芽，必须有 10% 以上的充分的氧气；番茄介于二者之间。

大气中的氧气和二氧化碳浓度足以使种子正常发芽，但土壤中的空气则不然。由于土壤微生物的活动，以及种子萌动后的呼吸作用常常消耗土壤空气中的氧气，放出并积累二氧化碳，使其浓度降低，二氧化碳浓度增加，这不利于种子发芽。只有在疏松多孔的土壤中和适宜的土壤水分条件下，土壤空气与大气能进行顺利交换，使大气中的氧气进入土壤，土壤中过多的二氧化碳进入大气，才能避免上述现象发生。因此，育苗床土要配得疏松，还要适当控制浇水，以利于土壤通气，保证种子顺利发芽。

二、秧苗生长对环境条件的要求

（一）秧苗生长对温度的要求

冬春季育苗时，即使是在保护地中，也常因温度较低或过低，而导致秧苗的生长发育缓慢，根系发育不良，花芽分化推迟，形成畸形花，或遭受冻害，故需要人工加温来保证秧苗正常生长发育。北方地区育苗多采用日光温室育苗，日光温室内的热量几乎完全来自白天的太阳辐射，冬春季除了日光温室本身的结构因素外，主要通过揭盖草苫来达到增温和保温目的。在北京最寒冷的季节，晴天日光温室内最高气温可以达到 30℃ 左右，一般情况下白天可以满足幼苗生长需要。

夜间最低气温 8℃ 左右，对于不同作物而言，当夜温偏低时就要用地热线加热或使用临时加温措施，否则出苗速率受影响，小苗也容易发生猝倒病和沤根病。随着温度的升高，秧苗的光合作用增强，植株体内养分的积累增多，秧苗的生长速度加快。但温度超过一定范围后，光合作用的增强逐渐停止，而幼苗的呼吸作用则迅速增强，大量消耗体内的养分，营养物质的积累减少，不利于秧苗的生长发育。果菜类多属喜温蔬菜，种子发芽适宜温度为 25～30℃。秧苗生长发育的适宜温度为 20～25℃，但不同的蔬菜种类，要求有不同的温度条件。一般果类菜根系生长的最低温度为（10±2）℃，瓜类等喜温类蔬菜偏高一些，如黄瓜根系的生长适温为 20～25℃，低于 20℃根系的生理活动减弱，降至 12℃ 以下时，根系停止生长。西葫芦、番茄等可偏低些。但不能低于 7～8℃。

白天秧苗进行光合作用制造养分，晴天光照强，秧苗的光合作用强，制造的养分较多；阴天时，光照弱，光合作用弱，制造的养分较少。所以，对白天温度的控制，阴天应比晴天低，以降低呼吸作用，减少养分的消耗。晴天气温控制在 25℃ 左右，阴天约 20℃。夜间秧苗的光合作用停止，温度控制应比白天低 10℃ 左右，逐渐降低至 10～15℃，减少呼吸消耗养分，保证养分正常输送给根、茎、芽等器官，满足它们的生长发育需要。同时，低夜温还可防止夜温较高引起的秧苗徒长。

不同育苗阶段的秧苗处于不同的生长发育时期，对温度的要求也不一样。出苗前温度应较高，可控制在 25～30℃，促进种子呼吸和酶的活动，有利于种子的萌动发芽，促使早出苗、早齐苗。出苗后温度适当降低，白天控制在 20～25℃，晴天高，阴天低，夜间又比白天低 5～10℃，防止幼苗徒长。分苗后适当提高温度，一般升至 25～30℃，帮助幼苗恢复根系损伤，促发新根，迅速缓苗，分苗成活后再适当降低温度至 20～25℃。秧苗用于露地栽培时，定植前应将温度逐渐降至 10～15℃，逐步适应外界自然环境的温度条件。

育苗温室的气温条件是培育壮苗的基础条件，幼苗生长过程中，气温条件的高低极大地影响着幼苗的生长速度。当气温高于幼苗生长的适宜条件时，尤其是夜间温度过高时，幼苗生长速度加快，极易形成徒长苗。当气温低于幼苗生长的适宜条件时，幼苗生长速度缓慢，如果温度长期偏低，尤其是夜间温度偏低，使得白天叶片光合产物运输受阻，影响第二天的光合作用，长此以往就容易形成老化苗。一般来说，育苗的叶、茎菜类蔬菜都是喜冷凉的作物，育苗时白天的温度可中等偏高，夜晚温度应中等偏低，要尽量避免高夜温及过高的昼温。如过高的昼温会使芹菜的株高及根长的伸长生长加快，但茎重、叶面积的增长受到抑制，形成细长弱苗。洋葱及其他喜冷凉蔬菜也是如此。白菜、甘蓝、莴苣等在温度高时，叶片分化慢，而叶的伸长生长加快，叶长叶幅比增加，这是弱苗的标志。反之，在中温条件下，芹菜展开叶的叶面积大、叶片宽，根系发育也好。白菜的叶长叶幅比减小，叶形加宽，这是秧苗生长健壮的表现。当然，在温度过低时，地上部和地下部生长受到抑制，秧苗则会长得弱小。如夜温低于10℃时也不利于秧苗的生长发育。

幼苗根际周围的地温对幼苗根系的生长和养分、水分的吸收功能有着极大的影响，也影响土壤中微生物的活动和肥料的分解等，从而间接影响秧苗地上部的生长发育以及叶的生长和花芽分化，所以，保持适当的土温是培育壮苗的一个极其重要的环节。目前生产中往往只重视苗床的气温而忽视土温，其实对秧苗的影响，土温比气温更显著、更重要。一般情况下，蔬菜根系生长所要求的根际周围的温度因蔬菜种类不同而异。例如：黄瓜育苗时如果床土温度在12℃以下，则根系停止生长，为使黄瓜幼苗正常生长，床土温度应保持在15℃以上，当土温在20～23℃时，黄瓜幼苗生长最好。在温度适宜的范围内，根的伸长速度随着地温的升高而增长，超过适温范围后，虽然伸长速度加快，但是根系瘦弱、寿命缩短。气温高、土温在适温下限之上，其高低对秧苗生长无多大影响。气温高、土温低时，秧苗的茎叶生长快，而根系的吸收能力较弱，秧苗细弱徒长。气温较低、土温较高时，茎叶生长速度适中，根系吸收能力较强，地上部与地下部协调平衡，生长成为茎粗节短、叶片厚大、根系发达的壮苗。土温过高，也易造成秧苗徒长。所以，在育苗期间提高土温，控制适宜的气温，对培育壮苗有重要作用。目前，早春育苗采取的架式育苗、加厚酿热物、快速自控育苗、电热温床育苗等，都是提高土温促进根系生长的好方法。在生产中常常见到的"锈根"苗，群众叫"铁根"苗，主要是由于土温过低造成的。在土温过低的情况下育出的秧苗瘦弱多病，影响熟期及产量。

地温是否适宜，可以从地上鲜重／地下鲜重和株高／茎粗来判断。研究表明，在寒冷季节育苗采取措施提高地温有利于育壮苗，但必须适度，过高的地温也不利于培育壮苗。

昼夜温差对于培育壮苗有着极其重要的作用，蔬菜秧苗正常生长需要有一定的昼夜温差，但不存在固定不变的适宜温差。昼夜温差的影响实际上包括日平均温度的影响和夜温的影响两个方面，重要的是根据日温来确定适宜的夜温。白天应保持秧苗生长的适宜温度，增加秧苗光合产物，夜间应与白天保持适宜的温差，以便把光合产物迅速地运转到各个器官，并且尽量减少呼吸消耗。

（二）秧苗生长对光照条件的要求

植物依靠太阳光进行光合作用，形成和积累营养物质。光合作用越强，制造的养分越多，秧苗的生长越良好。在种子发芽过程中，除水分、温度、空气条件外，对光线也有一定的要求。有的在光线下才能发芽，有的喜欢黑暗，还有的与光线无关。需光性的种子有十字花科芸薹属的白菜、甘蓝；菊科的莴苣、牛蒡、茼蒿；伞形科的胡萝卜、芹菜等。嫌光性的种子有十字花科的萝卜；茄科的茄子、番茄、辣椒；葫芦科的全部蔬菜；百合科的葱、洋葱和韭菜等。与光线不相关的种子，如苋科的菠菜、莙荙菜及豆科的全部蔬菜。光照条件直接影响秧苗的营养物质的制造和生长发育，秧苗干物质的 $90\% \sim 95\%$ 来自光合作用，而光合作用的强弱主要受光照条件的影响。

光照条件包括光照强度、光照时数和光的质量。

由于光合作用是一个光生物化学反应，所以光合速度随着光照强度的增加而加快，也就是说光照强度制约着光合产量和秧苗的生长发育速度以及秧苗的形态，如株高、叶面积、节间长度、茎粗及叶片厚度。幼苗对光照强度的要求依蔬菜种类不同而不同，但基本要求在该种蔬菜的光饱和点以下，光补偿点以上，在这个范围内，植物体的光合强度随着光照强度的增加而增加。另外，光照强度对叶菜类株形还有一定的影响。例如，弱光促进芹菜的纵向生长，株形趋向直立性，开展度小；光照强度大时则伸长被抑制转而横向扩展，株形趋向横展性，开展度大。由此可见，弱光会使蔬菜秧苗细长瘦弱，强光条件下秧苗才能生长得健壮。

日照时间的长短也是影响秧苗素质的重要因素，影响着养分的积累和幼苗的花芽分化，若幼苗长时间处于弱光的条件下，易形成徒长苗，造成植株高、茎细、叶片数降低、叶绿素及叶面积减少、植株干重降低、花芽分化推迟、整个幼苗素质下降等情况。冬春季节育苗，日照时间短，但在育苗工作中，普遍存在对光照不够重视的问题。在温度条件许可的情况下，应争取早揭苫晚盖苫，延长光照时间，在阴雨天气，也应揭开覆盖物，有条件的地方可以考虑补充光照。人工补光应考虑光的质量，生产上常用的有荧光灯、生物效应灯、气体发光灯、弧光灯等。选用补光灯时应选择其光谱接近日光光谱，有利于秧苗光合作用的进行。光照的成分中，其中红色和橙黄色可使蔬菜的茎部伸长迅速，蓝色和紫色则有抑制节间伸长的作用，保护地育苗条件下，由于蓝色和紫色光线透过玻璃较少，所以往往发生秧苗徒长现象。

果菜类蔬菜一般都要求较强的光照，其中茄果类最高，瓜类较低。光照强，光合作用强，制造的养分多。但在长江中下游地区，冬春季多阴雨天气，光照弱，不利于秧苗的生长，并且秧苗易徒长。同时，因育苗设施和秧苗密度较大造成的庇荫现象，覆盖用塑料薄膜及玻璃的污染和老化等，使透光率降低，秧苗接受到的光照比自然光更弱。育苗时应注意尽量降低设施的庇荫程度，适当扩大幼苗营养面积，及时间苗和分苗，经常清除覆盖物（塑料薄膜、玻璃）表面的灰尘和水珠，人工补充光照等，增强光照强度，提高光能利用率（图4-1）。

果菜类蔬菜大多属于或近于中光性植物，对日照时间长短的适应范围较大。较短的光照（如8小时），可降低花的着生节位，增加瓜类的雌花发生数量，特别是在低温、短日照条件下，效果更加明显。较长的光照，能够增加光合作用的效果，多制造养分，促进幼苗生长，加快花芽分化，提早开花结果。因此育苗期间要根据蔬菜种类、天气等情况，采用合理安排育苗期、揭去覆盖物、人工补光等方法，正确调节光照时间。在秧苗不受冻的前提下，苗床的草帘应早揭晚盖，上午 7 点 30 分到 8 点揭去草帘，下午 5 点到 5 点 30 分盖好，使秧苗多接受光照（图 4-2）。

图 4-1 弱光条件下辣椒幼苗细长瘦弱，叶片颜色浅

图 4-2 及时揭盖保温覆盖

从光照的组成（光质）来看，太阳光中的可见光占 52%，红外线占 43%，紫外线占 5%。可见光中，被叶绿素吸收最多、对光合作用最有效的是红光，其次是黄光。长波光线促进茎的生长，使节间较长，茎较细。红外线可提供热量，升高温度。露地育苗时，幼苗接受

的是完全太阳光照，长短波光照平衡，生长正常。保护地育苗时，短波光线透过覆盖物时要损失一部分，故幼苗较易发生徒长现象，特别是玻璃的透过率比塑料薄膜低，温室中更易引起幼苗徒长。育苗时，可通过温度高时多见直射光，清洁覆盖物，适当扩大苗距，人工补光等方法，来改善光照条件，提高秧苗素质。

育苗期间，为了改善光照条件，充分满足秧苗生长发育的需要，可根据目的或需求，选择相应的电光源，进行人工补充光照。具体光源选择，请参阅第三节人工补光相关内容。

幼苗绿化阶段是人工补充光照最为经济有效的时期，它能使幼苗子叶肥大，有利于秧苗整个育苗期的生长发育。所以，一般人工补充光照常在幼苗绿化阶段及自然光照较弱、需要补光时进行。人工补光促进生长效果，以辣椒最明显，黄瓜次之，而番茄不明显。当然，人工补充光照成本较高，育苗时首先应尽可能利用自然光照，经济合理地应用人工补光（图4-3）。

图4-3 育苗人工补光

育苗环境条件相互之间密切相关，同时影响着秧苗的生长发育，生产中应不断总结经验，调控好这几个因子，使之协调发展，为秧苗提供良好的生长发育环境。

（三）秧苗生长对水分条件的要求

水分是蔬菜幼苗生长发育的重要条件。水分约占幼苗的组织器官总重量的85%以上。蔬菜种子的萌发，幼苗根系吸收土壤中的矿质营养及茎、叶的生长，光合作用的进行，养分在体内的运输，叶龄寿命以及净同化率的高低，土壤微生物的活动，都与水分供应有着直接的关系。蔬菜秧苗生长环境中的水分，还对温度、通气等产生影响。因此，在育苗期间做好水分管理是增加幼苗有机物积累，培育壮苗的重要和有效途径。

土壤湿度和空气湿度构成了水分因素，二者相互影响。当土壤湿度高时，蒸发增多，空气湿度大。当土壤湿度低时，蒸发减少，空气湿度也相应减小。

蔬菜育苗的需水规律：育苗前期，蔬菜植株小，叶面积小，水分蒸发也少，需水量不大，但因组织幼嫩，根系少，分布浅，表层土壤湿度不稳定，易受干旱的影响。土壤湿度较小，根系吸收到的水分等较少，影响秧苗的正常生理活动，抑制秧苗的生长发育，易产生老化苗。根系吸水不能满足蒸发消耗时，秧苗表现萎蔫，光合作用减弱，生长停止，直至死亡。水分不足还影响幼苗的花芽分化。幼苗从土壤中吸收水分，一部分是用于光合作用和代谢，一部分是以液体状态跑出体外，即吐水现象，还有一部分是以气体状态通过叶子的表面跑出体外，即蒸腾作用。蒸腾作用是植物对水分、养分的吸收和运输的一个主要动力，另外，蒸腾作用还可以降低叶片的温度。土壤湿度的高低与土壤空气含量、土壤温度具有直接联系，土壤水分多时，土壤空气含量就会减少，土壤温度下降，根系生理机能降低，限制了根系的生长，而地上部得到了充分的水分而生长旺盛，使根冠比值降低，加上光照不足，易生成徒长苗。如果土壤湿度较大，再加上光照不足、温度较高，则秧苗极易徒长。

随着幼苗的长大，对水分的需求增大，但不同种类蔬菜秧苗的需水量不同。黄瓜根系弱，叶面积大，蒸发消耗水分多，需水量大。茄子对土壤湿度的要求比番茄高。育苗时，一般以土壤最大持水量的60%～80%为宜。短期缺水对秧苗的不良影响，在水分供应满足后仍能较快恢复正常，但对培育壮苗是不利的。另外，保证秧苗正常生长所需要的水分，并不是引起幼苗徒长的直接原因，只有在光照不足、温度较高时，才易使秧苗徒长。秧苗露地定植前，应根据苗情，适当控水炼苗。

在生产上，由于水分测量比较困难，可用下面的方法大体控制土壤水分的多少。在播种瓜类蔬菜时以润透床土 10 ～ 13 厘米为宜，育苗保护地茄果类秧苗 10 厘米，露地 6 ～ 7 厘米；甘蓝类，芹菜（地床）4 ～ 5 厘米。容器成苗时容器下部床土润透为宜，地床成苗的润透床土深度 6 ～ 13 厘米，分苗时润透床土深度宜浅些，随着秧苗的长大润透床土深度可逐渐加深。

育苗温室的空气湿度影响蒸腾作用的强度，当空气湿度增高时，幼苗的蒸腾作用减小，从而影响幼苗的生理生化代谢，抑制幼苗的正常生长。另外，空气湿度大，使得病害的孢子迅速萌发，造成病害发生。反之，空气湿度低时，蒸腾作用增强，叶片失水过多，就会造成萎蔫，影响地上部的生长。一般育苗温室白天的空气相对湿度以 60% ～ 80% 为宜；夜间因温度下降，引起相对湿度升高，常常达到 90% 以上，故应保持一定的温度来调控空气湿度。

育苗浇水时，一般注意掌握底水浇够；苗水少浇；苗床中间浇够，周围少浇；晴天浇够，阴天少浇；温度高浇够，温度低少浇；通风量大浇够，通风量小少浇。

蔬菜秧苗的生长发育与各个生态因子的影响有关，但生长发育的最终结果是受综合生态因子作用所支配。它不是单个生态因子作用的简单相加，在各生态因子间存在着复杂的交互作用关系。大量的科学实验证明，影响蔬菜秧苗生育的诸因子之间存在着明显的限制与互补的关系，有时因子之间有加效应关系，有时则相反，起着减效应的作用，因子之间的组合效应是很复杂的。因此，在生产实践中，只有真正了解并掌握了育苗生态环境因子对秧苗生育的作用及其相互关系，才能制定合理的育苗技术措施，合理调控各个因子水平，组成优化的生态因子组合，为培育壮苗创造良好的综合生态环境。

第二节　蔬菜育苗的温度管理

温度条件是指育苗温室的气温和幼苗根际周围的地温，以及昼夜温差三个方面。

一、播种到出苗期间的温度管理

温度是满足蔬菜秧苗正常生长的最基本的环境条件，不同的蔬菜对温度条件要求不同，不同阶段对温度要求也不同，呈阶梯式递减。

在早春育苗中，时值寒冷季节，因此维持和保证苗畦的温度是管理措施的重心。播后的催芽阶段是育苗期间温度最高的时期，因为出苗前掌握较高温度可促使种子早出苗、早齐苗，待60%以上种子拱土后，温度适当降低，但仍要维持较高水平，以保证出苗整齐。番茄和黄瓜最好是25℃左右，茄子和辣椒最好是30℃左右，甘蓝是20℃左右。在利用变温管理技术时，夜间温度比白天可降低5～10℃。在这个温度范围内于播种前进行催芽和出苗前的管理，才能够保证幼苗出土快而整齐，培育出健壮的秧苗。在冷床育苗时，此期苗床的温度一般偏低，因此发芽慢，出苗迟缓，出苗期拖长，致使秧苗的大小不整齐。温度过低，则幼芽出土缓慢，过多地消耗种子中贮藏的养分，造成出苗率降低和幼苗生长衰弱，甚至有时会造成烂种。所以在冷床育苗实践中应对秧苗进行低温锻炼，如对茄果类和瓜类进行种子变温或冰冻处理，茄果类幼苗出齐后至第1片真叶出现前和黄瓜苗在第1片真叶充分展开后的降温，保持一定的昼夜温差和定植前数天不进行覆盖保温等，都是低温锻炼的具体措施。经过锻炼的秧苗，细胞内的含糖量增加，也相对地增加了细胞液的浓度，所以增加了秧苗的抗寒能力。例如，未经锻炼的甘蓝苗在－2℃即被冻死，经过锻炼后可忍耐－5℃的低温；未经锻炼的番茄苗在0℃时即被冻死，经过锻炼的秧苗，可忍耐短时间的－3℃的低温；经过良好锻炼的黄瓜秧苗，能够忍耐5℃的低温，甚至在短时间2～3℃的低温下，还不至于冻死（图4-4）。

图4-4 不同方式保温（加设小拱棚，覆盖保温被、草帘）

通过加温也可以改善苗床内温度过低的状况，加温的热源主要有：煤、油、柴，它们燃烧后产生的热能作为热源；植物腐熟发酵而产生的发酵热作为能源主要用于提高地温；利用集热器将太阳能白天贮存起来夜间释放加温；地热、工厂余热二次能源电能作为热源。具体设备及其应用，请参阅第二章第三节。利用工厂化育苗技术育苗时，温度较易控制。但温度也不能过高，温度过高再加上床土干旱，幼苗的根尖很易变黄，成为"焦芽"，影响幼苗根系的发育。过高的温度条件，虽然发芽及出苗较快，但由于幼苗呼吸作用过盛，过多过快地消耗掉种子中贮藏的养分，可造成幼苗细弱，很难育成壮苗。

幼苗在顶土期要降低苗畦温度，此期温度过高容易引起胚茎细长，成为高脚苗。

这一时期在工厂化育苗技术中幼苗处在催芽室中，注意温度的观测与调控。在冷床育苗中，应注意充分利用日光能和保温措施。白天充分采光增加温度，傍晚及时覆盖草帘、草苫等保温覆盖物。如遇高温，中午可在透光覆盖物上面间隔盖上草帘遮光降温。

二、出苗到分苗期间的温度管理

这一时期若育苗畦外的温度与秧苗所需的温度差距很大，控制温度仍是管理工作中的关键。幼苗出土以后，两片子叶还未完全张开且带黄色，不能够进行正常的光合作用，仍然依靠种子中剩余的养分生活。管理上，应适当降低温度，保持幼苗生长室温，以减低其呼吸作用，减少养分消耗。到苗出齐后，番茄苗畦白天的温度可维持在 $20 \sim 23℃$，夜间 $10 \sim 15℃$。辣椒、茄子和黄瓜苗畦白天的温度以 $22 \sim 25℃$，夜间 $16 \sim 20℃$ 为宜。这一时期的低温锻炼，可抑制幼苗的徒长，增强抗寒能力。采用工厂化育苗技术时，此期正值秧苗由催芽室移到绿化室之际，降低温度要在 3 天时间里逐渐进行，不可操之过急。采用冷床育苗技术时，此期的温度条件仍然较低，仍以保温措施为主。如果温度太低，番茄幼苗的子叶发生弯曲，黄瓜幼苗的子叶生长较小，或出现白斑，这些都是低温冷害的表现，对秧苗生育十分不利。

秧苗出齐后，子叶展平到分苗前这一时期，可把床温提高到秧苗生育的适温，番茄苗床白天维持在 20 ~ 25℃，夜间温度在 10 ~ 15℃。黄瓜、辣椒、茄子秧苗的床温可比番茄温度提高3 ~ 5℃。

分苗前 2 ~ 3 天，适当降低苗床温度。利用工厂化育苗技术时，假植苗床一般是不加温的冷床，床温比有加温设备的绿化室要低很多。为了使秧苗能适应分苗后的低温，提高假植成活率，促进缓苗，分苗前 3 天，绿化室内停止加温，使育苗温度与假植苗床基本一致，对秧苗进行低温锻炼。在采用冷床育苗技术时假植床的保温设备，比育苗床的要简陋，其床温自然也低一些。因此，在分苗前 2 ~ 3 天也要适当降低床温进行锻炼。

此期，为了锻炼秧苗而降低温度的多少，应根据各地假植床的温度情况来决定，假植床的温度条件高的，降低的温度可少一些，反之则多一些。一般以降低 3 ~ 5℃为宜。目前，降温的方式主要和普遍采用放风降温。通过保护地内外气体交换达到降温、放风、调节气体比例及降低空气湿度的作用。放风可用手工调节或机械调节，机械放风多在比较现代化的温室上应用（图 4-5）。放风的原则是：无风大放，大风小放；开始小放，逐渐大放；晴天大放，阴天小放；前期小放，后期大放。遮阴降温主要是利用覆盖物将阳光遮住以减少太阳能对苗床的辐射以达到降温的目的。

这一时期，若采用冷床育苗时，要及时揭盖草帘、芦苇、毛苦等覆盖物，使白天充分吸收光能提高床温，夜间要及时保温。中午温度超过适温上限时，可在背风处掀起塑料薄膜或玻璃床框，留一小缝通风降温。

图4-5　通风口调节温度

在生产中，北方地区利用冷床育苗技术时，苗床的温度条件很难达到上述要求，通常是夜间温度较低，白天除了晴天中午时温度稍高些外，温度也达不到适温数值，所以这一时期要经常观察注意苗床的温度情况。

苗床的地温对秧苗也有重大的影响。空气温度与土壤温度相关，秧苗对土壤温度的要求和它对空气温度的要求不完全相同。育苗床的地温最好维持在 15～20℃，保持日夜均衡，才会促进秧苗根系的旺盛生长，培育壮苗。提高育苗床地温的措施：可以采用酿热温床，太阳能温床等温床育苗设施；在冷床育苗技术中，利用床土中多施黑色的腐殖质或草木灰等肥料，加深土壤颜色，多吸收阳光热能；挖防寒沟，架床育苗；掌握适宜的浇水时间，控制适宜的浇水量等。

三、分苗的温度管理

分苗前最重要的是低温锻炼。一般情况下，假植苗床比播种苗床的温度要低。特别是目前使用的电热温床育苗技术，播种苗床是电加温苗床，而假植床是冷床，温度相差很大。为了使幼苗分苗后，适应假植床的低温环境，迅速缓苗，必须进行炼苗。分苗前 2～3 天利用温床育苗的要停止加温，白天多通风降温，使秧苗见阳光，增加光合作用，积累养分；夜间控制温度比平常低 3～5℃，以减少呼吸作用的消耗。分苗后 2～3 天，苗床内注意保温，等秧苗中心幼叶开始生长时，表明秧苗已经发新根，这时再通风降温，以防止秧苗徒长。

四、分苗到定植前的温度管理

分苗到定植前床内的温度变化较剧烈，夜间温度较低，易造成冻害。在晴天的白天光照强，秧苗光合作用强，气温靠太阳光辐射就能升高到适温范围，此时温度应控制高些，阴雨雪天光弱影响光合，温度宜低些以减少秧苗呼吸作用。白天比夜间温度要高以利光合，夜间温度宜低些以减少呼吸。有时晴朗的中午，苗床内的温度过高，可达 35～40℃，如不及时通风降温，会发生灼伤或引起秧苗徒长。苗床温度的管理目标是尽量使苗床处在适宜的温度范围。成苗后定植前一周可再次降温炼苗。成苗期温室温度管理标准及苗龄见表 4-2。

表 4-2 成苗期（包括炼苗期）温室温度管理标准及苗龄

蔬菜作物	白天温度 /℃	夜间温度 /℃	苗龄 / 周
茄子	20～28	10～20	10～12
辣椒（甜椒）	18～24	10～20	10～12
番茄	18～24	8～13	7～9
黄瓜	15～25	8～15	4～5
甜瓜	15～24	10～19	4～5
西瓜	15～24	10～20	4～5
甘蓝	16～21	8～16	7～9
花椰菜	16～21	8～16	7～9
西蓝花	16～21	8～12	7～9
西葫芦	18～24	8～15	4～5
生菜	13～18	8～13	5～7
芦笋	18～27	10～16	8～10
芹菜	15～23	12～15	9～10
抱子甘蓝	16～21	8～16	7～9
甜玉米	21～24	12～18	3～4
洋葱	15～18	10～16	10～12

五、一次成苗

应用穴盘等进行工厂化育苗时，通常是一次成苗（图 4-6），播种后，一直在育苗温室内培育至成苗，成苗直接可定植于大田。其温度管理与上述的常规育苗各苗龄段的温度基本一致。但由于穴盘育苗时，幼苗根系基质量较少，易受温室空气温度影响，要注意温室内气温不可变化过于剧烈，防止根系受损伤，导致秧苗生长发育受抑。

图4-6 穴盘育苗一次成苗

六、秧苗的锻炼和起苗

秧苗在定植到大田以前，为增加幼苗对早春低温等不良环境条件的适应性，通常进行秧苗的锻炼。

露地与育苗床内的环境条件的最大差异是温度的不同。所以秧苗通常要进行低温锻炼。进行低温锻炼时，白天的床温可降低到 15 ～ 20℃，夜间的温度，对于茄子、辣椒、黄瓜秧苗可降低到 5 ～ 10℃ ；对于健壮的番茄苗可降低到 1 ～ 5℃。在秧苗不受冻害的限度内，应尽量降低夜间温度。

苗床温度的降低要逐步进行，不可突然降低过多，以免引起秧苗受伤。一般情况下在定植前 7 ～ 10 天，白天逐步揭开覆盖物，加上通风量；定植前 3 ～ 5 天夜间去掉透明覆盖物，使秧苗所处的温度条件与露地一致。

移苗后，幼苗根系损伤，为了促进长新根和尽快缓苗，温度应高一些，这时苗床不宜通风，并尽量多接受一些阳光提高床温，床温一般以 25℃为宜；在移栽成活后，为了培育矮壮苗，床温应低一些，在晴好的天气下，要经常通风换气，床温以 15 ～ 20℃为宜（图 4-7）。

图 4-7 小拱棚上覆盖无纺布保温

第三节 蔬菜育苗的光照管理

一、出苗到分苗期间的光照管理

由发芽期进入幼苗期后，生长发育所需的全部营养由本身制造，因此给予充足的光照条件，保证光合作用的顺利进行对于培育壮苗十分重要。如果光照不足，光合作用弱、秧苗的营养不足，秧苗就表现叶色浅，叶柄长，茎细高，下部的叶片发黄早脱落等，这种秧苗的抗逆性极差，也不具有丰产潜力。

蔬菜早春育苗季节，光照强度较弱，加上育苗设备的遮光等因素，普遍存在秧苗光照不足等情况，因此改善光照条件需注意以下几方面。

1. 注意育苗设施的方向和结构

育苗设施的方向和位置对于采光量和遮光程度有很大的关系，在选择育苗场地时一定严格按照技术要求进行。不同育苗设施的遮光率各不相同。一般玻璃温室的遮光率为20%左右，大型塑料大棚的遮光率为15%左右，小型塑料大棚的遮光率为5%左右，阳畦的遮光率为30%左右。遮光率的大小主要是由育苗设施中不透光的骨架决定的，为了减少遮光率，在建造育苗设施时，应尽量采用强度高、体积小的材料，减少骨架占的空间。

2. 注意选用透明覆盖物

早春育苗中，一般是阳光透过透明覆盖物后，再照射到秧苗上。目前使用的透明覆盖物，在光线通过时，由于反射和吸收作用都要耗费部分光能。因此，选择透光性良好的透明覆盖物，可以改善秧苗的光照条件。

常用的透明覆盖物的透光率为：玻璃（3毫米厚）91%（图4-8），聚乙烯塑料薄膜（0.1毫米厚）84%～89%（图4-9）。同一种材料的透光率因使用的年限不同而有差异。例如，同一塑料薄膜使用一年后，透光率可降低10%～15%。

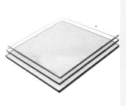

图4-8 玻璃覆盖

图4-9 塑料薄膜覆盖

在选择透光覆盖物时，在考虑成本高低的前提下，优先选用透光率高的覆盖物，且尽量选用新制品，以改善育苗畦的光照条件。

3. 保持覆盖物的清洁

育苗畦内外的温度差异很大。普通透明覆盖物上凝有水滴是很难免的，这些水滴就会降低透光率。例如，玻璃上如果凝有水滴，透光率约降低 10%；塑料薄膜上凝有水滴，透光率降低 10% ~ 20%。为了提高透光率应及时擦拭或振动以减少覆盖物上凝结的水滴。尽量采用无滴塑料薄膜，减少水滴凝结，增加透光性。

早春育苗时，在透明覆盖物的外面还要覆盖保温覆盖物。这些覆盖物多用草帘等。长期覆盖后，污染透明覆盖物很严重，加上空气中灰尘的污染，玻璃或塑料薄膜的透光率，多数情况下只达 50%。因此，经常打扫和擦拭透明覆盖物，保持其洁净是非常必要的。

4. 搞好保温覆盖物的揭盖工作

在早春育苗管理中，往往采用晚揭、早盖的办法，来保持苗床的温度，这种做法忽视了苗床的光照条件。应在保温的前提下，对覆盖物尽量早揭、晚盖，延长苗床内的光照时间。特别是在阴天时，只要有一定的光照，应及时掀开覆盖物。在温度转高时，应及时把透明覆盖物也揭开，使秧苗得到较强的光照。

5. 及时间苗移苗

在幼苗期秧苗密集，能互相遮阴，当叶面积指数超过 4 时，明显降低秧苗群体的光合速率。因此，应及时间苗、分苗，扩大苗距，改善光照。

在改善秧苗光照条件时，一定要循序渐进，由弱慢慢增强，切忌突然增强。如果秧苗经常处在 10000 勒克斯光强以下，若突然遭受 20000 勒克斯的照射就会发生叶片卷缩甚至致死现象。因此，在增加光照强度时，可从早晨开始；中午光照过强时，稍加遮光物遮阴，等 2～3 天幼苗适应后，中午再去掉遮光物。

二、分苗到定植前的光照管理

这一阶段，阳光的光照强度逐渐增强，光照时间也渐渐延长。秧苗对光的要求也越来越高。因此，应该通过早掀盖覆盖物来延长秧苗的受光时间。

三、人工补光

人工补光可弥补一定条件下设施内光照的不足，促进作物光合作用。要求补光照度应在植物的光补偿点以上（3000 勒克斯），光照度具有一定的可调性，光线中富含红光和蓝光，有一定的光谱成分，最好近似于太阳光的连续光谱。人工补光能有效地维持蔬菜秧苗的正常生长发育，满足蔬菜秧苗光周期的需要，提高秧苗品质。

目前，设施常用的人工光源均为电光源，习惯上称为电灯，具体名称依据发光原理而命名，如白炽灯、碘钨灯、荧光灯、高压气体放电灯、LED 植物补光灯（图 4-10）等。

选配光源时，要考虑作物种类及生育期对光照的需求。

在确定了光源的光照度值后，再确定选用光源的光通量，依据光通量选取光源。选取光源时注意：不同种类的光源，其光通量不同；同种光源，随其功率不同，其发光效率不同。所以，选取光源要同时考虑光源种类、功率、实际光能。还要注意光源的性能价格比，不同种类的光源，其初装费、使用寿命、发光效率、光谱特性、可用能量等均不相同，选用时应综合考虑。一般来说，发光效率高的光源，其初装费较高，但经多年运行后，其年平均费用却比较低，综合经济效益高（表4-3）。

表 4-3　蔬菜育苗人工补光参数

蔬菜种类	光照强度 / 千勒克斯	光照时间 / 小时
番茄	3 ～ 6	16
生菜	3 ～ 6	12 ～ 24
黄瓜	3 ～ 6	12 ～ 24
芹菜	3 ～ 6	12 ～ 24
茄子	3 ～ 6	12 ～ 24
甜椒	3 ～ 6	12 ～ 24
花椰菜	3 ～ 6	12 ～ 24

图 4-10　LED 补光

第四节　蔬菜育苗的水分管理

一、播种前的浸种处理

　　蔬菜种子发芽，需要吸收充足的水分，以便使种子分解贮藏养分，同时种子吸水膨胀后，种皮变软，空气才容易进到种子里，有了适当的温度、空气和水分，种子内部发生一系列的生理、生化变化，种子才会萌动出苗。播种后，如果土壤水分不足，胚轴不能伸长，则会影响出苗。通常播种前给苗床充分浇水，最好浸种催芽后再播种，保持较高的土壤湿度，一般以最大持水量的80%～90%为宜，其他时间茄果类蔬菜为60%～80%，其中番茄为60%～70%、黄瓜80%～90%、菜豆为60%～70%。

蔬菜种子播种前浸种处理，需要注意的是种子吸水速度而不是吸水量。只要保证种子的吸水量达到最大吸水量50%～70%的浸种时间，即可基本满足要求（豆类按50%，其他按70%）；按此标准，黄瓜、南瓜、番茄、甜椒需浸种4小时；西瓜、冬瓜需8小时，豇豆需12小时，这是根据种子吸收速度曲线求算出来的；如果要使种子吸水达到饱和状态，仍需继续延长浸种时间。

二、播种到出苗期间的水分管理

为了帮助种子发芽，把预先选好的种子，根据不同菜类种子的吸水能力，浸泡适宜的时间，使其吸水膨胀，以利发芽一致，其中，甘蓝类、茄果类为2～4小时，黄瓜4小时，菜豆4～8小时，豇豆12小时，浸泡的时间不宜过长，以防种子腐烂和种子内可溶物质被浸出，影响发芽。但浸泡时间太短，则发芽不齐，影响播种。经过浸泡的种子，滤去水分后，在适宜的温度条件下进行催芽。催芽过程中，每天用温水淘洗一次，并把水控净，使种子保持松散状态，防止"沤籽"。

播种前必须浇足底水，一方面是因为蔬菜种子播种较浅，防止在发芽出土期由于水分不足，影响出苗不齐，或者造成严重缺苗。另一方面，必须满足出苗后30～40天，甚至50～60天秧苗生长发育对水分的需要。也就是说，播前浇灌的底水量，应保证瓜类自播种至定植前，甘蓝类及茄果类播种至分苗前秧苗对水分的需要。如果甘蓝类和茄果类不分苗移栽，那么也应保证自播种至定植前对水分的需要。如果底水量不足，造成苗期缺水，就会给苗床管理带来很大麻烦。因为出苗后浇水，不仅导致床面板结和秧苗徒长，而且降低床温，易诱发病害。当然，不是底水越大越好，一般黏质土可少些，砂质土可多些，而且还要依靠良好的苗床管理技术，保持土壤水分。

播种后出苗前应控制的空气相对湿度在90%左右，以减少土壤水分蒸发和叶片蒸腾。播种后出苗前需要较高的土壤湿度，一般以最大持水量的80%～90%为宜。

三、出苗到分苗期间的水分管理

秧苗在齐苗到分苗前这一阶段，根系较小，吸收能力很弱。苗床内的水分一定要充足，但水分过多也是不利的。

（一）降低湿度

通常降低苗床土壤湿度的方法有如下几种。

1. 苗床位置的选择

育苗床要选高燥处建立，苗床床面应比地平面稍高，苗床四周要挖排水沟及时排水防涝。

2. 通风降湿

在气温较高的中午，在苗床的背风处掀开透明覆盖物，露出一缝状通风口，但要注意不要冻伤秧苗。阴天时，空气湿度大应放风降湿；塑料拱棚育苗湿度容易偏高，应注意防风；浇水后要放风以降低空气湿度；浇水后覆干土，具有保水和降低空气湿度作用；提高保护地温度也能降低空气相对湿度。

3. 利用松土和撒土的办法减少浇水次数

在秧苗出齐后，应结合除草进行一次全面细致的松土，以切断土壤表面毛细管，降低蒸发量。以后每浇一次水，即应松一次土。也可在浇水后在苗床表面撒一层细土或草木灰，利用这些干土的吸湿作用，也能起到降低土壤湿度的作用。在间苗后撒细土，还能起到填盖土壤空隙，减少蒸发，有利于减轻病害，保护幼苗根部和防止秧苗倾倒，容易培育出健壮的秧苗等作用。撒土时间在中午温度较高，幼苗叶面干燥时进行为宜。撒土后，用扫帚轻轻一扫叶面上的细土即全部落下，叶面不易污染，每次撒土厚度以 0.5 厘米为宜，不宜过厚。

（二）增加湿度

当育苗床土的湿度过低时（土壤含水量 16% ～ 17% 以下），应及时浇水，幼苗期浇水应注意三个方面。

1. 控制浇水量

幼苗期合理的浇水量是水渗下后，使秧苗根系周围的土壤湿润，床土表层无积水为度。一般渗水深度 8～10 厘米。如果浇水量过大，对渗入土壤下层过深，易造成土壤湿度过大。利用喷壶浇水时，不可床土表面湿润就停止浇水，注意确保水分渗透到秧苗根系所在的土层中，防止蔬菜秧苗受旱。避免雨水下到床内，防止雨水漏入苗床，保持床面疏松干燥和较低的空气湿度。

2. 分片浇水

苗床内的温度不均衡，导致土壤的蒸发量也不一致。一般情况下是苗床的中部容易干燥，而南部比较潮湿，所以在浇水时一定要因地制宜。利用喷壶或水管浇水时，应只浇那些干燥缺水的地方。对于不缺水的地方采取少浇或不浇的办法，应使全部床土的湿度均匀，秧苗生长整齐。

3. 浇水时间

秧苗浇水时要选晴天，在阴天或有寒流侵袭时暂时不要浇水，以防降低苗床温度。浇水时间以上午 10～12 时为宜。此时气温已升高，浇水时床温不致过低。浇水后，床温能迅速回升。此外，中午温度高，便于通气，能使淋在秧苗上的水滴蒸发掉，降低了苗床内的空气湿度，防止发生病害。尽量不要在傍晚时浇水。

在育苗床内，除了土壤湿度外，还有空气湿度。空气湿度对秧苗的生长发育也有很大的影响。空气湿度太大，不仅使秧苗容易发生病害，而且降低了秧苗的蒸腾作用。空气湿度太小，又会使秧苗发生生理干旱现象。适宜的空气湿度是 60%（相对湿度）左右。早春育苗中经常出现的问题是空气湿度太大。在没有通风的苗床内，夜间的空气相对湿度经常达到 100%，白天也在 95% 左右，这样的湿度对秧苗是十分有害的，应及时采取措施降低空气湿度。降低苗床空气湿度的措施和降低苗床土壤湿度的措施相同。

四、分苗期的水分管理

分苗前一天或当天上午进行浇水，使土壤湿度合适，挖苗时可少伤根系，分苗时，应边分苗，边把透明覆盖物覆盖严密，以保持土壤和空气湿度，上面覆盖保温覆盖物遮住阳光，防止日晒秧苗萎蔫。

分苗后 2～3 天，苗床内注意保湿。

甘蓝类和茄果类的分苗移栽，勿使床土温度过多降低，以利缓苗，待 5～7 天后，秧苗长出新根，并开始生长新叶时，即可浇"缓苗"水。"缓苗"水必须一次浇足，使其满足至定植前约 30 天左右时间秧苗对水分的需要。为了破除床面板结和保墒，应疏松床面。

五、分苗到定植前的水分管理

秧苗定植前，由于气温升高，苗床通风透光时间较长，床土水分蒸发较快，加上秧苗长大，需水较多，应适当浇水。

六、炼苗和起苗时的水分管理

在苗床内温度过高，光照不定、氮肥偏多的情况下，加上湿度较高，秧苗容易引起徒长。适当地控制浇水，可控制秧苗地上部分的生长，同时增加了土壤的通气程度，有利于促进根系的生长。在定植前 10 天应减少苗床的浇水次数，在秧苗不发生干旱萎蔫的情况下不要浇水。

第五节　蔬菜育苗的其他环境管理

一、土壤条件

蔬菜育苗对土壤的要求较高，良好的育苗用土是培育壮苗的基础。因为土壤的质地也影响到土壤温度、土壤湿度、通气性、营养等方面，从而也影响到根系的生长发育和吸收、秧苗的生长和发育。

　　一般来讲，良好的土壤营养条件，应该具备的条件有：没有传染病菌及害虫杂草；含有大量可给态的氮、磷、钾等营养元素；pH 值中性或微酸性；质地疏松，渗透性良好、保水保肥能力强。满足以上条件才能提供秧苗生长发育所需要的养分和水分，有利于根系的呼吸、吸收和生长发育，培育出壮苗。

　　营养土可以通过人工配制来实现。营养土由菜园土或塘泥、充分腐熟的厩肥或沤制的粪草堆肥、草炭土或森林腐殖土为主体，添加腐熟的家禽粪、草木灰、石灰、过磷酸钙、尿素或硫酸铵等，均匀调配制成。当大面积育苗时，因材料需要量大，配制费工等原因，常常难以满足要求，但为了培育壮苗，应注意土壤的选择，或进行无土育苗。

　　适宜育苗的土壤应具有较高的肥力，理化性质较好，能够提供足够的水分、养分、空气和适当的温度，保证秧苗生长发育对土壤的要求。壤土的结构良好，土质松细适中，富含有机质，保水保肥力较好，但冬春季土壤升温较慢，使用时应当注意。砂壤土的土质疏松，排水良好，不易板结开裂，冬春季土壤升温快，但保水保肥力较差，用于育苗时要多施有机肥等。另外，应避免使用前茬为同科蔬菜的土地，防止土壤传播病害（如猝倒病、立枯病）的发生。在不连作的条件下，尽量选用前茬为豆类、葱蒜类蔬菜的地块，因为豆类有根瘤菌固氮作用，其土壤比较肥沃，葱蒜类的分泌物具有杀菌作用，其土壤携带的病菌很少。

二、营养条件

　　蔬菜幼苗期根系不发达，除了从床土中吸收水分外，还要求很高的土壤营养。土壤营养条件和土壤酸碱度对秧苗的生命活动影响大，土壤中矿质元素的含量影响秧苗的营养生长和花芽分化速度，而土壤酸碱度对秧苗的生长发育也有很大的影响，大多数蔬菜最适于微酸性或中性土壤。土壤酸性过强时，不仅根的吸收功能减退，磷肥不易被植物吸收，而且妨碍土壤中有益微生物的活动，降低土壤的肥力。土壤碱性过大时，对根有害，锌、锰等微量元素难于溶解，不易被根部吸收利用。因此，育苗期间，在有限的苗床面积上，应十分注意床土的营养状况和酸碱度，培育出健壮的蔬菜秧苗。

矿质元素包括大量元素和微量元素。大量元素包括氮、磷、钾、钙、镁、硫。微量元素包括铁、锰、硼、锌、铜、钼、氯。植物所必需的元素在秧苗的生命活动中都有着重要作用。

有时秧苗根系环境中并不缺少某种元素，但由于温度、通气性、养分浓度及比例、土壤或营养液的酸碱度等因素，影响了根系的活动及养分的分解等，导致秧苗对营养元素的吸收利用受到干扰。所以，育苗期应注意营养元素的合理配合，结合调控其他环境条件，合理施肥。同时，避免利用"重茬地"做苗床或利用"重茬地"表土制作培养土。例如避免在上年种过茄果类蔬菜的田块培育茄果类的秧苗，也不要用它的表土为茄果类苗床配制营养土。其他瓜类和甘蓝类蔬菜育苗也是如此。实践证明，苗期营养条件好时，秧苗生长正常，根系发达，果菜类的花芽分化早。苗期营养不足时，秧苗生长受抑制，定植后秧苗发棵差，果菜类花芽的形成及发育不良。

幼苗期必须施肥，供应秧苗所需的各种矿质营养。施肥应以施足基肥为主，追肥为辅。

苗床所用的基肥一般以厩肥、人粪土、猪粪为佳，应提前在夏季就开始堆沤，使其充分腐熟。对茄果类和瓜类可适量加施磷肥，有利于秧苗抗寒抗旱的能力和提早花芽分化。在育苗期间追肥很不方便，不仅浪费人工，而且随着操作通风和浇水，还有降低苗床温度和增加苗床湿度的副作用。具体施肥量及肥料组成，请参照第六章不同蔬菜作物育苗进行。

在幼苗期，尽量少施追肥。如果床土不够肥沃，秧苗出现茎细、叶小、色淡等缺肥症状时，就应施追肥。追肥时应注意如下方面：

（1）追肥时间　在秧苗出齐，子叶展平后追肥为宜。以晴天上午10～12时为佳，追肥后必须及时浇水。

（2）追肥的方法　追肥分追化肥和有机肥两种。追施化肥，以氮素化肥为主，用复合化肥更好。施用方法或是撒施后浇水或是随水浇入或是化肥溶于水中再浇水，不论用什么方法，化肥和浇水量的比例是0.1∶100，0.3∶100。如果化肥过多，浓度超过0.5%很容易出现"烧苗"现象。

　　追施有机肥时，常用的是腐熟的人粪尿或圈肥。追施时，肥料加水 10 ～ 20 倍，灌入苗床内。追施结束后均应用喷壶喷清水，洗刷幼苗叶上沾着的肥料，防止烧叶。追施有机肥料后还应通风放气，把苗床内的氨和硫化氢等有毒气体排出去，避免秧苗遭受毒害。据报道，空气中的氨气含量达到 0.1% ～ 0.6% 时，秧苗的叶绿素就会出现烧伤现象；如果含量达到 4%，经过 24 小时秧苗就会死亡。硫化氢的毒性更大，当空气中含量达到 0.004% ～ 0.04% 时，就会对蔬菜有害。

　　（3）根外追肥　用 0.1% 的磷酸二氢钾、0.2% ～ 0.3% 的过磷酸钙或 0.3% 的尿素水溶液，喷到蔬菜幼苗的叶面上，这种方法称为根外追肥。在土温过低，秧苗根系吸收肥料能力较弱时，利用此法有良好的效果。

　　在秧苗分苗和定植前，如果苗床基肥不足，可追一次速效肥。追施方法和分苗前一样，只是施肥浓度稍高点。此期追肥要注意磷钾肥的配合，单纯追施氮肥易造成秧苗徒长。如果每隔 3 ～ 5 天根外追施 0.1% ～ 0.2% 的磷酸二氢钾溶液，对培育壮苗是非常有效的。

　　床土的酸碱度对秧苗的生长亦有影响，大多数蔬菜作物，在中性或弱酸性的条件下生长较为适宜（pH 6.0 ～ 6.8）。

三、气体条件

　　气体包括育苗设施内的气体和育苗床土中的气体。育苗设施内的气体主要指二氧化碳和氧气，常规育苗要防止气害的发生。

（一）二氧化碳和氧气

　　蔬菜种子萌发及根系的生长发育都需要氧气，种子一般需要 10% 以上的氧气浓度才能萌动出芽。当氧气不足、二氧化碳过多时，会抑制种子发芽出苗和根系的发展。不同的蔬菜种子发芽时对氧气需求的程度有所不同。如富含油脂及蛋白质的豆类种子，发芽时要求更多的氧气；黄瓜及葱的种子在较少的氧气条件下也能发芽；芹菜和萝卜种子对低氧特别敏感，在 5% 的浓度下几乎不能发芽。

　　子叶出土以后，秧苗的光合作用和生长发育需要碳素营养，碳素营养是通过光合作用从二氧化碳中取得的，大气中的二氧化碳含量为

0.03%，此浓度被称为"大气标准浓度"，育苗设施中的二氧化碳浓度以夜间较高，这是因为晚上没有进行光合作用，不消耗二氧化碳，而秧苗的呼吸作用和土壤有机物的分解都产生二氧化碳，使二氧化碳量逐渐积累。日出以后由于光合作用不断消耗二氧化碳，使其浓度迅速降低，至上午 8～9 点设施通风以前，二氧化碳浓度下降到大气浓度以下，低于设施外的二氧化碳浓度，远不能满足光合作用的最大需求。在无机营养充足、光照条件好、温度适宜的条件下，植物就极易处于二氧化碳饥饿状态。冬春季育苗时，因温度低，不常进行通风，使育苗设施中的二氧化碳浓度很低。特别是无土育苗，基质中一般没有有机物的分解，不能释放出二氧化碳，生长发育所需要的二氧化碳就显得更加缺乏。

设施内育苗，在适宜的浓度范围（0.05%～0.2%）内，提高二氧化碳的浓度，有利于增加叶面积、提高净光合速率、增加根系数量、提高根系活力、增强抗逆性、缩短苗龄等，是培育壮苗的有效措施之一。低温时期育苗时，应注意设施中二氧化碳不足的问题，采用燃烧法、施用有机肥、在设施内同时栽培食用菌等方法，补充二氧化碳。此外，苗床中经常松土，防止土壤板结，保持土壤疏松，使土壤中的二氧化碳容易散发出来，也能增加保护地内二氧化碳含量。

育苗床土中的气体是指床土中的氧气含量，当床土中的氧气含量充足时，根系才能生成大量的根毛，形成强大的根系。如果床土中水分含量过多，或者床土过于黏重，根系就会缺氧窒息，使地上部萎蔫，生长停止。因此，在配制育苗床土时，一定要注意让土质疏松、透气性好。育苗设施内的氧气条件是提供秧苗进行呼吸作用的，经常进行通风换气，保持温室内空气新鲜，就可满足蔬菜幼苗进行呼吸作用所需要的氧气。

（二）气害

蔬菜育苗，冬春季节由于设施内不能及时通风、栽培管理措施不当等原因，大棚蔬菜气害时有发生，其会使植株生长发育不良，严重时甚至枯萎死亡。

1. 气害种类及发生原因

① 氨气：使用未经充分腐熟的有机肥（如堆肥、圈肥、饼肥等）或者使用大量的尿素、碳铵酸氢等无机肥料后，肥料在发酵过程中会产生高温，进而产生氨气。

② 亚硝酸气体：使用过多的氮素阻碍了土壤的硝化作用，使亚硝酸气体大量积累。

③ 二氧化硫：加温时产生二氧化硫气体。

④ 一氧化碳：采用煤火加热时，燃烧不彻底或通风不畅而产生大量一氧化碳。

⑤ 亚硫酸：大量施用硫酸铵、硫酸钾及未腐熟饼肥，分解产生二氧化硫气体，遇水汽会变成亚硫酸。

⑥ 薄膜毒：以邻苯二甲酸二异丁酯等作为增塑剂的塑料薄膜，高温下易挥发出乙烯、丙烷、三氯甲烷等有毒气体。

2. 气害的危害症状

① 氨气中毒：氨气从蔬菜叶片气孔侵入细胞，破坏叶绿素，使受害叶端发生水渍状斑，叶缘变黄变褐，最后叶片干枯。高浓度的氨还会使蔬菜的叶绿素分解，叶脉间出现点、块状黑褐色伤斑，与正常组织间的界线较为分明；严重时叶片下垂，表现萎蔫状态。

② 亚硝酸气体中毒：亚硝酸气体积累到一定程度后，植株出现中毒症状，受害叶片发生不规则的绿白色斑点。

③ 二氧化硫中毒：从叶子背面气孔侵入，破坏蔬菜叶绿体组织，产生脱水现象，部分形成白斑、干枯，严重时整株叶子变成绿色网状，叶脉干枯变褐色。

④ 一氧化碳中毒：当浓度达到一定程度，受害叶片开始褪色，叶表面叶脉组织变成水渍状，后变白变黄，变成不规则的坏死斑。

⑤ 亚硫酸中毒：二氧化硫气体，遇水汽会变成亚硫酸，不但破坏蔬菜叶片中的叶绿素，且使土壤酸化，降低土壤肥力。中毒叶片气孔附近的细胞坏死后，呈圆形或菱形白色斑，逐渐枯萎脱落。

⑥ 薄膜毒气中毒：塑料薄膜高温下易挥发出乙烯、丙烷、三氯甲

烷等有毒气体，积累到一定程度使叶片失绿黄化、变白干枯、皱缩。

3. 气害的防治

① 及时通风换气。利用中午气温较高时，打开通风口，使空气流通。即使在阴天或雪天，也要在中午进行短时间的通风换气，以尽可能减少棚内有害气体，降低空气湿度。

② 合理施肥。大棚蔬菜施肥，应以充分腐熟的土杂肥为主，适当增施磷、钾肥，尽量少施氮肥，不施饼肥和人粪尿，并坚持以基肥为主、追肥为辅。追肥要开沟深施，少量多次，施后盖土浇水。

③ 选用无毒塑料薄膜。尽量不要使用加入增塑剂或稳定剂的有毒塑料薄膜。

④ 减少毒气源。温室塑料大棚采用煤火加温时，要尽量使燃料充分燃烧，并在火炉上安装烟囱，将有害气体导出。

⑤ 补救措施。已经发生气害的棚室，要尽快加大放风量，及时排放有害气体。因追肥造成的气害，可及时浇水降低肥料浓度，或喷施高效叶面肥，以增强植株抗性，减轻毒害。发现大棚蔬菜及蔬菜秧苗遭受二氧化硫危害，应及时喷洒碳酸钡、石灰水、石硫合剂或0.5%合成洗涤剂溶液；如黄瓜遭受氨气危害，用1%的醋酸溶液在叶的反面喷洒，可明显减轻危害。

四、基质

基质的主要作用是固定秧苗，为种子发芽和根系生长发育提供良好的条件。其在蔬菜育苗上的作用与应用，请参阅第三章第一节蔬菜育苗基质相关内容。

蔬菜病虫害防治，按照"预防为主，综合防治"的方针，坚持以"农业防治、物理防治、生物防治为主，化学防治为辅"的无害化治理原则。

应遵循的原则：有针对性地综合防治；了解发生规律，提高防治效果；以预防为主，防患于未然；重视农业防治措施；利用改变生态环境抑制病虫害发生的措施；在利用药剂防治中应对症下药，时机适宜，及时用药，浓度适宜，次数适当，农药剂型正确，合理混用，交替施用，保护天敌；尽可能采用生物防治、物理防治等。

一、农业防治

（一）选用抗病品种

针对当地主要病虫控制对象，选用高抗多抗的品种。

（二）创造秧苗适宜的生育环境条件

培育适龄壮苗，提高抗逆性；控制好温度和空气湿度，满足适宜的肥水、充足的光照和二氧化碳，通过放风和辅助加温，调节不同生育时期的适宜温度，避免低温和高温障害；深沟高畦，严防积水，清洁田园，创造有利于植株生长发育的环境，避免侵染性病害发生。

（三）耕作改制

例如瓜类名优蔬菜与非瓜类作物轮作 3 年以上。有条件的地区实行水旱轮作。

（四）科学施肥

测土平衡施肥，增施充分腐熟的有机肥，少施化肥，防止土壤盐渍化。

二、物理防治

（一）设施防护

在放风口用防虫网封闭，夏季覆盖塑料薄膜、防虫网和遮阳网，进行避雨、遮阳、防虫栽培，减轻病虫害的发生。

（二）黄板诱杀、蓝板诱杀

设施内可悬挂黄板诱杀蚜虫等害虫（图 5-1）。可用蓝板来诱杀蓟马、螨类以及各种蝇虫等害虫（图 5-2）。一般规格为 25 厘米 ×40 厘米，每亩悬挂 30 ～ 40 块。

图 5-1 黄板诱杀

图 5-2　蓝板诱杀

（三）驱避害虫

如铺银灰色地膜或张挂银灰薄膜条避蚜虫。

（四）高温消毒

棚室在夏季宜利用太阳能进行土壤高温消毒处理。如高温闷棚防治黄瓜霜霉病：选晴天上午，浇一次大水后封闭棚室，将棚温提高到46～48℃，持续2小时，然后从顶部慢慢加大放风口，缓缓使室温下降。以后如需要，每隔15天闷棚一次。闷棚后加强肥水管理。

（五）杀虫灯诱杀害虫

例如，利用频振式杀虫灯、黑光灯、高压汞灯、双波灯诱杀害虫

（图 5-3）。

图 5-3　杀虫灯

三、生物防治

（一）天敌

利用瓢虫、食蚜蝇等天敌（自然界中对害虫繁殖有抑制作用的生物称害虫的天敌）捕食蚜虫。积极保护利用天敌，防治病虫害。

（二）生物药剂

采用浏阳霉素、农抗 120、印楝素、农用链霉素、新植霉素等生物农药防治病虫害。

四、药剂防治

主要病虫害的药剂防治，使用药剂防治应符合 GB/T 8321（所有部分）的要求。温室大棚等保护地设施内优先采用粉尘法、烟熏法。注意轮换用药，合理混用。严格控制农药安全间隔期。

不允许使用的剧毒、高毒农药：生产上不允许使用甲胺磷、甲基对硫磷、对硫磷、久效磷、磷胺、甲拌磷、甲基异柳磷、特丁硫磷、甲基硫环磷、治螟磷、内吸磷、克百威、涕灭威、灭线磷、硫环磷、蝇毒磷、地虫硫磷、氯唑磷、苯线磷等剧毒、高毒农药。

第一节　生理性病害防治

一、烧根

秧苗发生烧根时，根尖发黄，须根少而短，不发或很少发出须根，但秧苗拔出后根系并不腐烂。茎叶生长缓慢，矮小脆硬，容易形成小老苗，叶色暗绿，无光泽，顶叶皱缩。

发生条件： 在无土育苗条件下，产生烧根的主要原因是营养液浓度过高，或者配制的营养液浓度并不高，但在连续喷浇过程中盐分在基质中逐渐积累而产生危害。配制营养液时铵态氮的比例较大（超过营养液总氮量的 30%）也易引起烧根现象。在床土育苗条件下，施肥过多，特别是化肥多，浇水不足，土壤又比较干旱时很易产生烧根，严重的可能造成秧苗大片死亡。另外，采用未腐熟的有机肥配制床土易出现这种生理障碍（图 5-4），同时施肥不均匀，或床面不平，浇水不匀，可能造成局部烧根。

防治方法： 无土育苗时，必须按正式推广应用的营养液配方配制营养液，不可随便改变营养液的组成与浓度，不能随意更换配制营养液所用的化肥种类，更不可用铵态氮肥料代替硝态氮或尿素态氮肥料；如果想要改进营养液配方，必须经过试验，确切有把握后再应用于大面积生产。在育苗过程中，一般应在浇 2 ～ 3 次营养液后浇一次清水，避免基质内盐分浓度过高。特别在夏季高温条件下育苗，水分蒸发量大，应适当降低营养液的总浓度，或者浇 1 ～ 2 次营养液后及

图 5-4　未腐熟有机肥烧根

时浇清水，防止盐分的快速积累。应用营养母剂进行无土育苗必须选用定型的产品，切忌自己随意乱配，以免发生浓度危害。

　　床土育苗时，苗床选在地势高，排水好，避风向阳，茬口好的地块，苗床要整平，浇水适量均匀，过好播种关；播后若床温太低，可在床内设置电灯或电炉丝，及时提高床温。必须采用充分腐熟的有机肥（一般均应隔年使用）配制床土；一般不提倡用鸡粪配制育苗床土，特别是未充分腐熟的鸡粪更不能应用，因为鸡粪中的尿酸含量较高，容易产生烧根现象；床土内加入尿素等化肥时，必须严格控制用量，并与床土充分拌匀；在育苗中，不应过分强调控水蹲苗，在床土营养充足条件下，控水过严容易产生烧根，要及时选晴天中午浇清水，随后覆土，封严苗床，不通风，晴天中午遮阴，创造高温高湿环境，促使发新根。

　　不论是哪种育苗方法，一旦出现烧根生理病害，确诊后应及时多

次浇水稀释或清洗，症状解除并产生新根后再转入正常管理。

二、沤根

　　沤根即烂根。沤根的症状是幼苗叶变薄，幼苗长期不能长出新根和不定根，地上部的叶、茎上均无病斑，但幼苗萎蔫，很容易从床土中拔出。根的外皮呈黄褐色，并腐烂，致使幼苗死亡。一般情况下，是由低温引起的生理病害，喜温果菜容易在冬春育苗期间，尤其在冷床及无加温温室床土育苗时，连续阴雨雪天，光照不足条件下发生这种生理病害（图5-5）。

　　发生条件：沤根是生理性病害，主要原因是低温高湿。床土配制不合理，过于黏重，育苗时土温低于12℃，且持续时间较长，加上床土长期积水湿度过高，根际始终处于冷湿与缺氧状态，根系呼吸受阻，吸收机能也随之下降，使新根长得慢或不发根。此外，施入生粪，粪肥发酵时产生有毒气体，也会影响新根的发生。

图5-5　沤根

　　防治方法：采取精细的苗床管理措施可预防发病。在架床无土穴盘育苗条件下，一般不容易出现沤根现象，其原因是架床上的育苗盘内基质温度较高，通气条件较好，基质内湿度不可能太大（多余的水分从盘底小孔流出）。所以在床土育苗时，防止沤根的主要措施是改良床土的物理性，浇水适量，地温不能过低，或者采用架床育苗，或者因地制宜地采用电炉丝、电灯泡、加盖草苫等加温方法提高畦温，必要时可使二者结合，效果更好。发现沤根后应及时控制浇水，提高室温或地温，将苗床表土松开，适当撒些疏松的细干土或粉煤灰吸水，使床土温度升高。

三、寒害

对于喜温性果菜幼苗，寒害的表现可分两种，第一种情况是在育苗期间较长时间处于零上低温或连续多日的阴雨雪天气条件下，秧苗的根系活力降低，吸水力明显下降，一旦遇到温度急剧升高或天气晴朗，叶片水分蒸发量急剧上升，出现叶片萎蔫现象；轻者白天萎蔫，夜间恢复，重者叶片缺水过度，难以恢复而凋萎甚至整株幼苗死亡。第二种情况是在冬季苗床或温室放风时，寒风直接伤害叶片，子叶或真叶尖端下垂，黄瓜等瓜类幼苗子叶边缘发白，如果不及时挽救，很快会形成冻害而导致整株死亡。

防治方法：第一种情况的根本防治对策是提高苗床土温或育苗盘的基质温度，保持根系的正常吸收能力。如果寒害已经发生，必须注意防止生理缺水而造成的萎蔫，即在久雨（雪）天晴后，不要让幼苗骤然见光而使室内气温急剧上升，而通过适当遮阴逐渐加大见光量而使地下根系的水分吸收与地上的水分蒸发逐渐恢复到平衡状态，可以防止叶片骤然失水萎蔫。在这种情况下，切忌放风降温，这样更容易加大叶片的水分蒸发量，反而不利于水分平衡的恢复。第二种情况属于管理失误而出现的灾害，应该及时关闭放风口，如果光照强，室内温度高，也可适当遮阴，对叶片稍喷些温水，使其逐渐恢复。在这种已经产生冻害的情况下，如果骤然提高温度，反而不利。

四、营养障碍

无论是无土育苗或床土育苗，只要营养液或床土配制合适，一般不会出现明显的或典型的缺素症状。育苗中的营养障碍，包括营养液育苗在内，一般属于亚匮缺症状。例如，在磷素亚匮缺时，幼苗表现的症状为：整个植株生长衰弱，茎细、叶小、叶浓绿、无光泽、子叶变黄等；而出现明显的花青素，甚至整株变成典型的"紫红苗"，叶片枯死、落叶；严重缺磷时，整株死亡。再如，茄子幼苗处于氮素亚匮缺状态时，几乎看不出明显的症状，只是叶片颜色稍淡一点、叶面积小（图5-6）。

发生条件：产生养分缺乏的原因很多。如营养液或床土配方中某种养分元素不足；或者营养元素之间产生拮抗，影响到某种养分的吸收；或者用来配制营养液的化肥溶解度差，如过磷酸钙，虽然用量不少，但可利用的磷素不足；另外，由于肥料盐类之间的化学反应产生沉淀而造成某种元素的营养障碍，如铁素等。与此相反，也会出现养分的过剩障碍而影响秧苗的正常生长发育，必须引起重视。

防治方法：对于育苗期间的缺素障碍，关键在于预防与早期发现，即在营养液及床土的配方选用上必须可靠，在配制过程中应该按程序严格执行。在育苗过程中，如果发现起始的生育障碍，在排除温度与光照等其他因子的限制作用后就应该在营养上找原因，特别是无土育苗，首先应在营养液配方与配制上找问题，有针对性地进行补肥。如果原因不清或针对性不太明确，可以按一定的方向进行检验性施肥（应该是单元素使用），明确存在的问题后，再大面积进行防治。

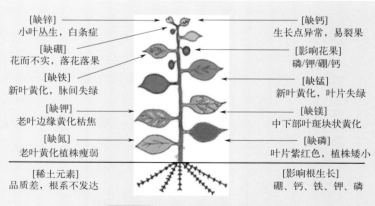

[缺锌] 小叶丛生，白条症

[缺硼] 花而不实，落花落果

[缺铁] 新叶黄化，脉间失绿

[缺钾] 老叶边缘黄化枯焦

[缺氮] 老叶黄化植株瘦弱

[缺钙] 生长点异常，易裂果

[影响花果] 磷/钾/硼/钙

[缺锰] 新叶黄化，叶片失绿

[缺镁] 中下部叶黄块状黄化

[缺磷] 叶片紫红色，植株矮小

[稀量元素] 品质差，根系不发达

[影响根生长] 硼、钙、铁、钾、磷

图5-6　植物缺素症状示意图

五、气体危害

温室中的气体危害主要是氨气与亚硝酸气。受害叶片，初期在叶缘或叶脉间出现水浸状斑纹，2～3 天后受害部位干枯。这时，氨气受害部位褐变，亚硝酸气受害部位变成白色。两种有害气体危害部分与健康部分的分界比较明显，叶背受害部位下凹。

发生条件：这两种生理病害的发病原因都与施肥及温室管理有关。如果将碳酸氢铵施于土表，或在碱性土壤、施用石灰的土壤上施用硫酸铵，或施用大量的鸡粪等有机肥，均会产生大量的氨气释放于温室空间，如果温室通风不良或完全密闭，空气中的氨浓度达到 5 微升 / 升时，就会对幼苗产生毒害。施用于土壤中的有机肥料与有机态氮素化肥如尿素等，都要经过有机态—铵态—亚硝酸态—硝酸态，最后多以硝酸态氮供蔬菜根部吸收。如果土壤呈强酸性，或土壤的施氮量过大，上述的分解过程或者在中途停止，或者仍在进行，但由于亚硝酸气产生量大，不能都顺利地转化为硝酸，在土壤酸性条件下，亚硝酸变得很不稳定而气化，当空气中亚硝酸气积累达到一定程度时（2 微升 / 升），就会产生毒害。

防治方法：在无土育苗条件下一般不会出现上述的气体危害。如果在基质中加入有机肥，肥料种类的选择及消毒与腐熟程度至关重要，特别是膨化鸡粪的应用，更应注意避免产生发芽障碍及气体危害。

在床土育苗条件下，配制床土时一定要用充分腐熟的有机肥，加入化肥时，注意不要过量或偏施氮肥。在追施肥料时，必须掌握少、稀、轻的原则，且浓度不可太大，用量过多，以免发生浓度障碍与气体危害。

特别注意，禁止在育苗温室内堆放有机肥，特别是未充分腐熟的有机肥，避免其成为危害幼苗的有害气体的来源。

一旦发现幼苗遭受气体危害，应立即通风换气，排出有害气体，清除毒气来源，摘除枯叶，加强管理，使其逐渐恢复生长。

可用较为精密的 pH 试纸，蘸取棚膜上的水滴，将试纸润湿，检查是否有氨气或亚硝酸气的产生。当 pH 上升到 8.2 时，可以认为即将发生氨气危害；当 pH 降至 6.0 时，有可能要出现亚硝酸气的气体危害（图 5-7）。

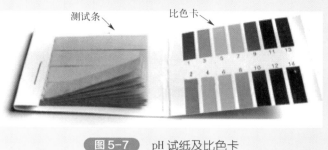

此图为打开后的照片，测量时撕下一条试条，测量
后和比色卡对比颜色观察相对应的数值

测试条　　　　　　比色卡

图 5-7 pH 试纸及比色卡

第二节　传染性病害防治

一、猝倒病

猝倒病俗称"卡脖子"，又叫绵腐病、小脚瘟。是蔬菜苗期常见的一种病害，主要危害茄子、黄瓜、洋葱、甘蓝、番茄、辣椒、芹菜等幼苗。一般多发生在幼苗子叶期和吐心时，即在子苗期易发此病，死苗快。发病出现在种子出苗前，表现为烂种，不出苗。出苗后感病，表现为靠近地表处的茎基部，首先出现水渍状的浅绿色病斑，病斑很快扩大并绕茎一周，使茎变软成为黄褐色线状病斑，病情发展很快，以致子叶还没有萎蔫（仍保持绿色）时，幼苗已倒伏而死亡。在苗床湿度过高或经常漏雨水的地方，首先是个别幼苗发病，形成发病中心后迅速向四周蔓延，数天内便可造成大片幼苗倒伏死亡。

猝倒病除感染幼苗，在病苗的基部可看到一些白色棉絮状物。猝倒病是由丝核菌、镰刀菌或腐霉菌侵染而引起的病害，主要是腐霉菌侵染所致，白色絮状物是该菌的菌丝体。病菌的腐生性很强，可在土壤中存活 2～3 年以上，以菌丝体在土壤腐殖质上营腐生生活。条件适宜时，腐霉菌卵孢子萌发产生游动孢子或直接长出芽管侵入寄主；菌丝体上形成孢子囊，并释放出游动孢子直接侵染幼苗，引起猝倒病的发生。病菌借雨水和土壤中的水分流动而传播，带菌的堆肥、农具或灌溉水的应用都可传病。病菌一旦侵入寄主，即在皮层的薄壁细胞组织内很快发展，菌丝蔓延于寄主的细胞内或细胞间，在病组织上产生孢子囊，进行重复侵染，后期在病组织内形成卵孢子越冬（图5-8）。

发病条件：猝倒病病原菌是随病株残体留在土中过冬或在腐殖质中腐生过冬的。病菌腐生性强，能在土壤中长期存在，有机质含量多的土壤中存在的较多病菌在 15～16℃下繁殖较快，超过30℃即受抑制，土温较低时也能存活。苗床温度低（喜温性果菜）或高温（喜冷凉叶菜）、湿度大、幼苗过密、间苗和分苗不及时、光照弱或连阴雨天，苗床滴入雨水，都是猝倒病发病的有利条件。当然，种子质量、发芽势以及幼苗的长势与发病关系都很大，例如，播种密度太大，幼苗生长纤细很易得病。

图 5-8 辣椒幼苗猝倒病

防治方法：猝倒病能防，但难治。在苗床管理和操作过程中，要采取综合防治措施。苗床选在地势高、排水好的地方，选用没种过菜的大田土作床土，也可选用葱蒜地或秋白菜或萝卜田土作床土。如果用旧床土，必须进行高温发酵消毒。床土里拌的有机肥，在使用前必须经过充分发酵腐熟。播种量不应过大，适量均匀播种，培育壮苗，并应及时移苗。苗床管理时床土不要积水，严防湿度过大，防止幼苗徒长。

发现中心病株及时清除，并结合药剂防治。常用的药剂有代森锌、百菌清、多菌灵、克菌丹、五氯硝基苯等。病苗拔除后，选用上面任何一种农药 10 克左右与清洁的干细土 1 ～ 1.5 千克拌匀后，撒在拔除病苗的附近床土表面，即可起到防止病害蔓延的作用。也可用铜氨合剂喷洒。铜氨合剂的配制方法有两种：一种方法是用硫酸铜 500 克与碳酸氢铵 3700 克混合而成；另一种方法是用硫酸铜 500 克，加氨水 1000 克混合而成。使用时，取上述任何一种加水稀释成 1200 ～ 1500 倍，泼洒在苗床内，为防止床土过湿，喷药后可少撒些细干土或草木灰。用 75% 百菌清可湿性粉剂加水稀释 600 ～ 1000 倍喷施，也有一定防治效果。

二、立枯病

立枯病又叫霉根、死苗病，是由半知菌亚门丝核菌属的立枯丝核菌侵染所致的一种真菌病害。幼苗和大苗都能受害发病，即从刚出苗到移苗，从移苗缓苗后到定植前都可患立枯病，但一般多发生在育苗中后期，严重时种子刚发芽即可因病死亡。它可危害茄子、番茄、甘蓝、菜豆、黄瓜、洋葱、白菜、莴苣等幼苗。患病的幼苗在茎基部产生椭圆形暗褐色病斑。刚开始患病时，幼苗白天萎蔫，傍晚或早晨又可恢复，但病斑逐渐凹陷并扩大，绕茎一周，幼茎收缩，导致幼苗死亡，幼苗并不立即倒伏，而是仍保持直立状态，这就是该病名之由来。拔掉病苗，可看到茎的基部病斑处有淡褐色、蜘蛛网状的菌丝体，病部一般不明显的白色棉絮状物，这些症状可与猝倒病相区别。该病一般扩展比较缓慢，有时发病植株一直可以维持到定植不死，如果定植时不注意选苗，很可能将其带到本田，这种苗定植后生长极其缓慢，无栽培价值，如遇大风，可将其吹倒（图 5-9）。

发病条件： 发病温度为 15 ～ 20℃，12℃ 以下或 30℃ 以上受抑制。高湿下发病快。立枯病为土传病害，菌丝及菌核在土中可存活 4 ～ 5 年，病菌可从伤口或直接从表皮侵入幼苗的茎或根部而使之发病。病菌借风、雨、流水、施肥等传播。土壤湿度大，低温弱光或秧苗过密、

图5-9　西瓜立枯病

徒长，易发病。低温及阴冷天气时，可采取补充加温措施提高温度。应注意检查，发现病苗立刻拔除，撒草木灰也有一定防治效果。

防治方法同猝倒病。

三、早疫病

早疫病又叫轮纹病。主要危害番茄，也危害茄子、辣椒（图5-10）等蔬菜。秧苗常在接近床面的茎部开始发病，出现黑褐色椭圆形病斑，稍凹陷，有同心轮纹，并逐渐向上蔓延，叶片病斑先出现深褐色水渍状小斑点，后扩大成有同心轮纹的圆形或椭圆形。潮湿时，病斑上长有黑色茸毛状霉。

发病条件：病菌随病株的残枝碎叶在土壤中生存，种子也可带菌，发病适温为26～28℃。温度高，潮湿，缺肥，苗弱时，发病严重。

防治方法：苗床避免连作，无法轮作时，床土应使用无病新土。种子使用前采用热水烫种等方法，进行消毒处理。加强苗床管理，注意通风透光，及时分苗，浇水结合通风，等叶面水滴蒸发干后再停止通风，降低湿度，适当追肥，保证秧苗正常生长，减少发病条件。发现病苗，立即拔除，并及时喷洒浓度为1∶1∶500的波尔多液（硫酸铜1份、生石灰1份，加水500倍），每隔7～10天喷1次，连喷3～4次。也可以使用50%多菌灵可湿性粉剂500～1000倍液，或

50% 硫菌灵 700 ～ 1000 倍液，或 80% 代森锌 700 ～ 800 倍液防治。

图 5-10　辣椒早疫病

四、灰霉病

　　灰霉病又叫烂腰瘟。主要危害辣椒、茄子、黄瓜（图 5-11）、番茄、甘蓝、莴苣等蔬菜幼苗。

　　病菌先在子叶尖端及嫩梢部分侵入。发病初期子叶尖端发黄，进而扩展到茎部，出现褐色或暗褐色病斑，逐渐扩大，最后在病斑处折倒、腐烂枯死。

　　灰霉病是由葡萄孢霉真菌传染引起的，在环境潮湿时，病苗上能看到灰褐色菌丝和粗硬的霉层，就是分生孢子梗和分生孢子。菌丝能结成坚硬扁平的粒状菌核。

蔬菜育苗关键技术（彩色图解＋视频升级版）

204

图 5-11　黄瓜灰霉病

发病条件：病菌以分生孢子或菌核，在温室、大棚的骨架、旧架条、草帘子等过冬，条件适宜由分生孢子飞散传播。在通气不良、湿度过高、温度低、光照弱的条件下，分生孢子萌发产生芽管，侵染生长较弱的幼苗，对于生长健壮的幼苗，发病率就大大减少。

防治方法：保持 20 ～ 25℃较高温度，以利于幼苗生长，提高抗病性能；注意苗期通风排湿，保持覆盖清洁，增加透光率；发现病株及时清除，并喷 50% 硫菌灵 600 ～ 800 倍或代森锌 700 ～ 800 倍液防护。

五、瓜类炭疽病

瓜类炭疽病是引起瓜类蔬菜倒苗的病害之一。发病时子叶边缘出现褐色半圆形或圆形病斑，茎基部变成黑褐色，皱缩，折倒。

发病条件：病菌主要在土壤和病株上生存，种子等也可以带菌，发病适温 24 ～ 25℃。湿度大，温度较高，通风不良，氮肥过多，秧苗瘦弱时，容易发病。

防治方法：苗床轮作，或使用无病新土，种子消毒。加强苗期管理，适度通风，合理浇水施肥，降低湿度。发病初期及时拔除病苗，使用 50% 多菌灵或硫菌灵可湿性粉剂 500 ～ 700 倍液，喷药保护，每隔 7 ～ 10 天喷一次，连喷 3 ～ 4 次。也可使用 50% 福美甲胂可湿性粉剂 800 倍液，或 50% 代森铵溶液 1000 倍液，或 65% 代森锌可湿性粉剂 500 倍液，或 75% 百菌清可湿性粉剂 600 倍液喷洒。

第三节　虫害防治

一般来说，育苗期间的虫害不像病害那样容易引起毁灭性灾害，但是，如果不在预防上下功夫，有时对幼苗的危害性也是很大的；特别是秧苗受到虫害后，定植时将带虫秧苗定植于保护地，可能成为温室内虫害大发生的虫源，不可忽视。

在无土育苗或架床床土育苗条件下，地下害虫的危害很少甚至根本不会发生，而在温室或冷床的床土育苗中，地下害虫的为害是常见的。至于粉虱类、蚜虫类以及螨类等虫害，只要预防不力，不论哪种育苗方式均会受到危害。

一、蛴螬

蛴螬又叫白地蚕。是金龟子的幼虫，为地下害虫，成虫较多见的是大黑金龟子，体长约 20 毫米，宽约 10 毫米，呈长椭圆形。翅革质，坚硬，黑褐色有光泽，有几条隆起的暗纹，头部红褐色或黄褐色，胸腹部乳白色，表面多皱纹，有三对胸足，身体常弯曲成马蹄形。幼虫即蛴螬，乳白色。体长可达 35 毫米，身上有许多皱褶，胸部有足 3 对，足上密生棕褐色细毛。身体肥胖，受触后时常弯曲成"C"形。

蛴螬躲在床土内吃发芽的种子，咬断幼苗的根和茎，断口整齐，造成秧苗枯死，可与蝼蛄咬断的症状区别。咬断的伤口还能使病菌侵入，诱发病害。它的活动与土壤温度、湿度有关，土温在

5℃以下停止活动；当表土层10厘米以内土温达5℃以上时开始活动。晴天，白天苗床内温度较高，蛴螬活动。土壤干燥，它向较深土层移动，为害也暂时停止。土壤潮湿时活动性强，为害重。5～7月成虫大量出现，有假死习性和趋光性，对未腐熟的粪肥有强烈的趋性。成虫白天在土中，黄昏后出土活动飞翔，咬食叶片并产卵（图5-12）。

图 5-12 蛴螬

防治方法： 配制床土时，发现害虫要拣出，所以粪肥要充分腐熟，床土不要过湿。发现为害时，结合施肥或浇水，用80%敌敌畏乳剂加水制成1200～1500倍的药液浇在床土上。

二、蝼蛄

蝼蛄又叫土狗子，是地下害虫，在较黏的床土中发生较多，它的成虫或若虫潜伏于深土层，夜间爬至表土或地面为害，雨后活动最甚，在床土中咬刚发芽的种子，造成缺苗；或把幼苗嫩茎咬断，或将茎的基部咬成乱麻状，造成幼苗枯萎或发育不良。由于蝼蛄在土壤里活动，将表土钻成很多隧道，使苗的根部和土壤分离，造成幼苗失水干枯死亡。蝼蛄的活动与土壤温度和湿度有关。床土温度在8℃以上开始活动，12～26℃活动最旺盛；土壤干旱活动减弱，土壤潮湿对蝼蛄活动有利，幼苗受害也重；蝼蛄有趋向马粪等粪肥的习性，用腐熟马粪或含有大量腐殖质肥料配制的床土正是它喜欢活动的地方，若苗床的温湿度也适宜，其活动更加猖狂。成虫有趋光性（图5-13）。

图5-13　蝼蛄

　　防治方法：与防治蛴螬相同。无土育苗基本上不发生蝼蛄的为害。由于蝼蛄能在床土表面活动，可用毒饵诱杀。将糠、麸皮、豆饼、碎玉米、菜籽饼、棉籽饼等碾碎炒香，用90%敌百虫加水300～500倍拌入饵料，制成药团，每平方米苗床上面放4～6粒药团，如果浇水时，把药团拣出，浇完水再放回。毒死的蝼蛄拣出销毁，以免蚂蚁咬食时，扰动幼苗，更不能用来喂鸡。在温室内为害严重的苗床可作多个鲜马粪堆诱集扑杀。也可使用药剂毒杀，在蝼蛄发生严重的苗床，可用50%辛硫磷乳剂1000倍液灌根防治。

三、蚜虫

　　蚜虫又叫腻虫。可为害茄果类、瓜类以及十字花科等各种蔬菜的幼苗。多密集在幼苗叶背面或嫩梢上吸食秧苗汁液，形成褪色斑点，使叶皱缩发黄，幼苗矮小，生长停滞，最后萎蔫死亡。蚜虫还能传播病毒病，如番茄、青椒病毒病等，造成的损失往往要大于蚜虫的直接为害，必须早发现早防治（图5-14）。

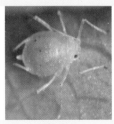

图 5-14　蚜虫

蚜虫在北方一年中可发生 10 ～ 20 代。晚秋时产生两性蚜，产卵越冬，或以成蚜和若蚜在菜窖内和温室内越冬。在华南冬季温暖地区，终年在十字花科蔬菜上进行孤雌生殖，一年发生 40 代左右。蚜虫主要依靠有翅蚜迁飞扩散。在田间发生时有明显的点片阶段。菜蚜繁殖受环境的影响很大，在平均气温 23 ～ 27℃，相对湿度75% ～ 85% 条件下繁殖最快。夏季因高温多雨及瓢虫、食蚜蝇等天敌捕食和菌类的寄生，数量显著下降，为害减轻。

防治方法：苗床内高温高湿，蚜虫易发生，因此苗床内应注意通风排湿，控制温度。苗期蚜虫发生都有明显的点片阶段，一般称之为"窝子密"，此时是防治的最佳时期。如果只有几株秧苗发生蚜虫为害，可以局部用药防治，如已多点发生则应全面喷药，使用 40%乐果乳剂 1200 ～ 1500 倍液，或 70% 灭蚜硫磷可湿性粉剂 2000 倍液，或 4% 鱼藤酮乳剂 800 ～ 1000 倍液，或 20% 氰戊菊酯乳剂，或2.5% 除虫菊酯乳剂 3000 ～ 4000 倍液，或溴氰菊酯 5000 倍液，喷洒防治。为防止蚜虫产生抗药性，提倡多种药剂轮换使用。温室内还可以采用敌敌畏烟剂（每亩用量 350 克）熏蒸方法防治。在育苗温室放风部位装上防虫网（20 目），温室内挂黄板等都是有效的防治措施。另外，应及时清除育苗温室周围的杂草，切断蚜虫的栖息场所和中间寄主。

四、斑潜蝇

斑潜蝇为一种极小的蝇类，包括美洲斑潜蝇、南美斑潜蝇、番茄斑潜蝇、三叶草斑潜蝇等，寄主植物广，以豆科、葫芦科和茄科蔬菜受害最为严重。成虫灰黑色，幼虫为无头蛆，最大的长 3 毫米，初期无色，渐变为淡橙黄色和橙黄色。成虫用产卵器刺伤叶片产卵于叶表皮下，幼虫在叶片上表皮下蛀食叶肉组织，形成极明显的蛇形潜道，严重时虫道布满叶面，使叶片的功能丧失，最后干枯。幼虫成熟后脱叶化蛹。

蔬菜斑潜蝇生活隐蔽，生活周期短，繁殖力强，世代重叠，寄生范围广，抗药性增长快，且成虫具一定迁飞能力，在局部地区扩散快，因此，成虫期防治对于压低下一代田间虫口基数具有十分重要的意义（图 5-15）。

防治方法：

① 农业措施。注意田间清洁，对受害蔬菜田中的枯残叶、茎，要集中堆沤或深埋，以消灭虫源。在发生代数少、虫量少或保护地内，及时摘除虫叶（株），并将这些虫叶带出田块或大棚，集中销毁。利用夏季高温闷棚和冬季低温冷冻，可有效降低虫口基数。在化蛹高峰期，适量浇水和深耕，创造不适合其羽化的环境。作物收获后立即深翻，将落地虫蛹翻入土中，使其不能羽化。

② 物理防治。前茬收获后下茬种植前，及早设置防虫网。根据斑潜蝇成虫具有趋黄习性，可在棚室内用灭蝇纸或黄板诱杀成虫。或利用盛夏换茬季节选晴天高温闷棚，将棚室温度控制在 60～70℃，闷 1 周左右能起到杀虫杀卵的作用。

③ 药剂防治。防治蔬菜斑潜蝇，一定要选用高效、低毒、低残留的药剂，一般要连用 2～3 天。如氰戊菊酯、甲氰菊酯、氯氰菊酯、S-氰戊菊酯、绿色高效氯氟氰菊酯、辛硫磷、喹硫磷等，这些农药防治效果均较理想。如用 5% S-氰戊菊酯乳油 2000 倍液喷雾防效达88%。用 75% 灭蝇胺 2500～3000 倍液、10% 吡虫啉 1000 倍液喷雾防治。用药剂防治斑潜蝇提倡轮换交替用药，以防止抗药性的产生。防治适期在低龄幼虫盛发期。

图 5-15　斑潜蝇危害

五、小菜蛾

　　小菜蛾主要危害甘蓝、花椰菜等十字花科蔬菜，又叫方块蛾、小青虫，初龄幼虫半潜叶为害，钻食叶肉，并能咬食叶柄、叶脉，造成隧道，一般都在成苗期和幼苗锻炼时危害（图5-16）。

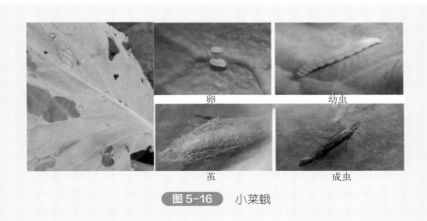

卵　　　　　　　幼虫

蛹　　　　　　　成虫

图 5-16　小菜蛾

防治方法：气温 20℃ 以上时，用青虫菌（100 亿孢子/克）500～1000 倍液，加 0.1% 的洗衣粉喷雾。用 90% 敌百虫 800～1000 倍液或敌敌畏乳油 1000 倍液喷雾。用戊菊酯 5000 倍液喷雾。

六、红蜘蛛

红蜘蛛是为害蔬菜的红色叶螨的总称。成螨和若螨群集在叶背常结丝成网，吸食汁液，被害叶片初始出现白色小斑点，后褪绿为黄白色，严重时发展为锈褐色，似火烧状，俗称"火龙"。被害叶片最后枯焦脱落，甚至整株死亡。

一年发生 10～20 多代，越往南代数越多。在北方以雌成螨潜伏于枯枝落叶、杂草根部、土缝中越冬，翌年 2～3 月出蛰活动的越冬雌成螨，在气温 10℃ 以上时开始繁殖。初期先在越冬寄主和杂草上繁殖，4～5 月转移到蔬菜上繁殖为害。在菜田上，初期呈点片发生，随后依靠爬行或吐丝下垂借风雨在株间传播，向四周迅速扩散。农事操作时，可由人或农具传播。在植株上，多先为害下部叶片，逐渐向上部叶片蔓延。繁殖数量过多时，常在叶端聚集成团，滚落地面，随风飘散。发育最适温度 29～31℃，相对湿度 35%～55%，相对湿度超过 70% 时则不利于其繁殖。高温低湿发生严重，管理粗放、植株叶片愈老化或含氮量越高螨量增加越快，为害加重。一般来说，在育苗期间发生不太严重，但如果防治不力，特别在夏季高温育苗时，也有可能大量发生，一旦成片为害，秧苗受损严重（图 5-17）。

防治方法：从早春起就应不断清除育苗场所周围的杂草，可显著抑制其发生。在苗期注意灌溉，增施磷钾肥，促使秧苗健壮生长。夏秋育苗，如遇高温干旱天气，应及时灌水，增加空气湿度，防治螨害的发生，控制螨情发展。

在田间螨害点发阶段及时进行药剂防治。药剂可选用 20% 三氯杀螨醇乳油 1000 倍液，或 5% 噻螨酮乳油 2000 倍液，或 35% 杀螨特乳油 1000 倍液，或 73% 炔螨特乳油 1000 倍液，或 21% 联苯菊酯乳油 2000 倍液，或 20% 复方浏阳霉素乳油 1000 倍液，或 25% 灭螨猛可湿性粉剂 1000～1500 倍液，或 40% 乐果乳油加 80% 敌敌畏乳油（1∶1）1000 ~ 1500 倍液。保护地可用敌敌畏烟剂（每亩用量 400 克）熏蒸。

图 5-17　红蜘蛛

七、白粉虱

白粉虱分布广，为害重。随着温室等保护地设施及蔬菜生产面积的不断扩大，该虫害蔓延速度很快，在一些地区已经成为保护地蔬菜的一大虫害。成虫和若虫群集在叶片背面吸食蔬菜植株的汁液，受害叶片褪绿变黄、萎蔫，严重时全株枯死。除直接为害外，白粉虱成虫和若虫还能排出大量的蜜露，污染叶片和果实诱发污霉病，影响蔬菜的呼吸作用和光合作用。在我国北方温室内，一年可发生 10 多代，冬季室外不能生存，但可以各虫态在温室内的菜株上继续繁殖为害，翌春环境适宜时开始迁移扩散（图 5-18）。

防治方法：

① 农业防治。清洁田园，培育壮苗和无虫苗。合理安排茬口，注意十字花科、茄科、豆科、葫芦科等易感蔬菜与葱、蒜等抗性蔬菜

进行轮作换茬。冬季种植其不嗜好的寄主植物，可起到拆桥断代的作用。根据白粉虱和烟粉虱在植株上的分布特点，适当摘除植株底部老叶，携出室外进行销毁，以减少室内虫口基数。

图 5-18　白粉虱

② 物理防治。应在大棚温室通风口设置防虫网，高度可与作物持平或略低于植株。严防粉虱类进入。白粉虱和烟粉虱具有趋黄习性，可在棚室内设置黄色诱虫板诱杀成虫。

③ 生物防治。有条件的可利用设施相对独立的密闭环境，释放寄生蜂、瓢虫、草蛉等有效的防控天敌，抑制白粉虱和烟粉虱的发生危害。

④ 药剂防治。选用 25% 噻虫嗪 3000 倍液、80% 氟虫腈 15000倍液、50% 丁醚脲 1000 倍液、烯啶虫胺 2000 ～ 3000 倍液喷雾防治。25% 噻嗪酮可湿性粉剂 1000 ～ 1500 倍液喷洒，对若虫具有较强的选择性，对卵和 4 龄若虫（伪蛹）防效差，对成虫无效，喷洒药液时尽量做到喷雾全面、均匀。

在棚室生产中，当成虫密度较低时是防治的适期。成虫密度稍高（每株 5～10 头），喷雾量和浓度可适当提高。2.5% 联苯菊酯乳油 1500～2000 倍液对成虫有较好的防治效果。吡虫啉 2000～3000 倍液；亩用蚜虫清烟剂 200 克烟熏；2.5% 溴氰菊酯 1000～1500 倍液；25% 灭螨猛乳油 1000 倍液；2.5% 高效氯氟氰菊酯乳油，20% 甲氰菊酯乳油 2000 倍液；90% 灭多威可湿性粉剂 2000～2500 倍液喷施都有较好的防治效果。而在连阴天及多雨季节，虫口基数大时可选用烟熏剂进行防治。

八、蓟马

蓟马主要为害瓜类、茄子、豆科等蔬菜。以成虫和若虫吸取嫩梢、嫩叶、花的汁液造成为害，叶面上出现灰白色长形的失绿点，受害严重可导致花器早落，叶片干枯，新梢无顶芽，被害叶片叶缘卷曲不能伸展，呈波纹状，叶脉淡黄绿色，叶肉出现黄色挫伤点，似花叶状，最后被害叶变黄、变脆、易脱落。新梢顶芽受害，生长点受抑制，出现枝叶丛生现象或顶芽萎缩（图 5-19）。

根据蓟马繁殖快、易成灾的特点，应以预防为主，综合防治。

① 农业防治：采用营养土育苗，定期清除田间杂草和残株、虫叶，集中烧毁，消灭越冬成虫或若虫。做到勤灌水、勤除草，减轻危害。7～8 月蔬菜拉秧后高温闷棚，杀灭残留蓟马，延迟下茬蔬菜上蓟马的发生。

② 天敌利用：蓟马的天敌有小花蝽、猎蝽、捕食螨、寄生蜂和微生物等。

③ 物理防治：蓟马具有趋蓝色的习性，可用蓝色诱杀板悬挂或插在大棚内，一般高于作物 10～30 厘米，可减少成虫产卵和危害。

④ 药剂防治：此虫繁殖快，应立足于早期防治，可选择 10% 吡虫啉可湿性粉剂 1500 倍液，也可使用菊酯类农药等。用 5% 氟虫腈悬浮剂 1500 倍液、70% 吡虫啉 10000～15000 倍液、5% 虱螨脲 1000 倍液加 25% 噻虫嗪 2000 倍液喷雾防治。还可喷施 2.5% 多杀霉素悬浮剂 1000～1500 倍液，或 1.8% 阿维菌素乳油 3000 倍液，

或 25% 噻虫嗪水分散粒剂 1500 倍液，或 20% 吡虫啉可溶液剂 2000 倍液等进行防治，每隔 5 ～ 7 天喷 1 次，连喷 3 次可获得良好防治效果。

图 5-19 蓟马

第六章
主要蔬菜育苗关键技术

　　育苗是蔬菜生产过程中的第一个重要环节，也是一项重要的技术措施，可以缩短蔬菜在大田中的生长时间，提高土地的利用率。通过防寒、保温或防雨、遮阴等措施进行蔬菜育苗，可根据需要安排秧苗定植时间，从而延长作物最适宜生长的时期，提高产量并提早采收。通过集中管理，可以大大节省育苗用种量，并且培育出较为健壮的秧苗，提高秧苗整齐度。目前，在我国蔬菜育苗已经成为一项广泛采用的技术。

　　蔬菜作物品种繁多，并不是每一种蔬菜都适合育苗。蔬菜作物是否适合育苗，主要取决于蔬菜作物本身的特性和栽培季节及栽培方式。

　　（1）作物本身的特性　　蔬菜作物种类繁多，目前我国栽培的蔬菜种类有200余种。其中各地普遍栽培的蔬菜有近50个种类，其中绝大多数是可以育苗的，茄果类、瓜类蔬菜、部分豆类蔬菜（菜豆、豇豆、毛豆）、甘蓝类蔬菜、白菜类蔬菜、芥菜类蔬菜、部分根菜类蔬菜（芜菁、芥菜疙瘩）、部分绿叶蔬菜（芹菜、莴苣）以及葱蒜类蔬菜等均适合育苗。有一部分蔬菜不适合育苗或不能育苗，如菠菜、茼蒿、香菜等，其主要食用器官为叶片或叶丛，大小植株均可采收食用，其生长季节较短或密度很大，生产上常常采用直播栽培。另有一些蔬菜是不能育苗的，如根菜类蔬菜中的萝卜和胡萝卜，这两种蔬菜的食用器官是变态的直根，如果采用育苗移栽的方法，在操作过程中，很容易损伤主根，从而使产品器官畸形，失去商品价值。

（2）栽培季节及栽培方式　不同的栽培季节和栽培方式，可采用不同的育苗方式。在春季早熟栽培菜豆、豇豆、毛豆等时，常采用育苗，在长江流域，通常在 2～3 月间播种，就需要育苗，而 4 月以后这三种豆类蔬菜有适宜的外界环境条件，适合种子发芽及幼苗生长，就可采用直播。大白菜在秋季栽培时一般采用直播，但春季栽培时，为了防止先期抽薹，常需要在保护地内育苗。

蔬菜品种繁多，播种材料多种多样，除食用菌之外，目前主要的播种材料主要有：①真正的种子，如葫芦科蔬菜、十字花科蔬菜、百合科蔬菜、豆科蔬菜等作物种子；②类似于种子的果实，如伞形科蔬菜（胡萝卜、芹菜等）、菊科蔬菜（莴苣、茼蒿等）等作物的繁殖器官；③营养繁殖器官，常见主要有块茎（如马铃薯等）、球茎（如荸荠、慈姑等）、鳞茎（如大蒜、百合等）、根茎（如藕、姜等）等。

蔬菜种子的萌发不仅要靠种子本身所具有的发芽能力，还要有适宜的环境条件。种子本身具有一定的发芽能力，要给予一定的条件才能够萌发，无论是直播还是育苗，都要求种子是有活力的种子，种子检验和种子处理请参阅第一章。种子在萌发过程中对环境条件的要求很高，在适宜的条件下，种子可迅速萌发，并在较短时间内长出较为苗壮的秧苗。充足的水分、适宜的温度和足够的氧气是种子发芽必不可少的三个基本条件，播种育苗环境条件的管理，请参阅第四章。

蔬菜播种育苗方式可撒播、营养钵穴播、穴盘育苗等。蔬菜的播种时间受到不同蔬菜生物学特性、栽培技术、栽培方式、气候环境条件、病虫害等方面的影响，苗期管理十分重要，必须根据不同蔬菜秧苗的生长发育特点进行，主要可分为出苗前管理、出苗后管理、移苗期间管理和定植前管理。

第一节　茄果类蔬菜育苗

茄果类蔬菜是以浆果供人们食用的一种主要的夏季蔬菜，包含有茄子、番茄（西红柿）和辣椒等，是重要的果菜类蔬菜，其生长供应期较长，产量高，随着近年来保护地栽培的发展，茄果类蔬菜逐渐占据更为重要的位置。

一、茄子育苗

茄子是以浆果为产品的茄科茄属一年生草本植物，热带为多年生。茄子是茄果类蔬菜中产量高，供应期较长的重要蔬菜。其适应性较强，在我国各地广泛栽培，深受消费者欢迎。

（一）茄子秧苗生长发育特点

茄子根系深而广，吸收能力强，但木栓化较为严重，受伤后发新根的能力较弱，茄子地上部分生长较缓慢，通常在具有 4 ～ 5 片真叶时开始花芽分化，是茄果类蔬菜中生长发育较迟缓的蔬菜。茄子从播种到成苗包括发芽期、基本营养生长期和秧苗迅速生长期三个阶段（图 6-1）。

① 发芽期　从种子萌动到真叶露心。吸足水的种子可经过 4 ～ 5 天的 30℃ 条件后便开始发根，再经过 3 ～ 4 天种子子叶出土，出苗后一周真叶破心，子叶充分长大。

② 基本营养生长期　指真叶破心到开始花芽分化。茄子的第一和第二片真叶几乎同时展开，之后每隔 5 ～ 6 天展开一片真叶，通常早熟品种在第三片真叶展开后开始花芽分化，晚熟品种在第四片真叶展开后开始花芽分化，这一阶段幼苗生长量虽然不大，但要积累营养并为花芽分化与发育打好基础。

③ 秧苗迅速生长期　指花芽开始分化后的生长时期。秧苗营养生长和生殖生长同时进行，整个秧苗生长量的 90% 都在此期形成。

总体来说，茄子发育较为缓慢，育苗期长，通常从播种到成苗需

70 ～ 80 天以上。

图6-1 茄子苗

（二）茄子秧苗生育对环境条件的要求

茄子性喜高温，耐热性较强，生长发育的适宜温度为20～30℃。在不同生育阶段，最适温度不同，最低发芽温度11℃。茄子属短日照植物，但对日照长短的要求不严格。茄子光饱和点为40000勒克斯，光补偿点为2000勒克斯。日照延长，生长旺盛，幼苗期日照延长，花芽分化快，开花早。光强影响茄子花芽分化。

1. 种子发芽期

从种子萌动到第一片真叶露出为发芽期。茄子的发芽速度比较慢，发芽期时间长，从播种到出齐苗，一般需要15～20天。茄子种子对发芽温度要求较高，发芽最适宜温度为25～35℃，最低温度为15℃，最高温度为40℃，在白天30℃，夜间20℃的变温条件下发芽率高，发芽整齐。若干种子直播，在25℃条件下发芽出土快。温度过高发芽虽快，但生长势不一致，温度过低发芽慢且不整齐。另外，种子发芽要求有充足的氧气，当土壤中含水量达20%时发芽率最高，发芽过程中忌高浓度的二氧化碳，土壤疏松，透气性好有利于种子发芽。

蔬菜育苗关键技术（彩色图解＋视频升级版）

2. 子叶出土和秧苗生长期

子叶出土要求土温在 20 ～ 25℃为宜，苗床土壤湿度为田间持水量的 70% ～ 80% 时有利于出苗，且很少"戴帽"，子叶出土后很快变绿，秧苗生长适宜温度为 22 ～ 30℃，高温不得高于 33℃，否则花芽发育发生障碍，低温不得低于 15℃，否则会发生冻害。地温以白天 24 ～ 25℃，夜间 19 ～ 20℃最有利于秧苗根系发育。从第一片真叶露出至茄子开始现蕾为幼苗期，需 50 ～ 60 天。在幼苗期营养器官和生殖器官同时进行，一般 4 片真叶期转向生殖生长。7 ～ 8 片真叶展开时，幼苗现蕾，四门斗花芽也已经分化。花芽分化前需适当控制茎叶生长，以积累营养为花芽分化打好基础；分苗也应在花芽分化前进行，扩大营养面积，以保证幼苗生长和花器官的正常分化发育。

幼苗期白天温度控制在 22 ～ 25℃，夜间控制在 15 ～ 18℃。在适温范围内，温度稍低，花芽发育稍慢，且长柱花多；反之，如温度高，花芽发育快，则中柱花和短柱花增多。在强光照和 9 ～ 12 小时的短日照条件下，幼苗发育快，花芽分化早。

此外，茄子育苗期间，要求有充足的土壤水分和充足的氮素和磷素，特别是氮素营养的不足会影响花芽发育。

（三）茄子品种选择

茄子根据果实形状分为长茄、圆茄、线茄和卵圆茄子，可根据市场消费习惯以及栽培季节、栽培的设施类型等选择相应品种（图6-2）。

（四）茄子育苗技术

1. 播种

茄子育苗的播种期因各地环境条件的不同差异很大，通常是根据绝对苗龄和定植期来决定的。北方地区利用冷床育苗，茄子秧苗的绝对苗龄一般为 90 ～ 100 天，在华北地区育苗的播种适期是 12 月中、下旬，定植期为次年的 4 月中、下旬；江南部分地区则通常用大苗定植，秧苗的绝对苗龄为 120 天以上，因此播种期更早。利用温床育苗或工厂化育苗，苗龄较短，一般为 70 ～ 80 天，育苗时应适当延迟播种期。

图6-2　不同类型的茄子

茄子播种前应进行种子处理，通常用温水浸种或用药剂处理。浸种后，进行催芽。茄子的发芽速度较慢，出芽较困难。催芽时首先尽量洗净种皮外面的黏液，在30℃左右的温度下催芽。如果有条件可用变温催芽法，可促进发芽，提高发芽率。催芽期间采用增加空气湿度或包裹湿布的办法可防止种子干燥。种子经5～7天即可露白发芽。茄子种子发芽适温为25～35℃，最低为15℃。茄子秧苗的生育温度为22～30℃，7～8℃时易受冻害。土温要求在10℃以上，适宜土温为白天25℃左右，夜间19～20℃。

2. 苗期管理

茄子从播种到出苗，需提高畦温，保持畦温在30℃左右，可促使迅速出苗，出苗至分苗前3～4天，应适当降低畦内温度，通常白天保持在25～30℃之间，夜间保持在15～18℃之间，以防秧苗徒长，分苗前3～4天，要对秧苗进行适当的低温锻炼，白天25℃左右，夜间 15℃左右，以利分苗后缓苗，分苗至分苗后 5～6 天，可提高畦内温度促进缓苗，白天气温 30℃，夜间 20℃左右，移栽前 7～10 天，应进行低温炼苗，使畦内气温逐渐和定植后的环境一致，可适当加大昼夜温差，一般白天为 20～25℃，夜间 13～15℃。应注意的是，在茄子育苗过程中，当环境温度条件较高时，秧苗会发生徒长，若温度较低，尤其是利用冷床育苗时，出苗缓慢，甚至长达 1 个多月才出苗，造成烂根。注意保持畦温是茄子育苗的关键技术之一。

茄子育苗中的苗床松土除草和分苗也相当关键，苗床育苗中，很容易滋生杂草，需及时松土除草，减少浇水次数，防止畦温降低。当茄子长到 2 片真叶时，即可分苗，秧苗过小，操作不便，秧苗过大，分苗会影响已经分化的第一花芽。

茄子苗期应在播种前灌足底水，为防止降低苗床温度和病虫害的发生，苗期前期尽量少浇水或不浇水，利用冷床育苗时，可分次覆细土，一般不必浇水，利用温床育苗时，浇水要轻浇，浇水一般在上午进行，浇水后要适当通风，降低空气湿度。利用土壤做基质育苗时，分苗畦内可酌情追施氮、磷、钾复合肥料，也可采用根外追肥的方法，在叶面喷施 0.1% 的磷酸二氢钾和 0.1% 的尿素混合液。

3. 定植前锻炼和成苗标准

定植前要对秧苗进行锻炼，以适应定植的露地环境条件，在秧苗移栽前 8～10 天，浇水切块，切块后可逐渐加大通风量，进行低温炼苗，但要注意避免下雨淋湿土块，要待土块基本晾干，不散坨时即可移栽。露地定植的秧苗，可逐步进行炼苗，前期白天可将覆盖物揭掉，夜间可稍加覆盖，在移栽前 3～4 天，夜间可不必覆盖。定植于大棚或塑料拱棚的秧苗，也要控制较低的温度以炼苗。

秧苗具有 5～6 片真叶，根系发达，茎粗 0.4～0.5 厘米，苗高 15 厘米左右，第一花蕾一出现即可定植。

茄子育苗期间要特别注意：茄子秧苗在 1～2 叶期时极易发生猝倒病，在出苗后的管理和移苗时要特别注意。茄子秧苗的生长需要较高的温度，尤其是土温的要求较高，且易发生灰霉病、菌核病、蚜虫等病虫害，要及时发现并防治。请参阅第五章苗期病虫害防治。

（五）茄子嫁接育苗技术

1. 砧木种子的处理

若采用'托鲁巴姆'砧木，其种子休眠性强，发芽困难，催芽前可用药剂处理或延长浸种时间。如用 1.5×10^{-6} 的赤霉素药液置于 $20 \sim 30℃$ 温度条件下浸泡 24 小时，再经清水清洗几遍，在变温条件下催芽（在 $20℃$ 下催芽 16 小时，在 $30℃$ 下催芽 8 小时，重复 $2 \sim 3$ 次即可），一般 $4 \sim 5$ 天可出芽。'托鲁巴姆'如不用药剂处理催芽时，应浸泡 48 小时，搓洗几遍后用透气湿布包好放入温箱中进行变温处理催芽，催芽过程中要注意每天清洗湿纱布和种子，一般 $8 \sim 10$ 天可出芽，11 天左右可出齐芽。

对于易发芽的砧木'赤茄'和耐病'VF'，可直接采用温汤浸种来进行催芽。将种子放入 $55℃$ 热水中搅拌 20 分钟，在搅拌过程中应将热水维持在这个温度，之后可用清水搓洗 $2 \sim 3$ 遍，再放入 $20 \sim 30℃$ 的清水中泡种 12 小时左右，在 $25 \sim 30℃$ 条件下进行催芽，一般 $4 \sim 5$ 天即可出齐芽。

2. 接穗种子处理

根据当地消费习惯或目标市场对茄子的要求，选择适宜的茄子品种。

茄子接穗种子可先进行消毒处理。浸种前，将种子在太阳下晾晒一下，然后用 0.5% 的高锰酸钾溶液浸泡 30 分钟，捞出后清洗几遍，接着便进行温汤浸种处理，浸种后将种皮表皮的黏液洗掉，再用清水洗几遍，晾干。用透气湿布包上催芽，一般 3 天左右即可出芽。若种子量较大，催芽时要注意勤翻动清洗，以免内部种子发热而烧坏种子。也可用变温处理加快发芽和提高发芽的整齐度。将出芽的种子放在 $0 \sim 2℃$ 的条件下低温处理一段时间，或将温度降到 $20℃$ 左右炼芽，当芽长到 1 毫米长时即可播种。

3. 苗床的准备与播种

砧木和接穗作催芽处理要准备好苗床，床土应选用 5 年以上未种过茄果类作物的土，过筛，并将该土与腐殖土和发酵好的粪土以1:1:1的比例混合，再掺入500克磷酸氢二铵和2千克过磷酸钙，使其充分混合后即可用作床土。春季时应将苗床放在阳光充足处，以便保温升温；秋季时则应将苗床放在阴凉处。将混合好的床土均匀地铺在苗床或者苗盘中耙平，稍加镇压，并在播种前将床土浇透。为防止苗期猝倒病和立枯病的发生，应在床土中加入适量多菌灵（图6-3）。

图6-3　茄子穴盘育苗播种

4. 播种后管理

播种后，应注意保温，春天出苗期温度应在20℃以上，在冬季夜间应特别注意保温，一般可在苗床上加盖纸被，白天在太阳出来后要及时掀开覆盖物，以提高温度。夜间最低温度不得低于15℃，出苗前白天温度可稍高，一般10天左右即可出苗。出苗量超过70%时即可揭去地膜，晴天时可将小拱棚上的塑料薄膜揭开，中午若棚内气温超过30℃时应及时放风，但不能正对着苗放风，应放边风，以免发生冻害。若出苗前期阶段气温过低会造成生长缓慢，例如托鲁巴姆幼苗就需要有较高的温度（图6-4）。

图6-4　茄子嫁接苗

二、番茄育苗

番茄为喜温果菜。经耐寒性锻炼的番茄苗，可耐短时间的 −2℃ 环境。根系生长的适宜土壤温度（5～10 厘米土层）为 20～22℃，低于 12℃ 根系生长受阻。番茄育苗不同发育阶段对温度的要求不同：发芽期最适温度为 25～30℃，温度低于 12℃ 或超过 40℃ 时发芽困难。幼苗期最适温度白天为 20～25℃，夜间为 10～15℃，在生长中经过良好抗寒性锻炼的幼苗，可以短时间忍受 0℃ 甚至 −3℃ 的低温，幼苗期温度应尽力控制在适宜范围内，温度过高或过低都会容易造成秧苗长势弱、花芽分化、发育不良、花的质量下降。

番茄喜光，育苗及栽培中需较强光照，保证其正常生长发育。不同生长发育时期番茄对水分的要求不同。发芽期要求土壤相对湿度为 80% 左右，幼苗期和开花期要求 65% 左右。番茄对土壤的适应力强。以排水良好、土层深厚、富含有机质的壤土或砂壤土为宜。要求土壤中性偏酸，pH 以 6～7 为宜，在盐碱地上生长缓慢、易矮化枯死，过酸的土壤易发生缺素症，可施用石灰调节土壤酸碱度增产。

（一）番茄秧苗生长发育特点

番茄生长发育较快，花芽分化较早，现蕾成苗也较快，番茄从播种到现蕾成苗包括发芽期、基本营养生长期和秧苗迅速生长期三个阶段。

① 发芽期 种子吸足水经过 2～3 天的 25～30℃ 条件后即可发芽，3～4 天后种子子叶出土，出苗后一周真叶破心，子叶充分长大。

② 基本营养生长期 从真叶破心到开始花芽分化。通常第一和第二片真叶同时展开，以后每隔 4～5 天可展开一片真叶，一般在播后 25～30 天开始花芽分化，这一阶段幼苗生长量虽然不大，但要积累营养并为花芽分化与发育打好基础。

③ 秧苗迅速生长期 指花芽开始分化后的生长时期。此时营养生长和生殖生长同时进行，且根茎叶的营养生长量远远大于生殖生长量，地上生长明显加快，整个秧苗生长量的 90% 都在此时期形成，需防止秧苗徒长，生长点中除了花芽分化发育之外，还进行次生轴和叶片的发育，多数品种在幼苗长到 7～8 片叶时现蕾，通常从播种到成苗需 65～70 天。

（二）番茄秧苗生育对环境条件的要求

1. 种子发芽期

番茄种子发芽最适宜温度为 25～30℃，最低温度为 10～12℃，温度过高发芽虽快，但生长势不一致，温度过低发芽慢且不整齐。此外，番茄种子属于嫌光种子，有光不利于发芽，黑暗条件可促进发芽，种子发芽要求有充足的氧气，发芽过程中忌高浓度的二氧化碳，土壤疏松、透气性好有利于种子发芽。

2. 子叶出土和秧苗生长期

子叶出土要求土温在 20～25℃ 为宜，苗床土壤湿度为田间持水量的 70% 左右时有利于出苗，且很少"戴帽"，子叶出土后很快变绿，秧苗生长期间要求每天有 8 小时以上较强光照，适宜气温白天为 23～25℃、夜间为 10～15℃，最适地温为 20～22℃，土壤湿度以 60% 左右的田间持水量为宜，空气湿度以 60%～70% 为宜，床土酸碱度以 pH 值 5.5～7 为宜。

番茄育苗期间，要求有充足的土壤水分和充足的氮素和磷素，特别是氮素营养的不足会影响花芽发育。

（三）番茄品种选择

番茄分为有限生长（自封顶）及无限生长（非自封顶）两种类型。有限生长类型，植株主茎生长到一定节位后，花序封顶，主茎上果穗数增加受到限制，植株较矮，结果比较集中，多为早熟品种。这类品种具有较高的结实力及速熟性，生殖器官发育较快，叶片光合强度较高的特点，生长期较短。果实颜色有红果和粉红果。无限生长类型，主茎顶端着生花序后，不断由侧芽代替主茎继续生长、结果。不封顶，其生长期较长，植株高大，果型也较大，多为中、晚熟品种，产量较高，品质较好。果实颜色有红果、粉红果、黄果和白果等多种（图6-5）。

图6-5 无限生长型番茄

鲜食番茄，要求生长势旺盛，坐果率高，丰产性好，耐寒、耐热性强，抗病虫能力强。果实球形或扁球形，大红色，口味好，质地硬，耐运输，耐储藏。大小均匀一致，一般平均单果重 180～250 克。外形美观，商品性好，商品率达 98% 以上。樱桃番茄要求风味好，果实大小均匀，耐贮运。加工番茄，要求果实鲜红茄红素含量高，固形物含量高，抗裂性好。胎座红色或粉红色，果实红熟一致，糖酸比合适，果胶物质含量高。

在棚室栽培中，春夏栽培选择耐低温弱光、果实发育快，在弱光和低温条件下容易坐果的早、中熟品种，夏秋栽培选择抗病毒病和耐热的中、晚熟品种。进行春连秋栽培时，应选择耐寒耐热力强、适应性和丰产性均较强的中晚熟番茄品种（图 6-6）。

图 6-6　不同类型番茄

（四）番茄育苗技术

1. 播种

番茄育苗的播种期因各地环境条件的不同差异很大，通常是根据绝对苗龄和定植期来决定的。露地栽培时，霜期过后即可定植，若为保护地栽培，可稍提前。通常情况下，番茄育苗中，秧苗具有 7 ~ 9 片真叶，第一穗花现蕾即可定植。一般早熟品种苗龄为 80 ~ 90 天，中晚熟品种为 90 ~ 100 天。

播种前应进行种子处理，通常用温水浸种或用药剂处理（图 6-7）。具体方法可参照茄子进行。

番茄种子发芽适温为 25 ~ 30℃，最低为 11℃。温度过低，发芽缓慢且不整齐，温度过高，发芽虽快但不一致。幼苗生长的适宜温度白天为 20 ~ 25℃，夜间为 10 ~ 15℃，秧苗在 8℃时生长变弱，5℃时茎叶的生长几乎停止。根系生长土温要求在 7 ~ 8℃以上，适宜土温为 20 ~ 25℃左右，秧苗生长需要较强的光照，冬春季节光照较弱，秧苗极易徒长。

图6-7　番茄穴盘育苗播种

2. 苗期管理

番茄从播种到出苗，需提高畦温，保持畦温在 25 ～ 30℃，可促使迅速出苗，秧苗出齐后可适当降低畦内温度，通常白天保持在 20℃，夜间保持在 12 ～ 15℃ 之间，以防秧苗徒长，种苗破心后，床温要适宜，通常白天为 20 ～ 25℃，夜间为 15℃ 左右，分苗前 3 ～ 4 天，可对秧苗进行适当的低温锻炼，白天 20℃ 左右，夜间 10 ～ 15℃，以利分苗后缓苗，分苗至分苗后 5 ～ 6 天，可提高畦内温度促进缓苗，白天气温 25 ～ 30℃、夜间 15 ～ 20℃，缓苗后床温白天应维持在 20 ～ 25℃、夜间 12 ～ 15℃，移栽前 7 ～ 10 天，应进行低温炼苗，使设施内气温逐渐和定植后的环境一致，可适当加大昼夜温差。番茄分苗以 2 ～ 3 片真叶为宜，若进行二次分苗，二次分苗通常以 4 ～ 5 片真叶为宜。

播种前要灌足底水，为防止降低苗床温度和病虫害的发生，苗期前期尽量少浇水或不浇水，利用冷床育苗时，可分次覆细土，一般不必浇水，利用温床育苗时，浇水要轻浇，浇水一般在上午进行，浇水后要适当通风，降低空气湿度。利用土壤做基质育苗时，分苗畦内可酌情追施氮、磷、钾复合肥料，也可采用根外追肥的方法，在叶面喷施 0.1% 的磷酸二氢钾和 0.1% 的尿素混合液。

3. 定植前锻炼和成苗标准

定植前要对秧苗进行锻炼，以适应定植的环境条件，在秧苗移栽前 8 ～ 10 天，浇水切块，切块后可逐渐加大通风量，进行低温炼苗。露地定植的秧苗，可逐步进行炼苗，前期白天可将覆盖物揭掉，夜间可稍加覆盖，在移栽前 3 ～ 4 天，夜间也可不必覆盖。定植于大棚或塑料拱棚的秧苗，要控制较低的温度以炼苗。

秧苗（图 6-8）具有 8 片真叶，根系发达，茎粗 0.5 厘米以上，苗高 20 厘米以下，已带有花蕾但未开放时即可定植。

番茄从移苗成活到定植，要防冻害和徒长，若温度较低，极易形成畸形化，此外，育苗期间注意猝倒病、立枯病、早疫病、灰霉病等病害防治。请参阅第五章苗期病虫害防治。

图6-8 番茄苗

（五）番茄嫁接育苗技术

1. 种子处理与浸种催芽

种子处理包括浸种、消毒、催芽。经过这些处理后，可消除种子表面的病菌，且使其迅速发芽，出苗整齐，加快生长发育，增强抗性。

（1）浸种 浸种有普通浸种和温汤浸种两种。普通浸种可将种子放入 20 ～ 25℃ 的干净清水中浸泡 4 ～ 6 小时；温汤浸种可将种子放入 50 ～ 55℃ 的温水中烫种 10 ～ 15 分钟，期间不断搅拌，再加入干净清水继续浸种 4 ～ 6 小时即可，可起到消毒杀菌的作用。

（2）消毒 将种子浸泡 3 ～ 4 小时后，病原菌开始繁殖，可将种子放在 1% 甲醛液，或者 10% 磷酸钠液，或 1% 高锰酸钾液，或 1% 硫酸铜液中浸泡 10 ～ 15 分钟，用清水冲洗干净即可。

（3）催芽 在浸种和消毒后，应用纱布将种子包好，并维持在一定的湿度范围内，在 25 ～ 30℃ 的条件下，3 ～ 4 天即可出芽。

2. 床土配制

砧木和接穗作催芽处理要准备好苗床，床土应选用不重茬的肥沃园土、充分发酵的农家肥和腐熟马粪按照 1∶1∶1 的比例充分混匀后过筛。采用药土下铺上盖的方式对床土进行消毒，可每平方米苗床施用 8 ~ 10 克的 50% 多菌灵，或者 70% 的甲基硫菌灵，先将其与 1 千克的细土混合拌匀，再与 10 千克的细土混合拌匀。在播种时，将 2/3 的药土铺底，1/3 的药土作为盖籽土。春季时应将苗床放在阳光充足处，以便保温升温，秋季时则应将苗床放在阴凉处，并在播种前将床土浇透（图 6-9）。

图 6-9　配制床土

3. 播种

播种时先用 30 ~ 40℃ 的温水将床土浇足透底水，待水下渗后，撒上一层药土，再将种子均匀地散播在苗床上，播种密度要适度且均匀，不可过密，一般每平方米可播种子 20 克，播种后需铺上一层地膜以保持湿度，但是在出苗后，要立即揭掉（图 6-10）。

4. 播种后管理

播种后，应注意保温，春天出苗期温度在 20℃ 以上，在冬季夜间应特别注意保温，以保重正常出苗，一般可在苗床上加盖纸被，白天在太阳出来后要及时掀开覆盖物，以提高温度。夜间最低温度不得低于 15℃，出苗前白天温度可稍高，一般十天左右即可出苗，在种子拱土之前一般不需浇水，以防苗床表面板结。若幼苗受光不良或者是夜间温度较高时，会造成在出苗到第一片真叶破心时番茄苗的徒长。因此要经常擦拭透明覆盖物，且适当拉长苗床的受光时间，改善群体受光情况。出苗后要适当降低温度，白天可保持在 20 ～ 25℃，夜间为 10 ～ 15℃，以防止幼苗徒长，第一片真叶出现后，白天可保持在 25 ～ 28℃，夜间为 16 ～ 18℃。

图 6-10　幼芽大部分出土时揭除地膜

5. 分苗

出苗前温度应保持在 25℃以上，出苗后白天保持在 20 ～ 25℃，夜间保持在 15℃左右即可，且苗床湿度不宜过大，注意通风透气，保证苗床温度的前提下，尽量延长幼苗的光照时数。

当幼苗长到 2 叶 1 心时，可进行一次分苗，需适当扩大苗距，以满足幼苗进一步的生长发育。分苗应选在晴天，这样有利于缓苗，但若气温太高时也应注意遮阴降温以免发生烤苗，在分苗前一天要将水浇透，以减少移苗时伤根，分苗可按行距 8 ～ 10 厘米，株距 3 ～ 4 厘米分苗移于苗床中，也可移于营养钵中（图 6-11）。

移苗后浇透水，注意保温，需保持较高的温度，白天为 25 ～ 30℃，发根后白天在 25℃左右，夜间为 10 ～ 15℃，随着幼苗的生长适当加大通风量，及时通风排湿，以免发生高湿病害。若缺肥，可适当追施腐熟稀粪水或复合肥，且喷施 1 ～ 2 次杀菌剂可有效防止"倒苗"。若砧木苗长势较弱，可用 0.2% 的磷酸二氢钾溶液适度促进生长。

图 6-11　分苗于营养钵或分苗苗床

三、辣椒育苗

辣椒为一年或多年生草本植物。果实通常呈圆锥形或长圆形，因果皮含有辣椒素而有辣味，能增进食欲，辣椒中维生素 C 的含量高（图 6-12）。

图 6-12　辣椒苗

（一）辣椒秧苗生长发育特点

辣椒根系发育较弱，受伤后发新根的能力较弱，茎部木质化较快，地上部分生长较为缓慢，通常在具有 4 ～ 5 片真叶时开始花芽分化，是茄果类蔬菜中生长发育较迟缓的蔬菜。辣椒从播种到现蕾成苗包括发芽期、基本营养生长期和秧苗迅速生长期三个阶段。

① 发芽期　从种子萌动到真叶露心。吸足水的种子可经过 3 ～ 4 天的 25 ～ 30℃条件后便开始发根，再经过 2 ～ 4 天种子子叶出土，低于 15℃或高于 35℃时种子不发芽。出苗后一周真叶破心，子叶出土后受光变绿，子叶充分长大。

② 基本营养生长期　指真叶破心到开始花芽分化。子叶出土一周后真叶破心，第一和第二片真叶几乎同时展开，之后每隔 5 ～ 6 天展开一片真叶，通常在播种后 35 ～ 40 天、第 4 ～ 5 片真叶展开后开始花芽分化，这一阶段幼苗生长量虽然不大，但要积累营养并为花芽分化与发育打好基础。幼苗不耐低温，要注意防寒。

③ 秧苗迅速生长期　指花芽开始分化后的生长时期。此时营养生长和生殖生长同时进行，且根茎叶的营养生长量远远大于生殖生长量，此期地上生长明显加快，生长点中除了花芽分化发育之外，还进行次生轴和叶片的发育。总体来说，辣椒发育较为缓慢，从播种到成苗需 70 天以上。

（二）辣椒秧苗生育对环境条件的要求

1. 种子发芽期

种子发芽温度范围较广，发芽最适宜温度为 20 ～ 30℃，在 15℃以下则不发芽，在 25 ～ 30℃或变温情况下 3 ～ 4 天即可发芽，变温比恒温利于种子发芽，辣椒种子属于嫌光种子，发芽要求有充足的氧气，当土壤中含水量达 10% 时发芽率最高，发芽过程中忌高浓度的二氧化碳，土壤疏松、透气性好有利于种子发芽。

2. 子叶出土和秧苗生长期

子叶出土要求土温在 18 ～ 25℃为宜，干籽直播在 25℃条件下出土最快，苗床土壤湿度为田间持水量的 80% 左右时有利于出苗，且很少"戴帽"，子叶出土后很快变绿，秧苗生长要求有较高温度，最适温度为白天 27℃ 左右，夜间 18 ～ 20℃，地温以 17 ～ 24℃ 为宜，地温过高会造成秧苗徒长，气温过低则秧苗生长延迟。

辣椒有一定的耐弱光能力，不太强的光照反而可以促进叶的生长，但光照不可过弱。辣椒有较强的耐肥性，充足的氮磷肥能够促进秧苗茎叶发育，且提早花芽分化。

（三）辣椒品种选择

根据辣椒消费市场和不同用途选择相应品种。辣椒包括甜椒和辣椒。甜椒主要有青椒、红椒、黄椒、紫椒、白椒等。甜椒果形为灯笼形，果大，高桩端正，四心室，果长 8 ～ 15 厘米，果面光亮，肉质脆，含水分大，果胎小，果柄粗；果肉厚 0.5 ～ 1.0 厘米，果色青色、深绿色、红色、金黄色、乳黄色、紫色、橘红色、棕色；便于长距离运输。辣味型辣椒呈牛角形或羊角形，要求果形好，椒长 15 ～ 20 厘米；牛角形果肩径 3 ～ 5 厘米，三心室或二心室；羊角形果肩径 2 ～ 3 厘米，二心室；果尖径均在 0.1 ～ 0.5 厘米；光亮，果直，肉厚，色泽诱人，果色以绿色为主，可以有赤、橙、黄、乳黄、棕色等。辣味可以根据地方口味而定，辣椒的食用消费要注重消费市场的浓郁地方特色。作为调味品消费、加工或工业用原料的辣椒，宜根据其要求选用适宜类型品种（图 6-13）。

利用棚室，根据商品果采摘的时期，可以四季栽培季节划分为秋延迟茬、秋冬茬、越冬茬、冬春茬、春提早辣椒栽培等茬口。日光温室主要有秋冬茬、越冬茬和冬春茬等茬口。秋延迟茬和春提早茬口是以塑料大棚或多层覆盖保护地栽培。

例如，温室、日光温室辣椒越冬栽培，以甜椒类型的中晚熟品种为主。其苗期耐高温，抗病毒病能力强，结果前期在低温、弱光下花器发育正常，坐果率高；耐低温、寡日照，畸形果率低，抗灰霉病能力强，植株生长势强，无限生长型；果实端正；结果后期在高温下坐果力强，果实形成快，连续结果能力强，生长势强，产量高。山东定植期在 8 月下旬 ～ 9 月上旬，主要采收期在翌年的 1 ～ 5 月。此茬口历经苗期的夏季高温期、成株期的冬季严寒期、采收末期的次高温期。

图 6-13　不同形状及颜色的辣椒

（四）辣椒育苗技术

可参照茄子、番茄进行。苗期病虫害防治请参阅第五章进行。

1. 播种

辣椒育苗的播种期因各地环境条件的不同差异很大，通常是根据绝对苗龄和定植期来决定的。北方地区利用冷床育苗法，辣椒秧苗的绝对苗龄一般为 90～100 天，在华北地区育苗的播种适期是 12 月中、下旬，定植期为次年的 4 月中、下旬；江南部分地区则通常用大苗定植，秧苗的绝对苗龄为 120 天以上，因此播种期更早。利用温床育苗或工厂化育苗，苗龄较短，一般为 70～80 天，育苗时应适当延迟播种期。

播种前应进行种子处理，通常用温水浸种或用药剂处理。播前将种子晒 2 天后放入清水中漂洗，晾干表面水分，用 1% 硫酸铜溶液浸泡 15 ～ 20 分钟，或用 1000 倍多菌灵溶液，用清水冲去药物，加入 50 ～ 55℃热水，边倒水边搅拌，待水温达到 30℃时停止，在 30℃处放置 12 ～ 20 小时，使种子吸足水分，待胚芽萌动裂嘴后播种。

辣椒种子发芽适温为 25 ～ 30℃，低于 15℃时不发芽，幼苗生长适宜温度为白天 25 ～ 27℃，夜间为 18 ～ 20℃，土温要保持在 18℃以上。

辣椒育苗播种可手工进行（图 6-14），也可使用自动化播种机进行播种（视频 6-1）。

视频 6-1 辣椒自动化播种

图 6-14 手工进行辣椒穴盘育苗播种

2. 苗期管理

棚室秋延迟茬、越冬栽培，育苗一般在高温期间或高温后期，苗期管理需要注意适当采取降温措施和防治蚜虫、白粉虱。可采用遮阳网进行遮阴育苗，播种后每日浇水 2 次，出苗后保持见干见湿，间苗 1 ～ 2 次，株间距保持 6 ～ 7 厘米，苗龄 1 个月左右，培育株高 20 厘米、株幅 15 厘米、叶片数 10 个以上、茎粗 0.4 厘米的无病壮苗。

春提早栽培，育苗期正值冬季最寒冷、日照最短的季节。苗床育苗时间 80 ～ 90 天，穴盘育苗时间 60 ～ 70 天，保温防寒、提高土温是最主要的中心工作，一般需要在温室、日光温室等设施内进行（图 6-15）。注意辣椒苗期需要较高温度，根系吸水吸肥能力差，对地温适应范围窄，必须实施护根育苗、床土配制、地温控制、水分供应等措施。

壮苗标准：要求苗高15～20厘米，茎直径1.0厘米左右，茎尖与茎基粗度差值小，叶展8～9片。叶色深、厚，叶姿挺拔，叶片尖端呈三角形，叶基宽。根系发达，须根多，乳白色。

图 6-15　工厂化育苗温室内的辣椒苗

（五）辣椒嫁接育苗技术

可参照茄子、番茄的嫁接育苗进行（图 6-16）。

图 6-16　辣椒嫁接苗

第二节 瓜类蔬菜育苗

瓜类蔬菜，主要有黄瓜、冬瓜、南瓜、丝瓜、甜瓜、西瓜、苦瓜、佛手瓜等。其营养器官与生殖器官同步发育，一般采用育苗移植，根系易木质化，受伤后再生能力差，在育苗移栽时必须保护好根系。连续开花结果是瓜类蔬菜的共同特性。在瓜类蔬菜的生产中，苗期的养分供应对花芽的分化有很大影响。

一、黄瓜育苗

黄瓜也称胡瓜、青瓜，是世界性的蔬菜，分布于中国各地，是我国主要的设施蔬菜品种之一。黄瓜食用部分为幼嫩子房，属亦蔬亦果的食物。果实颜色呈油绿或翠绿色。鲜嫩的黄瓜带顶花，果肉脆甜多汁，具有清香口味。其营养丰富，特别适合生食或凉拌（图6-17）。

图6-17 温室黄瓜

（一）黄瓜秧苗生长发育特点

黄瓜秧苗生长发育较快，娇嫩，易徒长，花芽分化和现蕾开花都较早，成苗期短。黄瓜从播种到现蕾成苗包括发芽期和幼苗期两个阶段。

① 发芽期 从种子萌动到真叶露心。吸足水的种子经过 12～18

小时的 25 ～ 30℃ 条件后便开始发根，到 24 小时时胚轴即可伸长 1 厘米左右，72 小时后子叶即可出土，出苗后 4 ～ 5 天真叶破心，子叶充分长大。发芽期胚根发育主根，真叶露心时可达 6 ～ 7 厘米，并可发生一级侧根，胚轴加粗伸长，当子叶展开时生长点已分化出 3 ～ 4 个叶芽，在此期间，胚轴生长较快，但温度过高时易造成徒长，要适当控制温度。

② 幼苗期　从真叶破心到秧苗现蕾。幼苗期的基本营养生长期很短，当第一片真叶直径达到 2 厘米时，秧苗开始花芽分化，之后营养生长和生殖生长同时进行，且根茎叶的营养生长量远远大于生殖生长量，每隔 5 ～ 6 天展开一片真叶，叶面积逐渐扩大，茎部拉长，在弱光、夜温高和多湿条件下较易徒长，但若长时间低温干旱，会造成僵苗。由于黄瓜在花芽发育前期没有雌雄之分，属于两性期，两性期之后，则到达性分化时期。

（二）黄瓜秧苗生育对环境条件的要求

1. 种子发芽期

黄瓜种子对发芽温度要求较高，发芽最适宜温度为 25 ～ 35℃，最低温度为 15℃，最高温度为 40℃，温度过高发芽虽快，但胚芽细长且生长势不一致，温度过低发芽慢且不整齐。若干种子直播，在 25 ～ 30℃ 条件下发芽出土快。黄瓜种子为嫌光种子，种子发芽对含氧量要求较低，氧气浓度达到 5% 时对种子发芽无不良影响。当土壤中含水量在 15% ～ 16% 时发芽率最高，土壤疏松、透气性好有利于种子发芽。

2. 子叶出土和秧苗生长期

秧苗生长期适宜气温白天为 25℃ 左右，夜间 15℃ 左右，温度过高引起萎蔫，温度过低引发冻害。根系发育最低地温为 12℃，适宜地温为 15℃ 以上，此时，可适当加大昼夜温差，利于黄瓜雌花形成，当白天温度在 25℃ 左右，夜间在 13 ～ 15℃ 时，雌花着生节位较低且多。黄瓜秧苗喜光，有一定的耐弱光能力，每天要求有 8 小时以上的直射光，冬春季保护地育苗中，要求有至少 6 小时以上的直射光；氮素适量范围窄，喜硝态氮，铵态氮多时则造成生长发育不良，抑制根系活动，严重时发生锈根，甚至死亡；需磷量较多，充足的磷肥可增加雌花数量；吸水较多，喜温润土壤，土壤湿度以田间持水量的 80% ～ 90% 为宜。黄瓜苗在较为湿润的空气条件下生长良好，保护地冬春季育苗中可依靠短日照和较大昼夜温差来促进雌花形成和防止秧苗徒长。

（三）黄瓜品种选择

黄瓜主要有华南型黄瓜、小黄瓜、华北型密刺型黄瓜、加工型乳黄瓜等（图 6-18）。

图 6-18 不同类型黄瓜

其中，无刺短黄瓜包括华南型黄瓜、日本黄瓜，主要分布在中国长江以南地区、东南亚、日本。该类型黄瓜果实长度中等，无棱，刺瘤稀，黑、白刺或无瘤、无刺，表面光滑。嫩果绿、绿白、黄白色，味淡。茎叶繁茂，要求温暖湿润气候，耐湿热，不耐干燥，对温度和日照长度比较敏感，是出口鲜食黄瓜的主要类型。

无刺长黄瓜：主要为欧型温室黄瓜，果形长，瓜长大于 30 厘米、横径 3 厘米左右。瓜色亮绿，果皮光滑少刺，瓜把短，成瓜性好，腔小肉厚，适于切片生食或做色拉凉菜。植株生长势强，茎叶繁茂，叶色深绿，分枝多，叶大，以主蔓结瓜为主，第一雌花着生节位低，雌花节率高，瓜码密，单性结实性强，耐低温弱光，适于温室栽培。

小型黄瓜：植株长势较强，多分枝，多花多果，早熟。瓜长 10 ～ 15 厘米，果面光滑，无瘤无刺，有微棱，皮色亮绿。不耐低温，不耐空气干燥，对叶部病害抗性较低。

有刺黄瓜：包括华北型黄瓜，主要分布于长江以北各省。嫩果棒状，大而细长，绿色，棱瘤明显，刺密，多白刺，皮薄。植株长势中等，抗病能力强，较能适应低温和高温，对日照长短反应不敏感。根系弱，不耐干旱，不耐移植。绝大多数刺瓜品种属此类型。

（四）黄瓜育苗技术

1. 播种

黄瓜早春育苗的播种期因各地环境条件的不同差异很大，根据绝对苗龄和定植期来决定。在露地栽培中，定植期一般是在终霜过后，在保护地栽培中，低温需保持在12℃以上才能定植。北方地区利用冷床育苗法，育苗温度较低，秧苗的绝对苗龄一般为40～50天，才可达到3～4片真叶，若利用温床育苗或工厂化育苗，苗龄较短，一般为35天左右。秧苗的播种期可根据定植期和育种方式的不同来确定。

黄瓜育苗播种前应进行种子处理，通常用温水浸种或用药剂处理。在30℃左右的温度下催芽，经一昼夜即可出芽，如果有条件可用变温催芽法，可促进发芽，提高发芽率。芽长以0.5厘米为宜，不宜超过1厘米，以免播种时碰断，一般情况下出芽后要及时播种，或将种子放置到5℃左右的地方以控制其生长。黄瓜育苗多数不进行分苗，可直接播种在营养钵或者育苗畦中，若播种在育苗畦中，要先将育苗畦灌透水，再按10厘米×10厘米的株行距进行点播。若进行分苗，可先在育苗盘中按照2～3厘米的株行距进行点播，待子叶展平后，再在育苗畦中按照10厘米×10厘米的株行距进行分苗即可。

秧苗的生育温度为22～30℃，7～8℃时易受冻害。土温要求在10℃以上，适宜土温为白天25℃左右，夜间19～20℃。

2. 苗期管理

黄瓜从播种到出苗（图6-19），需提高畦温，保持畦温在25～30℃，可促使迅速出苗，一般两天即可出苗，若连续数天温度都低于10℃，会造成畦土过湿发生烂种现象。出苗至第一片真叶显露，应适当降低畦内温度，通常白天保持在 20℃ 左右，夜间保持在 12 ~ 15℃ 之间，若温度较高，会造成秧苗徒长，尤其是夜温较高会造成胚轴徒长。从破心到移栽定植前 7 ~ 10 天，白天温度保持在 20 ~ 25℃，夜间温度保持在 13 ~ 15℃。定植前 7 ~ 10 天，要对秧苗进行适当的低温锻炼，白天 15 ~ 20℃，夜间 10 ~ 12℃，使畦内气温逐渐和定植后的环境一致，可适当加大昼夜温差。

图6-19 黄瓜种苗

特别注意，黄瓜苗期温度的高低对雌花的形成有直接的影响，夜间温度较低，雌花的形成较早，第一雌花的节位较低，反之会提高雌花的节位，黄瓜子叶展平后的 10 ~ 30 天内，白天温度要保持在 20 ~ 25℃，不超过 28℃，夜间温度保持在 12 ~ 15℃，不超过 17℃，不低于 10℃，以促进雌花分化。

黄瓜属于短日照作物，光照强度和光照时数对雌雄花的形成比例有很大影响，当秧苗花芽分化到第十节时，雌雄花尚未定，每天要给足 8 ~ 10 小时较强光照，且适当提高日夜温差，有利于雌花的形成和节位的降低。

黄瓜苗期应保持土壤湿润，严格控制浇水次数，次数过多，会降低苗床温度，并且导致病虫害的发生，浇水要轻浇，一般在上午进行，浇水后要适当通风，降低空气湿度。苗床在施足基肥的情况下，一般可不必追肥。

3. 定植前锻炼和成苗标准

定植前 7～10 天要对秧苗进行锻炼，以适应定植的露地环境条件，可逐渐加大通风量，进行低温炼苗。前期白天可将覆盖物揭掉，夜间可稍加覆盖，在移栽前 3～4 天，夜间也可不必覆盖。定植于大棚或塑料拱棚的秧苗，要控制较低的温度以炼苗。

秧苗具有 3～4 片真叶，根系发达，茎粗，节间短，叶片厚，子叶完好，苗高 10 厘米左右时即可定植。

黄瓜根系弱，再生能力差，移苗要早，通常在子叶由黄转绿未展开时移苗，可稍栽深些以防徒长，移苗要选择在暖头冷尾的晴天，有利于缓苗。黄瓜育苗期间的主要病虫害有猝倒病、灰霉病、菌核病、蚜虫等，要及早防治。

（五）黄瓜嫁接育苗

黄瓜嫁接苗较自根苗的抗病性、抗逆性和肥水吸收性能增强，可提高其产量和质量。应用嫁接苗成为瓜类蔬菜高产稳产和克服连作障碍的主要手段。

1. 嫁接方法

黄瓜嫁接方法主要有靠接和插接（图 6-20）。

以插接为例，说明其嫁接过程与技术要点：①喷湿接穗苗，取出待用。②砧木苗无须挖出，摆放操作台，用竹签除去其真叶和生长点；除去干净，不损伤子叶。③竹签斜插。左手轻捏砧木苗子叶，右手持一个宽度与接穗下胚轴粗细相近、前端削尖略扁的光滑竹签，紧贴砧木叶片子叶基部内侧向另一子叶下方斜插，深度 0.5～0.8 厘米，竹签在子叶节下 0.3～0.5 厘米出现，但不要穿破胚轴表皮，以手指感受到其尖端压力为度。插孔时，要避开砧木胚轴中心髓腔，插入迅速准确，竹签暂不拔出。④接穗切削处理。左手拇指和无名指将接穗两片子叶合拢捏住，食指和中指夹住其根部，右手持刀片，在子叶节以下 0.5 厘米处呈 30°向前斜切，切口长度 0.5～0.8 厘米，接着从背后再切一刀，角度小于前者，以划破胚轴表皮、切除根部为目的，使下胚轴呈不对称楔形。切削时要快，刀口要平直，并且切口方向与子叶伸展方向平行。⑤拔竹签、插接穗。拔出砧木上的竹签，将削好的接穗插入砧木小孔中，使两者密接。砧穗子叶伸展方向呈"十"字形，利于见光。插入接穗后，用手稍晃动，以感觉比较紧实、不晃动为宜。

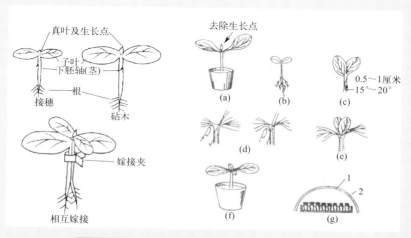

图6-20 黄瓜靠接（左）、插接（右）示意图

2. 黄瓜嫁接苗的特点

靠接苗易管理，成活率高，生长整齐，操作容易。但嫁接速度慢，接口需固定，成活后需断（接穗）茎去根；接口位置低，易受土壤污染和发生不定根，接口部位易脱落。

插接嫁接时，砧木苗不用取出，减少嫁接苗栽植和嫁接夹等工序，不用断茎去根，嫁接速度快，操作方便，省工省力；嫁接部位紧靠子叶，细胞分裂旺盛，维管束集中，愈合速度快，接口牢固，砧穗不易脱落折断，成活率高；接口位置高，不易再度污染和感染，防病效果好。

3. 注意事项

靠接：黄瓜比南瓜早播 2 ～ 5 天，黄瓜播种后 10 ～ 12 天嫁接。砧木南瓜幼苗下胚轴中空，苗龄不宜太大，切口要靠近上胚轴；接口和断根部位不能太低，以免栽植时掩埋产生不定根或髓腔中产生不定根入土，失去嫁接意义。

插接：嫁接适期为砧木子叶平展、第一片真叶显露至初展时；接穗子叶全展时。砧木胚轴过细时，可提前 2 ～ 3 天摘除其生长点使其增粗。

嫁接后，加强光温湿度等管理。嫁接愈合过程中，前期避免直射光。嫁接后 2 ～ 3 天适当遮阳，光强 4 ～ 5 千勒克斯为宜；3 天后早晚不要遮阳，只在中午遮阳，以后逐渐缩短遮阳时间；7 ～ 8 天后除去遮阳，全日见光。温度比常规育苗稍高，加速愈合。前 3 天保持相对湿度 90% ～ 95%，高湿；4 ～ 6 天内湿度可降至 85% ～ 90%；嫁接 1 周后，进入正常管理。嫁接后，前 3 天不通风，保温保湿，每天可进行 2 次换气；3 天后，早晚通小风，逐渐加大通风量和通风时间；10 天后幼苗成活，进入常规管理。

二、冬瓜育苗

冬瓜喜温耐热，属短日照植物，多数冬瓜品种对日照长短反应不敏感，通常在有较长日照、较强光照、适宜温度和湿度条件下，生长良好。冬瓜秧苗根系强大，吸水吸肥能力较强，耐旱力也较强，对土壤条件要求不高。

（一）冬瓜秧苗生长发育特点

冬瓜秧苗生长发育较慢，花芽分化和现蕾开花都较晚，主蔓着生雌花节位较高，结瓜晚，生长期长。冬瓜苗期包括发芽期和幼苗期两个阶段。

① 发芽期 从种子萌动到真叶露心。通常播种后 5 ～ 7 天，子叶即可出土，出土后幼苗生长较为缓慢，再经 7 ～ 10 天后真叶破心。由于冬瓜种子种皮较厚，有角质层，且内种皮透水性差，浸种时易

在内外种皮之间形成水膜，从而影响透气性，造成种子发芽缓慢不齐。

② 幼苗期　从真叶破心到具有 4～5 片真叶展开。幼苗期的基本营养生长期较为缓慢。通常早熟品种在第一片真叶展开后开始花芽分化，晚熟品种在第三或第四片真叶展开后开始花芽分化，在短日照和低夜温条件下可降低第一雌花着生节位。此外，冬瓜一般早分苗或不分苗，苗龄也不宜太长，可采用容器直接育成苗。

（二）冬瓜秧苗生育对环境条件的要求

① 种子发芽期　冬瓜喜温耐热，对发芽温度要求较高，发芽最适宜温度为 25～30℃，15℃以下不能正常发芽，20℃以下发芽缓慢，温度过高发芽虽快，但胚芽细长且生长势不一致，温度过低发芽慢且不整齐。冬瓜根系伸长的最低温度为 12℃，根毛发生的最低温度为 16℃。

② 子叶出土和秧苗生长期　秧苗生长期适宜温度为 25～32℃，若温度过低，再加之光照不足和湿度较大会严重抑制秧苗生长，甚至死亡。在有较长日照、较强光照、适宜温度和湿度条件下，生长良好。此外，冬瓜秧苗根系强大，吸水吸肥能力较强，耐旱力也较强，对土壤条件要求不高，疏松、肥沃无菌的土壤有利于秧苗培育。

（三）冬瓜品种选择

冬瓜有大型冬瓜和小型冬瓜（节瓜）两种类型。可按照地方消费习惯及栽培季节等选用适宜品种（图6-21）。

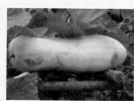

图6-21　不同类型的冬瓜

（四）冬瓜育苗技术

1. 播种

冬瓜种子发芽适温为 28 ～ 30℃，幼苗生长适温为 20 ～ 25℃，冬瓜适宜小苗移栽，通常在 2 ～ 3 片真叶时定植，或在 4 ～ 5 片真叶时定植，但苗龄不可超过 40 ～ 50 天，要选在环境气温 16℃以上的晴天定植。秧苗的播种期可根据定植期和育种方式的不同来确定，长江中下游地区一般在 2 月中上旬播种。

冬瓜种子因种皮厚且有黏液，育苗播种前应进行种子处理，处理不好会引起烂种，通常用温水浸种或用药剂处理。浸种时，大部分种子又会漂浮在水面上，催芽时出芽不齐，故冬瓜是较难发芽的蔬菜种子之一。可先将种子放在清水中浸种半小时，并反复搓洗，除去种皮外面的黏液后，用温度为 50 ～ 60℃的温水浸种，并且边浸种边搅拌，直至水温降到 30℃左右，由于种子浸种时会漂浮在水面上，所以要用东西压住。浸种一昼夜后即可取出，晾干，将种子放置在温度为 25 ～ 30℃的条件下进行催芽，并反复用清水搓洗，经 3 ～ 4 天后即可出芽。如果有条件可用变温催芽法，可促进发芽，提高发芽率。

冬瓜对温度要求较高，苗床要求有较高的温度，并且要适当提高土温，一般可采用酿热温床和电热畦育苗，效果较好，通常电加温控制低温在 20 ～ 25℃，当有 50% 以上顶芽出土后，便要揭去地膜，并撒上一些细土，以防种子"戴帽"。待苗出齐后，可将土温降低至 18 ～ 20℃，以防秧苗徒长。

2. 苗期管理

通常在冬瓜子叶由黄转绿时进行移苗，一般移苗一次，移苗后要保温保湿，控制地温在 25 ～ 28℃之间，当破心时，土温白天保持在 25 ～ 28℃之间，夜间保持在 18 ～ 20℃之间。

冬瓜从播种到出苗，需提高畦温，保持畦温在 25 ～ 30℃，可促使迅速出苗，若连续数天温度都低于 10℃，会造成畦土过湿发生烂种现象。可在 3 ～ 4 天缓苗后，适当降低温度，有利于培育壮苗。出苗至第一片真叶显露，应适当降低畦内温度，通常白天保持在

25 ～ 28℃，夜间保持在 18 ～ 20℃之间，若温度较高，会造成秧苗徒长，尤其是夜温较高会造成胚轴徒长。从破心到移栽定植前 7 ～ 10 天，白天温度保持在 20 ～ 25℃，夜间温度保持在 13 ～ 15℃。定植前 7 ～ 10 天，要对秧苗进行适当的低温锻炼，白天 15 ～ 20℃，夜间 10 ～ 12℃，使畦内气温逐渐和定植后的环境一致，可适当加大昼夜温差。每天有较长时间的地温高于气温，有利于根的发展和叶面积的扩大，可有效抑制秧苗徒长，当幼苗长到一叶一心时，白天温度保持在 22℃左右，夜间 17℃左右。

苗期应保持土壤湿润，严格控制浇水次数，次数过多，会降低苗床温度，并且导致病虫害的发生，浇水要轻浇，一般在上午进行，浇水后要适当通风，降低空气湿度。苗床在施足基肥的情况下，一般可不必追肥。

3. 定植前锻炼和成苗标准

定植前 7 ～ 10 天要对秧苗进行锻炼，以适应定植的露地环境条件，在秧苗移栽前，浇水切块，切块后可逐渐加大通风量，进行低温炼苗，要避免下雨淋湿土块，待土块基本晾干，不散坨时即可移栽。露地定植的秧苗，可逐步进行炼苗，前期白天可将覆盖物揭掉，夜间可稍加覆盖，在移栽前 3 ～ 4 天，夜间也可不必覆盖。定植于大棚或塑料拱棚的秧苗，也要控制较低的温度以炼苗，当长至三叶一心时即可定植。

冬瓜通常在子叶由黄转绿未展开时移苗，可稍栽深些以防徒长，移苗要选择在暖头冷尾的晴天，有利于缓苗。育苗期间的主要病虫害有猝倒病、灰霉病、菌核病、蚜虫等，要及早防治。防治方法请参阅第五章。

（五）冬瓜嫁接育苗技术

可参照黄瓜嫁接育苗进行。

三、南瓜育苗

南瓜为葫芦科南瓜属植物，包括南瓜属的五个种或五个栽培种，即中国南瓜、印度南瓜、美洲南瓜、黑籽南瓜、灰籽南瓜。

我国传统栽培的印度南瓜多为笋瓜，有大型果和小型果、白皮和黄皮之分。通常小型果优质品种以食用嫩果为主。西洋南瓜是从国外引入的以食用老熟果为主、小型果、优质的印度南瓜品种，也称为栗南瓜。国内育种者也育出了适合我国地域条件的类似品种。西洋南瓜植物学特征应属印度南瓜（笋瓜），又与传统意义上的印度南瓜（笋瓜）在栽培方式和食用方法上不同，而与中国南瓜极为接近。美洲南瓜，又叫西葫芦、搅瓜。

（一）南瓜秧苗生长发育特点

南瓜秧苗根系较为发达，吸水吸肥能力强，但根系也易木栓化，受伤后再生能力差，南瓜育苗需护根育苗。南瓜属雌雄异化同株，苗期包括发芽期和幼苗期两个阶段。发芽期是指从种子萌动到真叶露心，幼苗期是指从真叶破心到定植。

1. 发芽

种子催芽，芽长 0.3 ～ 0.5 厘米是播种适期。播种后种子胚根继续向下伸长并产生侧根；而胚轴向上伸长，种皮在胚栓和盖土的压力共同作用下开裂，子叶脱离种壳而拱出地面；胚轴向上伸直，子叶不断扩大，由黄变绿并开始光合作用。催芽至子叶展平需 4 ～ 5 天，子叶展平至真叶显露需 3 ～ 5 天。播种 3 天，根系可达 3 厘米，第 4 天可生出许多侧根，幼苗结束时已具有较大的根系。

2. 幼苗期

自第 1 片真叶开始长出至具有 5 ～ 7 片真叶、出现卷须前为幼苗期。这个时期植株直立生长。幼苗期发生的叶片较少，但根系特别是侧根迅速生长，第 3、4 级侧根也相继出现，下胚轴伸长生长减缓，而以加粗生长为主。幼苗期结束时，根系的横向已有 0.5 ～ 1米，深达 30 厘米以上，腋芽也开始活动，生长点内的叶原基和花原基陆续分化。株高 10 ～ 15 厘米，茎粗 0.6 ～ 0.8 厘米。这个时期在20 ～ 25℃气温下，需 25 ～ 30 天，如果温度低于 20℃，生长缓慢，需要 40 天以上。

（二）南瓜秧苗生育对环境条件的要求

① 种子发芽期 南瓜喜温耐热，对发芽温度要求较高，发芽最适宜温度为 25 ～ 30℃，15℃以下不能正常发芽，温度过高发芽虽快，但胚芽细长且生长势不一致，温度过低发芽慢且不整齐。

② 子叶出土和秧苗生长期 秧苗生长期适宜温度为 18 ～ 32℃，子叶出土至真叶破心较快，通常出苗 2 ～ 3 天后真叶破心，且很快展叶，但南瓜子叶出土至真叶破心期间生长旺盛，较易徒长，且易受寒害，因此，在破心前要注意防止徒长和防寒。南瓜成苗较快，通常 3 ～ 4 天可展开一片真叶，秧苗适宜生长温度为 18 ～ 32℃，且不喜过湿土壤。

（三）南瓜品种选择

目前，国内栽培的主要有中国南瓜、美洲南瓜（西葫芦）和印度南瓜（笋瓜和西洋南瓜），可根据需要选用优良品种（图6-22，图6-23）。

图6-22 不同类型的食用型南瓜

图6-23 不同类型的观赏型南瓜

（四）南瓜育苗技术

1. 播种

南瓜属喜温蔬菜，种子发芽适温为 25 ～ 30℃，幼苗生长适温为 18 ～ 28℃，通常在具有 3 ～ 4 片真叶，苗龄 35 ～ 40 天时即可定植，要选在环境气温 16℃ 以上的晴天定植。秧苗的播种期可根据定植期和育种方式的不同来确定。

南瓜可采用温床育苗和电热畦育苗，育苗播种前应进行种子处理，处理不好会引起烂种，通常用温水浸种或用药剂处理。浸种后，将种子放置在温暖的地方进行催芽。若有条件可用变温催芽法，可促进发芽，提高发芽率。在 25 ～ 30℃ 下催芽，经过 36 ～ 48 小时后种子露白时播种，播种时，应将种子平放，播种后要覆土 2 厘米左右，以防种子"戴帽"。

2. 苗期管理

南瓜从播种到出苗，需提高畦温，可促使迅速出苗，若连续数天温度都低于 10℃，会造成畦土过湿发生烂种现象。可在 3 ～ 4 天缓苗后，适当降低温度，有利于培育壮苗。出苗至第一片真叶显露，应适当降低畦内温度，通常白天保持在 25 ～ 28℃，夜间保持在 18 ～ 20℃ 之间。地温控制在 20 ～ 30℃ 之间。出苗和缓苗后可将土温降至 17 ～ 18℃ 之间，白天气温保持在 20 ～ 25℃，夜间气温保持在 10 ～ 14℃，从破心到移栽定植前 7 ～ 10 天，白天温度保持在 20 ～ 25℃，夜间温度保持在 13 ～ 15℃。定植前 7 ～ 10 天，对秧苗进行适当的低温锻炼，白天 15 ～ 20℃，夜间 10 ～ 12℃，使畦内气温逐渐和定植后的环境一致，可适当加大昼夜温差。每天有较长时间的低温高于气温，有利于根的发展和叶面积的扩大，可有效抑制秧苗徒长。

苗期应保持土壤湿润，严格控制浇水次数，浇水一般在上午进行，浇水后要适当通风，降低空气湿度。

3. 定植前锻炼和成苗标准

定植前 7 ～ 10 天要对秧苗进行锻炼，以适应定植的露地环境，前期白天可将覆盖物揭掉，夜间可稍加覆盖，在移栽前 3 ～ 4 天，夜间也可不必覆盖。定植于大棚或塑料拱棚的秧苗，也要控制较低的温度以炼苗。

南瓜通常在子叶由黄转绿时进行移苗，一般移苗一次，移苗后要保温保湿，促进秧苗生长。可稍栽深些以防徒长，移苗要选择在暖头冷尾的晴天，有利于缓苗。育苗期间的主要病虫害有猝倒病、灰霉病、菌核病、蚜虫等，要及早防治。

四、西瓜育苗

（一）西瓜秧苗生长发育特点

西瓜属耐热性作物，在整个生长发育过程中需要有较高的温度，不耐低温，且怕霜冻。西瓜从种子萌动到具有 5 ～ 6 片真叶展开，可分为发芽期和幼苗期两个阶段。

发芽期是指从种子萌动到真叶露心，该期间种子吸水膨胀，达到饱和吸水后，胚开始进行生理吸水，吸足水的种子可经一段时间后便开始发根，子叶出土后主要是胚轴生长，出苗后 4 ～ 5 天真叶破心，子叶充分长大。发芽期胚根发育，主根真叶露心时可达 6 ～ 7 厘米，通常需 8 ～ 10 天，此期间也易发生徒长。

幼苗期是指从真叶破心到具有 5 ～ 6 片真叶展开，幼苗期叶片分化较快，但叶片生长和叶面积扩大较慢，根系伸长迅速，可同时进行花芽分化，通常早熟品种在具有 4 ～ 5 片真叶时可形成第一个雄花芽。西瓜苗期根系易木栓化，受伤后再生能力差，不耐移植，节间易伸长，要注意防止秧苗徒长。

（二）西瓜秧苗生育对环境条件的要求

① 种子发芽期　西瓜种子对发芽温度要求较高，发芽最适宜温度为 28 ～ 30℃，最低温度为 15℃，最高温度为 40℃，温度过高发芽虽快，但胚芽细长且生长势不一致，温度过低发芽慢且不整齐。西瓜发芽还要有湿润的土壤条件。

② 子叶出土和秧苗生长期　秧苗生长期适宜温度为 22 ～ 25℃，

根伸长的最适温度为32℃左右，最低温度为8℃，最高温度为40℃，西瓜秧苗在短日照和较高温度下可增加雌花数量，反之则抑制雌花形成。西瓜在光照充足、昼夜温差大条件下生长健壮，节间短，花芽分化早；若光照不足，秧苗细弱，节间伸长，花芽分化延迟。西瓜对土壤要求并不严格，但因其根系好氧，要求有疏松肥沃的土壤。

（三）西瓜品种选择

西瓜品种可根据消费市场需求和栽培模式及茬口选用（图6-24）。

图6-24 不同类型的西瓜

（四）西瓜育苗技术

1. 播种

西瓜耐热性强，对温度要求较高，种子发芽不应低于15℃，适宜温度为25～30℃，幼苗生长适温白天为20～30℃，夜间为15～20℃，低于10℃秧苗不能正常生长。在长江中下游地区，若采用露地或拱棚栽培，苗龄为30～35天，通常在三叶一心时即可定植。秧苗的播种期可根据定植期和育种方式的不同来确定。

西瓜种子种皮较厚，吸水较慢，育苗播种前应进行种子处理，可用温水浸种或用药剂处理。浸种后催芽。催芽时先尽量洗净种皮外面的黏液，防止阻碍空气流通，影响发芽。催芽前应把多余的水分控净，或是把种子摊开晾至种皮不发黏为止，如果有条件可用变温催芽法，可促进发芽，提高发芽率。催芽温度为25～30℃，最好每天早晚用清水淘洗一次，经过2～3天后即可发芽。因西瓜根细，再生能

256

力差，一般采用营养钵直播，每个营养钵可播种 1 ~ 2 粒，将种子平放在钵内，种芽朝下，覆土 1 ~ 2 厘米，以防种子"戴帽"，并控制土温在 20 ~ 25℃，气温为 28℃左右。

2. 苗期管理

西瓜从播种到出苗，需提高畦温，可促使迅速出苗，若连续数天温度都低于 10℃，会造成畦土过湿，发生烂种现象。播后要将土温控制在 20 ~ 25℃，3 ~ 5 天后即可出苗。出苗后应逐渐降温，以防秧苗徒长，白天气温要保持在 20 ~ 25℃之间，夜间温度要保持在 15 ~ 17℃，移苗前不宜浇水，当子叶展平后将弱苗除去。

苗期应保持土壤湿润，严格控制浇水次数，次数过多，会降低苗床温度，并且导致病虫害的发生，浇水要轻浇，一般在上午进行，浇水后要适当通风，降低空气湿度。

3. 定植前锻炼和成苗标准

定植前 7 ~ 10 天要对秧苗进行锻炼，以适应定植的露地环境条件，在秧苗移栽前，浇水切块，切块后可逐渐加大通风量，进行低温炼苗，白天可将覆盖物揭掉，夜间可稍加覆盖，在移栽前 3 ~ 4 天，夜间也可不必覆盖。定植于大棚或塑料拱棚的秧苗，也要控制较低的温度以炼苗。

（五）西瓜嫁接育苗

可参照黄瓜嫁接育苗进行。瓜类手工嫁接见视频 6-2。

五、甜瓜育苗

（一）甜瓜秧苗生长发育特点

视频 6-2 瓜类
手工嫁接

甜瓜秧苗根系较为发达，耐旱性较强，根系易发生木栓化，不耐移栽。甜瓜从种子萌发到具有 4 ~ 5 片真叶展开，包括发芽期和幼苗期两个阶段。

发芽期指从种子萌动到真叶露心的时期。从种子吸水膨胀，到胚开始发根，在此期间，主要是下胚轴和根系的初步建立。温度过高时易造成徒长，要适当控制温度。

幼苗期指从真叶破心到秧苗具有 4 ～ 5 片真叶展开的时期。幼苗期的基本营养生长慢，长势弱，茎节易伸长徒长，生长重心逐渐从根系转向苗端，需要一定条件下花芽开始分化发育，又因甜瓜根系木栓化较早，根系再生能力差，不耐移栽。

（二）甜瓜秧苗生育对环境条件的要求

① 种子发芽期　甜瓜种子对发芽温度要求较高，发芽最适宜温度为 28 ～ 32℃，最低温度为 15℃，最高温度为 34℃，温度过高发芽虽快，但胚芽细长且生长势不一致，温度过低发芽慢且不整齐。

② 子叶出土和秧苗生长期　秧苗生长期适宜气温白天为 25℃左右，夜间 15℃左右，温度过高引起萎蔫，温度过低引发冻害。最适地温为 20℃，根系伸长最低温度为 8℃，最高温度为 34℃。由于甜瓜对低温非常敏感，当气温下降到 13℃时生育停滞，但对高温适应性强，35℃时生长良好，甚至在 40℃高温下也可正常进行光合作用。甜瓜为喜光作物，充足的光照有利于秧苗生长，短日照条件可促进雌花形成；甜瓜根系较为发达，耐旱怕湿，以空气相对湿度 50% ～ 60% 为宜，适宜疏松、透气性良好的土壤条件，在 pH 值在 6 ～ 6.8 之间的土壤中生长，可耐轻度盐碱。

（三）甜瓜品种选择

甜瓜品种选用，与所用的栽培设施和季节茬口要相适应。特别注意其对温度、光照和湿度环境的要求。在长江三角洲和南方多雨地区栽培成功的厚皮甜瓜，多为中小型早中熟品种，一般选用日本和我国台湾比较耐湿的杂种一代，即白皮、黄皮和网纹三个类型中的一些适应品种。薄皮甜瓜品种较多，其次是厚皮甜瓜与薄皮甜瓜的杂交一代品种。北方地区则主要以厚皮甜瓜进行设施栽培为主。棚室栽培甜瓜，厚皮甜瓜宜选择颜色好、瓜形正、肉厚、甜多汁、耐运输的品种。薄厚皮中间型，则选择具有普通瓜的香味和厚皮甜瓜的清香味、含糖量高的品种。薄皮甜瓜型，宜选择早熟、风味香脆、抗病能力强的甜瓜品种（图6-25）。

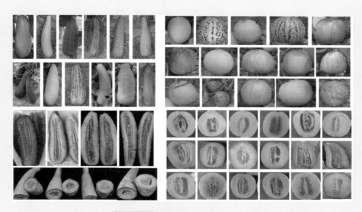

图6-25　不同类型的甜瓜

（四）甜瓜育苗技术

1. 播种

甜瓜喜温，种子在16～18℃就可发芽，发芽适温为30℃左右，幼苗生长适温为20～25℃，通常在具有3～4片真叶，苗龄30～35天时即可定植，宜在环境气温16℃以上的晴天定植。秧苗的播种期可根据定植期和育种方式的不同来确定。

甜瓜育苗播种前应进行种子处理，通常可用温水浸种或用药剂处理。浸种后，将种子放置在温暖的地方进行催芽。催芽时首先尽量洗净种皮外面的黏液，防止阻碍空气流通，影响发芽。催芽前应把多余的水分控净，或是把种子摊开晾至种皮不发黏为止，如果有条件可用变温催芽法，可促进发芽，提高发芽率。催芽期间采用增加空气湿度或包裹湿布的办法可防止种子干燥。种子在温度为50～55℃的热水中烫种15分钟，再在室温下浸种10～12小时，取出用清水搓洗干净后，捞出晾干，再放在温度为28～30℃条件下催芽，经过24～36小时后即可发芽，当芽长为0.1～0.5厘米时即可播种。播种时，每平方米苗床播种 60 克左右，播后温度控制在 28℃左右即可（图 6-26）。

图 6-26　甜瓜大棚育苗

2. 苗期管理

甜瓜从播种到出苗，需提高畦温，可促使迅速出苗，若连续数天温度都低于 10℃，会造成畦土过湿，发生烂种现象。播后要将土温控制在 28℃左右，可迅速出苗。出苗后白天气温要保持在 15 ～ 25℃之间，夜间温度要保持在 15 ～ 18℃，移苗前不宜浇水，当子叶展开并由黄转绿时即可移苗，可定植于直径为 8 ～ 10 厘米的塑料营养钵内，一钵一株。移苗后温度保持在白天 25 ～ 30℃，夜间 15 ～ 18℃，3 ～ 4 天后即可缓苗，这时可逐渐通风降温，并控制温度白天 22 ～ 28℃，夜间为 12 ～ 16℃。当秧苗长到 2 ～ 3 片真叶时，要防秧苗徒长。

苗期应保持土壤湿润，严格控制浇水次数，浇水一般在上午进行，浇水后要适当通风，降低空气湿度。

3. 定植前锻炼和成苗标准

定植前 7 ～ 10 天要对秧苗进行锻炼，以适应定植的露地环境条件，白天可将覆盖物揭掉，夜间可稍加覆盖，在移栽前 3～4 天，夜间也可不必覆盖。定植于大棚或塑料拱棚的秧苗，也要控制较低的温度以炼苗。

移苗后要保温保湿，促进秧苗生长。可稍深定植以防徒长，移苗要选择在暖头冷尾的晴天，有利于缓苗。

（五）甜瓜嫁接育苗

可参照黄瓜嫁接育苗进行（图 6-27）。

图 6-27　甜瓜嫁接苗

第三节　其他蔬菜育苗

蔬菜除了有茄果类蔬菜和瓜类蔬菜之外，还包括叶菜类蔬菜、根茎类蔬菜、葱蒜类蔬菜和水生类蔬菜等。同一类型蔬菜育苗技术与管理可供相互参考。

一、甘蓝育苗

甘蓝，通常指结球甘蓝，在我国俗称洋白菜、卷心菜、包菜、莲花白等。其柔嫩的叶球供食用，可炒食、煮食、凉拌、腌渍，可做泡菜、脱水菜等。因其营养丰富，甘蓝球叶干物含量多，耐贮运，在国内外蔬菜市场上占有重要地位。

我国各地都有甘蓝栽培，东北、西北、华北北部及青藏等高寒地区，多选用大型晚熟品种，进行露地一年一茬栽培，于春夏播种育苗，夏栽秋收，是我国甘蓝的主产区。

我国东北、西北、华北的大中城市郊区及南方各省，普遍进行一年两茬栽培，即选用早中熟品种，于冬春利用阳畦、中小拱棚等保护设施育苗，春栽夏收；或选用中熟、中晚熟品种，于夏季育苗，夏秋季栽培，秋冬季收获。

随着市场需求的变化，甘蓝在全国大多数地区利用自然条件或保护地设施创造栽培条件，选用不同类型的品种进行栽培，实现了一年多茬栽培和周年供应的目标。一般亩产量可达 2000 ～ 3000 千克，收入达 1000 ～ 4000 元。

（一）秧苗生长发育特点

甘蓝的生长发育周期分为营养生长和生殖生长两大阶段。在营养生长期内，可划分为发芽期、幼苗期、莲座期和结球期。甘蓝苗期包括发芽期和幼苗期两个阶段。

① 发芽期　从种子萌动到第一对真叶展开。吸足水的种子萌发出土很快，通常 2 ～ 3 天就可出土，再经过 7 ～ 8 天后，第一对真叶展开，并与两片子叶间夹角各为 90°，俗称"拉十字"。

② 幼苗期　从第一片真叶展开到第一叶环形成（即除基生叶之外具有 5 ～ 8 枚叶片），植株表现为"团棵"时，为幼苗期。通常早熟品种幼苗期为 25 天，中晚熟品种为 30 ～ 35 天。

（二）秧苗生育对环境条件的要求

① 种子发芽期　甘蓝喜温和气候，属耐寒蔬菜，甘蓝种子发芽最适宜温度为 25 ～ 35℃，最低温度为 18 ～ 20℃，最低温度为 8℃，刚出土的幼苗抗寒能力较弱，当幼苗长到具有 2 ～ 3 片叶后，可抵抗一定强度的低温，经过低温锻炼的幼苗，具有更强的抗寒能力。

② 幼苗期　甘蓝幼苗生长的适宜温度为 15 ～ 20℃，高于 25℃ 时茎缩短，夜温过高会造成徒长。此外，甘蓝根系较浅，叶片较大，要求有较为湿润的土壤条件，适宜空气相对湿度为 80% ～ 90% 和土壤湿度在 70% ～ 80% 的土壤条件。在幼苗还未完成春化时，长日照利于幼苗生长，并且对光照强度的适应性较强，不论是南方秋冬季还是北方冬春季育苗都能满足幼苗对光照的需求；甘蓝幼苗适宜在 pH 值为 6 ～ 7 的土壤上生长，对土壤营养元素的吸收较强，幼苗期对氮素需求较多，特别是在莲座期对氮素的需求达到最大。

（三）品种选择

春季早熟栽培，宜选择早熟、较耐寒、冬性强的品种，一般定植后 40 ～ 50 天即可收获。春季露地栽培，播种期和定植期范围较大，根据生产计划和茬口安排，注意早、中、晚熟品种搭配。选用的早熟品种，应耐寒，冬性强，春季栽培不易抽薹，品种整齐。夏甘蓝栽培，选用抗热、耐涝、抗病和适应性强的品种。秋季栽培，可进行露地和秋延迟栽培（图 6-28）。

图6-28　不同类型甘蓝

（四）甘蓝育苗技术

1. 播种

结球甘蓝的播种期因各地环境条件的不同差异很大，通常是根据绝对苗龄和定植期来决定的。利用冷床育苗法，育苗温度较低，秧苗的绝对苗龄一般为 70～80 天，若利用温床育苗或工厂化育苗，苗龄较短，一般为 50～60 天。结球甘蓝秧苗的定植要求为土壤温度稳定在 5℃以上。秧苗的播种期可根据定植期和育种方式的不同来确定。

甘蓝春早熟栽培育苗播种期大体为 11 月下旬至 12 月下旬。如果多层覆盖 1 月下旬至 2 月下旬定植的甘蓝，为培育适龄壮苗和避免发生先期抽薹，播种畦和分苗畦均可利用温床，播种前 7～10 天，苗床要施肥、整地，或调制好培养土填入畦内。播种前，苗床浇透底水，水渗后将种子均匀撒播，每平方米播种子 3 克左右，播后覆细土 1～1.5 厘米。至出苗前，苗床温度以白天 20～25℃，夜间 12～15℃为宜。三叶期是分苗适期，分苗苗距 10 厘米×10 厘米。分苗后白天苗床温度控制在 20～25℃，缓苗后适当通风，白天苗床温度控制在 20℃左右，夜间 10℃以上。当苗长出 4～5 片真叶后，苗床夜温不能偏低，以减少适于春化的低温影响，避免定植后发生先期抽薹（图 6-29）。

图 6-29 甘蓝苗

春早熟栽培甘蓝，最好采用冬闲地，深耕，经冬季冻晒，熟化土壤。定植前 7～10 天，再浅耕、耙平、做畦。畦宽可根据薄膜的幅宽或间作畦的安排确定。定植时可在畦内按行距开沟栽植，或直接按行、株距挖穴栽植，栽植深度以秧苗土坨与畦面平即可，栽苗后随即浇水。早熟品种叶丛小，适于密植，一般每亩栽植 5000 株左右。

甘蓝春早熟栽培，定植期为 2 月中下旬。不盖草苫的小拱棚，定植期为 3 月上中旬；中、小拱棚，地膜覆盖并加盖草苫的，定植期为 1 月下旬至 2 月上旬。上市时间为 3 月下旬至 5 月上旬。采用电热温床播种，在阳畦内分苗，苗龄为 60 天左右；如果播种畦和分苗畦均为阳畦，苗龄为 70～80 天。

甘蓝适龄壮苗的形态特征是：秧苗 6～8 片真叶，叶丛紧凑，叶色深，叶片厚，外茎短且粗壮，根系发达。

春季露地栽培，采用阳畦育苗时，早熟和中熟品种的适播期为 1 月上中旬，苗龄控制在 70～80 天；中晚熟品种的适播期为 1 月中下旬，苗龄 80 天左右。育苗阳畦的施肥、整畦等与春季早熟栽培育苗相同。

夏甘蓝栽培，可于 4 月下旬至 5 月下旬分期播种，适宜苗龄 30～35 天。育苗畦可做成平畦。做畦前，按每亩 5000 千克的数量，施入腐熟的优质圈肥；做畦后，再撒施部分腐熟、捣细的大粪干或鸡粪，浅刨后耙平畦面。播种前浇足底水，水渗后按每畦（40 平方米左右）100 克种子的播种量，将种子均匀撒播，播后覆细土 1.5 厘米。出苗后应及时进行间苗，可分别于子叶展开期、1～2 片真叶期、3～4 片真叶期各间苗一次。夏甘蓝育苗一般不分苗，所以最后一次间苗后留的苗距应大些，以 6～7 厘米为宜。第 2 次间苗后，每个育苗畦撒施硫酸铵 0.5 千克，并浇水，促苗生长。5 月中下旬，出现菜青虫危害时，需进行药剂防治。

夏甘蓝秧苗达 5～6 片真叶时，应及时定植。定植时间以下午和傍晚为宜，亩栽 4000 株左右，栽植方法与春甘蓝相同。

秋甘蓝播种育苗，山东各地播种期一般为 6 月底至 7 月下旬；中晚熟和晚熟品种的播种期，不应晚于 7 月 10 日，播种过晚，生长期不足，叶球不紧实。由于秋甘蓝播种时正值炎热多雨的夏季，因而要选择地势高燥、排灌方便的地块作育苗畦。

秋延迟栽培甘蓝，播种育苗定植可参照秋甘蓝播种育苗进行。播种期为 8 月中旬至 9 月中旬。一般苗龄约为 40 天。

甘蓝种子发芽适宜温度为 15 ～ 20℃，在 2 ～ 3℃的低温下发芽较为缓慢，通常 15 天左右即可出苗，秧苗的适宜生长温度为 20 ～ 25℃之间，且能耐 -3 ～ 5℃的温度。育苗播种前通常不进行催芽处理，用干种子直播。

2. 苗期管理

结球甘蓝从播种到出苗，需提高畦温，保持畦温在 20 ～ 25℃，可促使迅速出苗，若连续数天温度都低于 10℃，会造成烂种现象。一般播种后 2 ～ 3 天即可出苗，出苗后要适当降低温度，以防秧苗徒长，一般白天保持在 18 ～ 22℃，夜间为 8 ～ 10℃。出苗至第一片真叶显露，通常晴天白天保持在 20 ～ 25℃，阴天白天保持在 15 ～ 20℃，夜间不低于 10℃，若温度较高，会造成秧苗徒长，尤其是夜温较高会造成胚轴徒长。

3. 定植前锻炼和成苗标准

定植前 7 ～ 10 天，要对秧苗进行适当的低温锻炼，白天 15 ～ 20℃、夜间 10 ～ 12℃，使畦内气温逐渐和定植后的环境一致，可适当加大昼夜温差，以适应定植的露地环境条件，白天可将覆盖物揭掉，夜间可稍加覆盖，在移栽前 3 ～ 4 天，夜间也可不必覆盖。定植于大棚或塑料拱棚的秧苗，也要控制较低的温度以炼苗。

育苗中若进行分苗，可在幼苗 2 ～ 3 片真叶时进行，分苗后 3 ～ 4 天可适当提高床温，加快缓苗。若叶丛紧凑、节间短、具有 6 ～ 8 片真叶、叶呈深绿色、根系较为发达时即可定植。

结球甘蓝春季早熟栽培中较常出现先期抽薹现象，可选择冬性较强的品种，也可在秧苗长到 4 ～ 6 片真叶后，保持苗床温度在 10℃以上，可有效防止先期抽薹。

二、白菜育苗

白菜属于十字花科，芸薹属。原产于中国，是我国的特产蔬菜。其叶球肥硕、柔嫩、耐贮，食之鲜美可口，素有"百菜唯有白菜美"的称誉。其营养丰富，可供炒食、煮食、凉拌、做汤、做馅，还可腌制、酱制或加工成酸白菜、京冬菜供食用，深受消费者欢迎。白菜有一定的医疗保健作用，可与其他蔬菜或食物配合，制成有一定疗效的食疗配方。例如白菜根加红糖、生姜，水煎服后可预防或缓解感冒症状；白菜、猪肝汤可补肝利胆、益胃通肠，可辅助肝病患者治疗；白菜、豆腐汤有清养作用，适于高血压患者食用。

白菜在全国各地主要是秋季（多为夏末播种、初冬收获）露地栽培，可利用小拱棚进行春早熟栽培，以及利用防虫网或遮阳网等设施生产夏白菜，选用耐热、抗病的夏白菜品种，一般每亩可收入1000～3000元。

（一）白菜秧苗生长发育特点

白菜和结球甘蓝一样，属二年生植物，生长过程可分为营养生长和生殖生长，白菜苗期包括发芽期和幼苗期两个阶段。

① 发芽期　指从种子萌动到第一对真叶展开。白菜在适宜的条件下可迅速发芽，吸足水的种子萌发出土很快，通常36小时后子叶就可出土，在播种后7～8天后，第一对真叶展开，并与两片子叶间夹角各为90°，俗称"拉十字"，标志着发芽期的结束。

② 幼苗期　指从第一片真叶展开到第一叶环形成（即除基生叶之外具有5～8枚叶片）。通常早熟品种发生5片幼苗叶需16～17天，晚熟品种发生8片幼叶需21～22天，第一叶环排列呈圆盘状，为"开小盘"，标志着幼苗期的结束。

（二）秧苗生育对环境条件的要求

大白菜为二年生植物，完成一个生育周期，经历营养生长和生殖生长两个阶段。秋季白菜从播种到收获、冬季贮藏，属营养生长阶段，第二年春季种株定植，从抽薹、开花到授粉、结籽，属生殖生长阶段。大白菜在春季早播冬性弱的品种遇低温后会通过春化阶段，当年也可开花结籽，表现为一年生植物，但一般不能结球。其育苗可分为发芽期和幼苗期。

① 发芽期　从种子萌发到第一片真叶显露为发芽期。白菜种子发芽最适宜温度为 18～25℃，播种后，种子在温度、水分、空气适宜的条件下，约需 2 天，胚轴伸出土面；播种后 3 天，子叶可完全展开。播种后 7～8 天，两片基生叶展开，子叶与基生叶互相垂直交叉排列呈"十"字形，是发芽期结束的临界特征。刚出土的幼苗抗寒能力较弱，当幼苗长到具有 2～3 片叶后，可抵抗一定强度的低温，若经过低温锻炼的幼苗，则具有更强的抗寒能力。发芽期管理重点为通过浇水造墒、精细播种，为种子发芽创造适宜的条件。

② 幼苗期　到幼苗长出第一个叶环的叶子为幼苗期。白菜幼苗生长的适宜温度范围较广，在 20～28℃下都可正常生长，最适宜的温度范围为 22～25℃，温度过低，幼苗停止生长，温度过高，幼苗生长不良，特别是高温高湿条件下，易发生各种病害。早熟品种此期可长出 5 片叶子，需要 12～13 天；中、晚熟品种长出 8 片叶子，需要 17～18 天。第一叶环的叶子长出，形成圆盘状的叶丛称为"团棵"，是幼苗期结束的临界特征。

（三）品种选择

不同季节茬口，根据品种特性选择适宜品种（图 6-30）。

图 6-30　不同类型白菜

（四）育苗技术

白菜栽培一般多进行直播，也可育苗移栽。春季早熟栽培中，为提早收获上市时间，多于设施内（包括日光温室、大棚及中小拱棚等）先行育苗，后移栽于中小拱棚内或大田栽培（图6-31）。秋季大白菜若因前茬作物腾茬晚，可采取育苗移栽的方法，以提早播种、提早生长，提早收获上市供应。

1. 春季育苗

春早熟或春季大白菜的育苗期正值冬季或早春，应选用保温性能好的日光温室、大棚或中小拱棚等设施。育苗畦一般每亩撒施腐熟的有机肥5000千克，深翻后做成1米宽的平畦。播种前7～10天，扣严塑料薄膜，夜间加盖厚草苫子，尽量提高苗床地温。选晴暖天气的上午播种。苗床首先灌底水，等水渗下后均匀撒播种子，一般用种量为每平方米3～5克。播后覆盖细土1厘米。

苗期温度管理是春早熟白菜栽培成败的关键。温度过低，幼苗容易通过春化阶段，引发先期抽薹；晴暖天气的中午又往往温度过高，容易引起幼苗徒长。在早春育苗时，萌发出土之前的白天争取保持23℃左右的畦温。幼苗出土之后，应适当降温，白天保持温度20℃左右，夜间保持在13℃左右。

幼苗阶段的晴暖天气，要通过早揭、晚盖草苫，延长幼苗见光的时间。及时清除棚膜表面的尘土，增加透光率；改善育苗阶段低温、弱光的不利条件，培育壮苗。

当第1片真叶长出时，可进行第一次间苗，苗距2～3厘米。在2～3片真叶时，可进行第二次间苗，保持苗距4～5厘米。定植之前5～6天，对苗床适当进行通风降温，尽量使温度与定植之后的环境一致，锻炼幼苗，提高幼苗适应能力。育苗时间一般35天左右，若畦温稍高，育苗时间可适当缩短。

2. 秋季育苗

秋季育苗移栽时，同一品种在同一地区可比直播早播种4天。播种前，可选排灌水方便和靠近白菜栽种田的地块作育苗畦；有条件的，最好选择遮阳、防雨、防虫设施的日光温室或大棚，采用穴盘育苗或利用营养钵育苗。

在田间育苗时，可做成 1.5 米宽的平畦或半高畦。育苗畦不宜过长，15 ~ 20 米为宜。做畦后，亩施 6000 千克左右的充分腐熟、捣细的优质圈肥，然后深翻耙平。播前，畦内灌足底水，水渗下后将种子撒播于畦内。20 米长的畦播种 40 克左右，可供 1 亩大田用苗。播种后覆细土 1 厘米左右。如果播种后有大雨，雨前须用草帘等覆盖，防止"雨拍"，保证种子顺利出苗，覆盖物应于雨后撤除。如果播种后天气晴朗，畦土落干，可在播种后第 2 天下午或第 3 天上午浇一水，以利出苗整齐。1 片真叶期和 2 ~ 3 片真叶期各间苗一次，留苗距 4 ~ 5 厘米，5 ~ 6 片叶时移苗定植。

3. 苗期管理

白菜从播种到出苗，需提高畦温，保持畦温在 20 ~ 25℃，可促使迅速出苗，若连续数天温度都低于 10℃，会造成畦土过湿发生烂种现象。可覆盖遮阳网保湿，出苗前每天傍晚可浇水一次，当 30% 左右的种子出苗后即可逐渐揭去覆盖物。齐苗后，要及时除去病苗、弱苗，当幼苗长到 2 ~ 3 片真叶时，可适当扩大株距。

4. 定植前锻炼和成苗标准

定植前 7 ~ 10 天，要对秧苗进行适当的低温锻炼，白天 15 ~ 20℃，夜间 10 ~ 12℃，使畦内气温逐渐和定植后的环境一致，可适当加大昼夜温差，以适应定植的露地环境条件，在秧苗移栽前，浇水切块，切块后可逐渐加大通风量，进行低温炼苗，避免下雨淋湿土块，待土块基本晾干，不散坨时即可移栽。露地定植的秧苗，可逐步进行炼苗，前期白天可将覆盖物揭掉，夜间可稍加覆盖，在移栽前 3 ~ 4 天，夜间可不必覆盖。定植于大棚或塑料拱棚的秧苗，也要控制较低的温度以炼苗。

当幼苗具有 4 ~ 5 片真叶时即可定植，高温季节应以 3 ~ 4 片真叶期定植，可提高成活率。在白菜育苗过程中，病虫害较多，应及时防治。

图6-31 白菜温室育苗

三、花椰菜育苗

（一）花椰菜秧苗生长发育特点

花椰菜和结球甘蓝一样，生长过程可分为营养生长和生殖生长，花椰菜苗期包括发芽期和幼苗期两个阶段。

① 发芽期 从种子萌动到第一对真叶展开。花椰菜在适宜的条件下可迅速发芽，吸足水的种子萌发出土很快。

② 幼苗期 从第一片真叶展开到第一叶环形成（即除基生叶之外具有 5 ~ 8 枚叶片）。花椰菜幼苗期的生长量虽然不大，但它是以后生长发育的基础。

（二）花椰菜秧苗生育对环境条件的要求

① 种子发芽期 花椰菜喜冷凉气候，属半耐寒性蔬菜，但其耐寒性和抗热性较结球甘蓝要差，由于花椰菜的产品和营养贮藏器官均为花球，栽培季节对品种的选择较为严格。花椰菜种子发芽最适宜温度为 18 ~ 22℃，温度过低，发芽缓慢，温度过高，发芽迅速，

但幼芽细弱。刚出土的幼苗抗寒能力较弱，当幼苗长到一定程度后，可抵抗一定强度的低温，若幼苗经过低温锻炼，则具有更强的抗寒能力。

② 幼苗期　花椰菜幼苗生长的适宜温度为 13 ～ 19℃，由于花球的生育适温为 15 ～ 20℃，气温低于 8℃时花球生长缓慢，高于 24℃时花球松散，品质和产量降低。若遭遇 −2℃低温时，叶片会发生冻害。花椰菜属低温长日照作物，光照不足会造成秧苗瘦弱，因此，幼苗生长要求有充足的光照。花椰菜喜湿润土壤，但耐旱、耐涝能力弱，对土壤水分要求较高，并且要求有疏松肥沃、氮素充足和保水渗水性好的苗床。

（三）花椰菜品种选择

常见花椰菜花球为白色，西蓝花生产上也已广泛栽培。

（四）花椰菜育苗技术

1. 播种

花椰菜的播种期因品种和各地环境条件的不同差异很大，通常是根据绝对苗龄和定植期来决定的。花椰菜对各品种的播种期要求较为严格，过早或者过晚播种都可能出现毛花或小花等问题。在长江流域地区，通常在 6 ～ 12 月播种；华北地区春季 2 月中上旬播种，秋季 6 月上旬至 7 月上旬播种；东北地区春季 2 月下旬至 3 月上旬播种，秋季的播种期与华北地区相似。通常可按照每亩 15 ～ 25 克播种，2 ～ 3 天后即可出苗。早熟品种的苗龄为 25 ～ 30 天，中熟品种为 30 ～ 40 天，晚熟品种为 40 ～ 50 天。花椰菜秧苗的定植要求土壤温度稳定在 5℃以上。秧苗的播种期可根据定植期和育种方式的不同来确定。

花椰菜喜冷凉气候，属于半耐寒蔬菜，花椰菜种子发芽适宜温度为 16 ～ 20℃，在 2 ～ 3℃的低温下发芽较为缓慢，当温度达到 25℃时发芽最快，通常 2 ～ 3 天即可出苗，秧苗的适宜生长温度为 20 ～ 25℃之间，且能耐 −3 ～ 5℃的低温。

2. 苗期管理

花椰菜从播种到出苗，保持畦温在 20～25℃，可促使迅速出苗，若连续数天温度都低于 10℃，会造成畦土过湿发生烂种现象。一般播种后 2～3 天即可出苗，出苗后要适当降低温度，以防秧苗徒长，一般白天保持在 18～22℃、夜间为 8～10℃。高夜温可造成胚轴徒长。育苗期间根据需要可假植 1～2 次。

3. 定植前锻炼和成苗标准

定植前 7～10 天，要对秧苗进行适当的低温锻炼，白天 15～20℃，夜间 10～12℃，使畦内气温逐渐和定植后的环境一致，可适当加大昼夜温差，以适应定植的露地环境条件，白天可将覆盖物揭掉，夜间可稍加覆盖，在移栽前 3～4 天，夜间也可不必覆盖。定植于大棚或塑料拱棚的秧苗，也要控制较低的温度以炼苗。

当秧苗具有 5～8 片真叶时即可定植，花椰菜较耐低温，春季育苗较早，光照强度和光照时间都不能满足秧苗生长，在育苗过程中要尽量延长光照时间，增加光照强度，以培育壮苗。育苗过程中，病虫害应及时防治，防治方法请参阅第五章。

四、芹菜育苗

芹菜学名为旱芹，属伞形科蔬菜，富含维生素和矿物质，有挥发性芹菜油，具有香味，能促进食欲，主要以叶柄供食。芹菜不仅营养十分丰富，还具有保健作用，如对防治高血压、糖尿病、痛风有较好效果，对冠心病、神经衰弱及失眠头晕等症治疗均有帮助（图6-32）。

（一）芹菜秧苗生长发育特点

芹菜可分为中国芹（本芹）和西芹（洋芹）两种，前者叶柄细长，单株重较小；后者叶柄较宽，单株重较大，在栽培上有所不同，芹菜属耐寒性蔬菜，要求有冷凉湿润的环境条件，在高温干旱条件下生长不良。

图6-32　温室芹菜

　　芹菜生产上所用的种子其实是果实，外皮呈革质，透水性较差，发芽较慢。种子发芽最适温度为 15～20℃，温度过低，发芽缓慢，温度过高，发芽迅速，但幼芽细嫩，通常在适宜温度下 7～10 天即可出芽。

　　芹菜秧苗生长适宜温度为 15～20℃，且能够忍耐 -5～4℃ 的低温，芹菜属于绿体春化型，由营养生长向生殖生长的转变要求有低温长日照条件，通常当幼苗具有 3～4 片真叶时，在 2～5℃ 低温下，经过 10～20 天即可通过春化，由于芹菜对光照强度要求并不严格，在高温长日照条件下，可抽薹开花。

（二）芹菜秧苗对环境条件的要求

　　芹菜根系较浅，吸水吸肥能力较弱，种子发芽出土和幼苗生长要求有较高的土壤和空气湿度，对氧气的需求较其他种子要高，需要有充足的养分。因此，芹菜育苗要求富含有机质、疏松通气、保水保肥能力强的土壤和充足的矿质营养。苗期不可缺磷，适宜的土壤 pH 为

6 ～ 6.7。

（三）品种选择

芹菜性喜冷凉，幼苗能耐较高温和较低温。栽培形式分为春芹菜、夏芹菜、秋芹菜、越冬芹菜，其中以春秋两季为主，又以秋季生长最好，产量较高，露地栽培从 3 ～ 9 月均可播种、定植。

目前在生产中普遍栽培的芹菜品种有青梗芹、绿梗芹、白梗芹、美国芹等。芹菜耐阴、耐湿、耐低温而不耐高温。为此，作夏季栽培的芹菜，宜选择耐热、生长快的早熟或中熟品种，如绿梗芹菜、青梗芹菜。

（四）芹菜育苗技术

1. 播种

芹菜的播种期因品种和各地环境条件的不同差异很大，通常是根据绝对苗龄和定植期来决定的。秧苗的播种期可根据定植期和育种方式的不同来确定。

芹菜喜冷凉湿润的气候，有一定的耐寒性，芹菜种子发芽适宜温度为 15 ～ 20℃，温度过高或过低都会造成发芽较为缓慢。芹菜种子发芽需要较多的水分和一定的光照。

芹菜种子较小，果皮坚厚，透水性较差，出苗能力较弱，发芽需要有较低的温度，所以育苗播种前要对种子进行适当处理，以加快出苗。通常可先浸种 12 ～ 14 小时，用清水洗净，在 20 ～ 22℃的温度下催芽，若用变温催芽法，可促进发芽，提高发芽率。催芽期间采用增加空气湿度或包裹湿布的办法可防止种子干燥。待有一半以上种子萌发后即可播种，播种前要浇足底水，高温季节要遮阴防雨，并将种子用温水浸种 0.5 ～ 1 小时，捞出后掺上细沙并均匀撒播。

2. 苗期管理

芹菜从播种到出苗，需提高畦温，保持畦温在 20 ～ 25℃，可促使迅速出苗。一般播种后 7 ～ 14 天即可出苗，出苗后要适当降低温度，以防秧苗徒长，一般白天保持在 18 ～ 22℃，夜间为 8 ～ 10℃。

3. 定植前锻炼和成苗标准

定植前 7 ～ 10 天，要对秧苗进行适当的低温锻炼，白天 15 ～ 20℃，夜间 10 ～ 12℃，使畦内气温逐渐和定植后的环境一致，可适当加大昼夜温差，以适应定植的露地环境条件，白天可将覆盖物揭掉，夜间可稍加覆盖，在移栽前 3 ～ 4 天，夜间也可不必覆盖。定植于大棚或塑料拱棚的秧苗，要控制较低的温度以炼苗。当秧苗具有 4 ～ 6 片真叶时即可定植。

由于芹菜出苗时间较长，苗期应保持土壤湿润，严格控制浇水次数，在施足基肥的情况下，一般可不必追肥。芹菜育苗过程中，可在秧苗具有 1 ～ 2 片真叶时结合间苗来清除杂草，病虫害应及时进行防治。

五、莴苣育苗

莴苣属一年生或两年生草本植物，主要有叶用莴苣（生菜）和茎用莴苣（莴笋）两种类型。

（一）莴苣秧苗生长发育特点

莴苣是直根系，根系较浅，移植后侧根发根能力较强，莴苣的苗期包括发芽期和幼苗期两个阶段。

① 发芽期　从种子萌动到真叶露心。该期间种子吸水膨胀，达到饱和吸水后，胚开始进行生理吸水，吸足水的种子经过 8 ～ 10 天即可露心。

② 幼苗期　从真叶破心到第一个叶环 5 ～ 8 片叶展开，通常需 20 ～ 25 天。

（二）莴苣秧苗生育对环境条件的要求

① 种子发芽期　莴苣喜冷凉湿润的气候，可耐轻霜冻，忌高温，莴苣种子发芽最适宜温度为 15 ～ 20℃，最低温度为 4℃，最高温度为 30℃，温度过高发芽虽快，但生长势不一致，温度过低发芽慢且

不整齐。

②　幼苗期　莴苣幼苗对温度的适应能力较强，生长最适温度为
12～20℃，可耐 −5～3℃ 的低温。莴苣由营养生长向生殖生长的转
变不一定要有低温，但必须要有长日照条件。此外，莴苣幼苗有一定
的耐弱光能力，且吸水吸肥能力弱，不仅要求有充足的土壤水分和通
气条件，还要有充足的氮肥。

（三）品种选择

应根据叶用、茎用以及栽培季节方式选用适宜品种。

（四）莴苣育苗技术

1. 播种

莴苣有茎用莴苣（莴笋）和叶用莴苣（生菜）之分，叶用莴苣（图
6-33）又可分为结球莴苣和散叶莴苣。茎用莴苣和结球莴苣一般采用
育苗移栽，而散叶莴苣一般采用直播或用穴盘育苗。莴苣的播种期因
品种和各地环境条件的不同差异很大，通常是根据绝对苗龄和定植期
来决定的。

莴苣种子发芽的适宜温度为 15～20℃，低于 4℃ 或高于 30℃ 都
不利于种子发芽，播种前通常要对种子进行一定的处理，可先将种
子放置在凉水中预浸种 5～6 小时，然后再晾干催芽，催芽后播种
可提早出苗，催芽时首先尽量洗净种皮外面的黏液，防止阻碍空气
流通，影响发芽。催芽前应把多余的水分控净，或是把种子摊开晾
至种皮不发黏为止，然后在 15～18℃ 的温度下催芽，经 36～60 小
时，种子开始萌发，催芽期间采用增加空气湿度或包裹湿布的办法
可防止种子干燥，如果种子太干，可用清水淘洗后控净水，将种皮
晾至半干。

由于莴苣的出苗率较低，通常秋季播种量为每亩 20～25 克，
春季播种量可适当减少，为每亩 15～20 克，在播种后要保持床土
湿润。

图6-33 叶用莴苣（生菜）

2. 苗期管理

莴苣从播种到出苗，需提高畦温，可促使迅速出苗，若连续数天温度都低于10℃，可能会造成畦土过湿发生烂种现象。出苗后要及时删苗，并适当降低温度，以防秧苗徒长。幼苗期对温度适应性较强，最适温度在12～20℃之间，能够忍受-5～6℃的低温，但若温度过高时，幼苗茎部易受灼伤而发生倒苗，尤其是秋莴苣在高温季节栽培时要特别注意遮阴降温育苗。

3. 定植前锻炼和成苗标准

定植前7～10天，要对秧苗进行适当的低温锻炼，白天15～20℃，夜间10～12℃，使畦内气温逐渐和定植后的环境一致，可适当加大昼夜温差，以适应定植的露地环境条件，在秧苗移栽前，浇水切块，切块后可逐渐加大通风量，进行低温炼苗，白天可将覆盖物揭掉，夜间可稍加覆盖，在移栽前 3 ~ 4 天，夜间也可不必覆盖。定植于大棚或塑料拱棚的秧苗，也要控制较低的温度以炼苗。

莴苣苗一般不假植，当秧苗具有 4 ~ 5 片真叶（春季育苗）或 6 ~ 7 片真叶（秋季育苗），苗龄为 25 ~ 35 天时即可定植。

苗期应保持土壤湿润，严格控制浇水次数，次数过多，会降低苗床温度，并且导致病虫害的发生，浇水要轻浇，一般在上午进行，浇水后要适当通风，降低空气湿度。育苗过程中，病虫害较多，应及时防治。

六、洋葱育苗

洋葱适应性强，又耐贮藏和运输，在我国发展速度很快，全国各地广泛栽培。洋葱可用来调剂蔬菜供应，且成为我国出口创汇的主要蔬菜品种之一。

洋葱以肉质鳞片和鳞芽构成鳞茎作为食用器官，其营养十分丰富，不仅含有较多的蛋白质、维生素，而且含有硫、磷、铁等多种矿物质。洋葱因含挥发性硫化物而具有特殊的辛香味。可炒食、生食或调味，可加工成脱水菜，小型品种用于腌渍。因其具有降血压、降血脂和舒张血管等药用价值，是一种保健型蔬菜。

（一）洋葱秧苗生长发育特点

洋葱生长发育可分为营养生长期、鳞茎休眠期、生殖生长期三个阶段，洋葱苗期是指洋葱营养生长期的发芽期和幼苗期。

① 发芽期　从种子萌动到真叶露心。期间种子吸水膨胀，达到饱和吸水后，胚开始进行生理活动，其种皮坚硬，吸水发芽较为缓慢，在适宜的条件下，播种后 7 ~ 8 天即可出土，再经过 7 ~ 8 天后第一片真叶展开，洋葱出土能力弱，忌覆土厚和土壤板结。

② 幼苗期　从第一片真叶破心到定植。幼苗期的长短因播种和定植季节的不同而异。洋葱幼苗期生长缓慢，特别是出土后一个月内，叶身细小，生长量较小，根数也不多，水分和养分需求量不大，在此期间，要适当控制浇水。

（二）洋葱秧苗生育对环境条件的要求

① 种子发芽期　洋葱属耐寒性植物，发芽最适宜温度为12～20℃，最低温度为3℃，温度过高发芽虽快，但生长势不一致，温度过低发芽慢且不整齐。种子发芽期一般为15～20天。种子发芽主要依赖种子自身所贮存的营养物质，属自养阶段。发芽期需要适宜的温度和土壤湿度。

② 幼苗期　洋葱幼苗生长最适温度为12～20℃，健壮的秧苗可忍耐 -7℃的低温，在0℃时根系仍可缓慢生长。洋葱适宜中等光照强度，秧苗根系较浅，吸水吸肥能力较弱，秧苗生长期要求有较高的土壤湿度，要求床土疏松肥沃，且保水保肥能力强。秧苗对土壤盐碱反应较为敏感，适宜 pH 6～6.5 的土壤，苗期对氮磷钾肥吸收较少，一般不追肥，要严格控制浇水，以防幼苗徒长，造成先期抽薹。秋播秋栽幼苗期为40～60天，秋播春栽幼苗期为180～210天。洋葱生产上主要以秋播秋栽为主。

（三）品种选择

洋葱从形态上可分为普通洋葱、分蘖洋葱和顶生洋葱。

普通洋葱，一般可以其鳞茎的形状而分为扁球形、圆球形、卵圆形及纺锤形。也可以其成熟度的不同分为早熟、中熟及晚熟。长江以南大都以中、早熟种为主。可按不同地理纬度分为三个类型：①"短日"类型。适应于我国长江以南，纬度在北纬32°～35°地区，这类品种，大多秋季播种，春夏收获。②"长日"类型。适应于我国东北各地，纬度在北纬35°～40°以北地区，这类品种早春播种或定植（用鳞茎小球），秋季收获。③中间类型。适应于长江及黄河流域，北纬32°～40°之间，这类品种，秋季播种，第二年晚春及初夏采收。

按照鳞茎的皮色而分为红皮种、黄皮种及白皮种：①红皮洋葱。葱头外表紫红色，鳞片肉质稍带红色，扁球形或圆球形，直径8～10厘米。耐贮藏、运输，休眠期较短，萌芽较早，表现为早熟至中熟，5月下旬至6月上旬收获。华东各地普遍栽培。代表品种有'上海红皮'等。②黄皮洋葱。葱头黄铜色至淡黄色，鳞片肉质，微黄而柔软，组织细密，辣味较浓。扁圆形，直径 6 ～ 8 厘米。较耐贮存、运输，早熟至中熟。产量比红皮种低，但品质较好，可作脱水加工用。圆形或高圆形，适合出口，代表品种有'连云港 84-1''大宝''莱选 13'等。③白皮洋葱。葱头白色，鳞片肉质，白色，扁圆球形，有的则为高圆形和纺锤形，直径 5 ～ 6 厘米。品质优良，适于作脱水加工的原料或罐头食品的配料。但产量较低，抗病较弱。在长江流域秋播过早，容易先期抽薹。代表品种有'哈密白皮'等。

（四）洋葱育苗技术

1. 播种

洋葱的播种期因品种和各地环境条件的不同差异很大，通常是根据绝对苗龄和定植期来决定的。华南地区一般为近冬播种，长江流域为秋播，东北地区则以春播为主，除春播之外，其他播种时间要严格控制，以避免在冬季低温来临时秧苗过分徒长，所以，秋播的时间越往北越早，越往南越迟。秧苗的播种期可根据定植期和育种方式的不同来确定。

洋葱喜凉爽干燥气候，怕炎热高温，洋葱种子发芽适宜温度为 15 ～ 18℃，在 3 ～ 5℃的低温下发芽较为缓慢，秧苗的适宜生长温度为 12 ～ 20℃之间，且能耐 -6 ～ 7℃的低温，超过 25℃时生长较为缓慢。洋葱种子较为细小，发芽时子叶不易出土，床土要求疏松、肥沃和保水力强，播种前一般不对种子进行浸种和催芽，直接用于干籽播，洋葱种子寿命较短，应采用新种子进行播种，通常每亩播种 200 ～ 250 克，播种后要注意保持床土的湿润。

2. 苗期管理

洋葱播种后要保持床土的湿润，需适当提高畦温，可促使迅速出苗，若连续数天温度都低于 10℃，可能造成烂种现象。一般播种后 8 ～ 10 天即可出苗，出苗后要适当降低温度，以防秧苗徒长，一般白天保持在 18 ～ 22℃，夜间为 8 ～ 10℃，齐苗后要及时间苗。

3. 定植前锻炼和成苗标准

定植前 7 ～ 10 天，要对秧苗进行适当的低温锻炼，白天 15 ～ 20℃，夜间 10 ～ 12℃，使畦内气温逐渐和定植后的环境一致，可适当加大昼夜温差，以适应定植的露地环境条件，白天可将覆盖物揭掉，夜间可稍加覆盖，在移栽前 3 ～ 4 天，夜间也可不必覆盖。定植于大棚或塑料拱棚的秧苗，需控制较低的温度以炼苗。

各地实践表明，洋葱定植的适宜苗龄大小为：单苗重 5 ～ 6 克，苗径粗 0.6 ～ 0.9 厘米，苗高 20 厘米左右，具有 3 ～ 4 片真叶，既可避免因苗龄过大而造成先期抽薹，又可避免因苗龄偏小而减产。

七、韭菜育苗

韭菜属多年生宿根性耐寒葱蒜类蔬菜，其营养丰富，适应性广。

（一）韭菜秧苗生长发育特点

韭菜生长发育可分为营养生长期和生殖生长期两个阶段，韭菜苗期包括营养生长期的发芽期和幼苗期。

① 发芽期　从种子萌动到真叶露心。期间种子吸水膨胀，进行生理活动，在适宜的条件下，播种后 15 ～ 20 天第一片真叶即可展开。这一时期地下发根数不多，地上部主要是子叶的生长。

② 幼苗期　从第一片真叶破心到定植，幼苗期的长短因播种和定植季节的不同而异。通常需 40 ～ 60 天。幼苗出土后，地上部分生长较为缓慢，根系生长较快，要加强管理，促进秧苗生长。

（二）韭菜秧苗生育对环境条件的要求

① 种子发芽期　韭菜属耐寒性蔬菜，对温度的适应性较广，种子发芽最适宜温度为 15 ～ 18℃，最低温度为 2℃，温度过高发芽虽快，但生长势不一致，温度过低发芽慢且不整齐。

② 幼苗期　韭菜幼苗生长最适温度为 12 ～ 24℃，高于 25℃ 植株细弱，生长不良，几乎停止生长。韭菜喜中等强度的光照，在植株长到一定大小后才可感受低温通过春化，长日照完成光周期反应。韭

菜叶狭长，蒸腾量较小，可耐一定程度的干旱，可适应干燥的空气环境，苗期适应的空气湿度为 60% ～ 70%。种子种皮较厚，吸水困难，幼苗出土后根系弱，均要求土壤中有充足的水分。夏季则应适当降低土壤湿度，以防高温高湿病害。

韭菜对土壤适应性较广，育苗适宜土壤疏松通气、富含有机质和排水性良好的土壤，幼苗吸肥能力弱，床土中要求有充足的速效营养。

（三）品种选择

按韭菜可食部位，可分为叶用韭、根用韭、薹用韭、花用韭和叶薹兼用韭 5 个类型。棚室生产上以叶用韭为主。采收鲜韭为主，韭菜营养生长旺盛，营养体生长较快，鲜韭产量高；叶片、叶鞘柔嫩多汁，辛香味浓，鲜韭品质好。目前，生产上的绝大多数韭菜属于叶用韭，这种类型生产上应用广泛，优良品种较多。

（四）韭菜育苗技术

1. 播种

韭菜为多年生蔬菜，可育苗移栽也可直播，韭菜的播种期因品种和各地环境条件的不同差异很大，南方春播和秋播均可，北方一般为春播，华北地区一般在 4 月份播种，东北地区则在 4 月下旬到 5 月份播种。

韭菜喜冷凉气候，可耐低温抗霜冻，地上部分能够忍耐 -4 ～ 5℃ 的低温，韭菜种子发芽适宜温度为 15 ～ 18℃，茎叶生长适宜温度为 12 ～ 24℃。韭菜育苗中常出苗不齐，为提高种子发芽率，可在播种前对种子进行浸种和催芽，先将种子放在清水中浸种 24 小时，晾干催芽，在 15 ～ 20℃ 的温度下 2 ～ 3 天后，种子即可露白。若在多雨季节的南方，床土本身湿度较大，一般不进行浸种和催芽，可直接用干种子播种。

2. 苗期管理

韭菜播种后要保持床土的湿润，需适当提高畦温，可促使迅速出苗，若连续数天温度都低于 10℃，会造成畦土过湿发生烂种现象。一般播种后 7～8 天即可出苗，出苗后要适当降低温度，以防秧苗徒长。

3. 定植前锻炼和成苗标准

定植前 7～10 天，要对秧苗进行适当的低温锻炼，白天 15～20℃，夜间 10～12℃，使畦内气温逐渐和定植后的环境一致，可适当加大昼夜温差，以适应定植的露地环境条件，在秧苗移栽前，浇水切块，切块后可逐渐加大通风量，进行低温炼苗。露地定植的秧苗，可逐步进行炼苗，前期白天可将覆盖物揭掉，夜间可稍加覆盖，在移栽前 3～4 天，夜间也可不必覆盖。定植于大棚或塑料拱棚的秧苗，也要控制较低的温度以炼苗。

出苗后要及时间苗和清除杂草，当秧苗有 15～20 厘米高时即可定植。

苗期应保持土壤湿润，严格控制浇水次数，浇水一般在上午进行，浇水后要适当通风，降低空气湿度。苗期严格控制施肥，定植前可不施肥，以防秧苗徒长，育苗过程中，病虫害杂草较多，应及时除草防治。

第七章
蔬菜育苗经营与管理

随着我国经济技术的发展以及蔬菜产业进一步发展和提升，如何充分利用育苗地区的气候、热源、资金、技术等各方面的优势，降低育苗成本，提高秧苗质量，并以此形成产业，大批量生产商品秧苗，产生良好的经济效益和社会效益，促进蔬菜种苗产业的发展，成为当今蔬菜育苗经营与管理的重心。

本章就蔬菜种苗的贮运、生产计划制定与成本核算、市场培育与销售进行简要介绍。

第一节　蔬菜秧苗的贮运

一些发达国家如美国、荷兰、法国、意大利等，均较普遍地创建了不同规模的蔬菜种苗公司，在其所建的育苗工厂中大批量地培育蔬菜商品苗，其中多数或全部运往异地定植，路途短的有数百公里，长的可达数千公里，以至空运到国外。异地育苗不仅有利于蔬菜种苗产业的发展，获得很好的经济效益，而且也能产生较大的社会效益，这是蔬菜产业化发展的必然趋势。因此秧苗贮藏与运输是工厂化育苗的重要组成部分。

一、运前准备

（一）运输计划

运输前要做好计划，买方要做好定植前的准备，注意收听天气预报，天气状况较好时运输可减少损失。

（二）运前处理

如果运输路途较远，必须对秧苗进行保鲜药剂处理，防止水分过度蒸发及根系活力减退，增强缓苗力。研究表明，远途运输的番茄苗（5～7片真叶）用乙烯利（300毫克/升）处理，可促进秧苗定植以后的缓苗及发根，并提高产量。采用一些新型药剂处理贮运3～7天质量保持率较对照提高6.1%～17.6%；以富里酸为主要成分的复配型蔬菜秧苗保鲜剂，保鲜剂处理只需在贮运前1天喷施一次，施用方法简单易行，成本很低，效果显著，可以推广应用于蔬菜及其他作物工厂化育苗的生产实践。

（三）秧苗的护根

在运输时，可以带盘运输（穴盘育苗），也可以不带盘运输，但后者应特别注意根系保护。带盘运输运输量较小，但对根系保护较好；不带盘运输应密集排列，以防止因基质散落而造成根系散落。

二、包装与运输工具

（一）秧苗包装

秧苗育成后，应及时包装运输。运输秧苗的容器如纸箱、木箱、木条箱、塑料箱等均可采用，应依据运输距离选择不同的包装容器。容器应有一定的强度，能经受一定的压力与路途中的颠簸。远距离运输时，每箱装苗不宜太满，装车时既要充分利用空间，又要留有一定的空隙，防止秧苗呼吸热的伤害。为提高运输车辆单位空间的秧苗运输量，育成的蔬菜秧苗应该从穴盘中取出，按次序平放在容器内。在装箱过程中，应注意不要破坏秧苗根系，以免影响定植后的缓苗生长。

（二）秧苗运输工具

运输工具目前在我国有火车、汽车以及拖拉机等。从平稳的角度考虑，以火车最为适宜，而拖拉机等小型的运输工具运输时震动相对较大。所以，长距离的运输，最好是用火车或汽车，这样可以减少由于运输造成的损失。

工厂化育苗中，运输是其中重要的一环。为保证秧苗快速、安全地运输到栽培现场，一般均应用汽车运输，以减少中间的卸装环节。因为秧苗运输对温度以及通风等都有一定的要求，最好是采用保温空调车，但这样会使运输成本加大。采用一般大卡车运输时，冬季要注意保温，防止秧苗冻害的发生。在运输过程中，穴盘秧苗应该用苗箱装运，苗箱的选用以价格较低、不易损坏为原则。

（三）运途中处理

秧苗在运输途中的保鲜技术，对秧苗定植后的缓苗很重要。生产上根据实际情况，利用简单的技术进行适当的保鲜。如近距离或短时间的运输，一般是给予一定的湿度和适宜的温度；但如果是远距离或较长时间的运输，则应给秧苗提供适当的营养，可喷洒适量含有氮磷钾及多种营养成分的营养液，并保持一定的湿度和温度。此外，在包装容器上应有通气孔，避免秧苗较长时间在湿润、缺氧条件下呼吸，使秧苗素质下降。

三、秧苗贮运质量保持技术

进行蔬菜秧苗运输，主要需解决秧苗根系的保护及包装运输工具。育苗是根据生产需求周年进行的，在天气的选择上几乎没有多大余地，也就是说，秧苗贮运的大环境是无法改变的，只能从贮运的小环境甚至秧苗所处的微环境加以改变，以求达到秧苗保鲜的目的。

（一）防止秧苗受冻

在我国北方地区冬季异地育苗远途运输的首要问题就是必须防止秧苗受冻或寒害。根据试验，番茄秧苗较长时间处于5℃条件下，即会受到寒害。主要预防措施有以下几点。

1. 秧苗锻炼

在秧苗运输前3～5天逐渐降温锻炼。例如，果菜类一直可以将温度降到10℃左右，夜间最低可以降到7～8℃，并适当控制灌水量。秧苗通过降温、控水进行锻炼，生长速度缓慢，光合产物积累量增加，茎叶组织的纤维增加，含糖明显提高，表皮增厚，气孔阻力加大。秧苗的抗逆性增强，有利于抵抗贮运中低温的伤害。但锻炼不可过度，更不宜控水过度，以免降低秧苗培育质量。在育苗前就应将锻炼的时间计划在内，保证秧苗有足够的苗龄。

2. 喷施植物低温保护剂

在运输前用1%低温保护剂喷施2～3次，可获得耐低温的良好效果。

3. 选用较好的装箱方法

冬季贮运秧苗，宜采用裸根包装（将秧苗从穴盘中取出，一层层平放在箱内）。包装箱四周衬上塑料薄膜或其他保温材料，防止寒风侵入伤害秧苗。

4. 做好覆盖保温

装箱后在顶部和四周用棉被覆盖严实保温，并用绳子固定，防止大风吹开。

（二）防止秧苗"热伤"

在夏季高温季节运输秧苗，应采取措施防止秧苗"热伤"。

1. 避免高温装箱

贮运前秧苗处于活力旺盛的生长阶段，为了减少秧苗的呼吸消耗，要控制贮运期间的适宜温度，同时必须注意装箱时的秧苗温度，尽量避免高温时装箱，防止"田间热"带入箱内，加大秧苗的呼吸量而降低秧苗质量。

2. 喷施秧苗保鲜剂

各种秧苗质量保鲜剂（如 0.04% 的富里酸复配保鲜剂），起到防病、降低水分蒸散和提高植物免疫等作用。在秧苗贮运前 1 天按规定浓度喷施可获得比较明显的保鲜效果。

3. 增加秧苗包装箱内的湿度

贮运时温度适宜或在适宜温度范围内偏低，可以通过装箱前浇水或喷水以增加贮运期间箱内小环境的空气湿度；如果大环境气温高而贮运期间又无法控温，可以采用根部微环境的保水处理措施，如在根系水分较好时用保湿材料包裹根系，避免秧苗萎蔫。

4. 提倡夜间运输

在夏季运输秧苗，尽可能在夜间行车。因为在炎热的夏季，昼夜温差可达 15～20℃；另外，夜间运苗，一般路程次日上午即可到达，可争取时间及时定植，快速成活。

（三）防止秧苗"风干"

运输途中的"风干"是秧苗运输中的一大灾害。一方面，运输过程中风力很大，秧苗叶片界面层变薄甚至消失，阻力减小，蒸腾加快；另一方面，在贮运中，由于风大，秧苗水分的蒸腾量增大，即使在强风时气孔关闭，秧苗失水也很快。因此。必须采取有效措施保水，防止秧苗很快失水萎蔫。

1. 保水剂的应用

保水剂一般为有机高分子聚合物。它能够吸收比自身重数百倍甚至上千倍的水，可缓缓释放供给作物利用。保水剂的应用在无土穴盘育苗中有较明显的效果。如将保水剂按基质质量的一定比例（如 4%）施入，由于对水分的调控作用，能对番茄秧苗的生理活性产生明显的影响。

2. 育苗期喷施植物生长调节剂

夏季高温季节育苗，除非有很好的降温设备，否则，秧苗极易徒长。可根据育苗的要求，适当喷施矮壮素或多效唑等生长调节剂，促使秧苗矮壮，减少贮运中秧苗水分损失。

3. 抗蒸腾剂的应用

典型的抗蒸腾剂如黄腐酸可提高作物的抗旱能力，在缩小叶片气孔开张度、减少水分蒸腾方面有明显的作用。喷施黄腐酸可以起到秧苗保水、抗旱的作用，从而提高秧苗贮运质量保持率。特别在夏季育苗与秧苗贮运时，黄腐酸的作用更为明显。

4. 给水与防风

夏季育苗时，在贮运秧苗前应注意充分给水。为了起到防风、防旱的目的，必须采用车厢整体覆盖的方法，尽量减少车厢内的空气流动。在这种情况下，应该将每个包装箱设有一定的通气孔，箱与箱之间留有一定的空隙，防止秧苗"呼吸热"对秧苗造成伤害。

（四）秧苗的护根措施

根系是秧苗的主要器官，保护好根系是培育壮苗的基础。育苗时既要使秧苗的根系生长良好，又要使起苗、运输及定植时根系少受损伤，需要采取技术措施保护根系。

1. 调节秧苗的根系结构

在秧苗幼小时，利用小苗根再生力强的优势，通过移苗促使秧苗的根系集中在较小的范围，这样在运输、定植时不至于根系损伤过多，可提高成苗率、缩短缓苗的时间。

2. 防止根系受损伤

用营养苗钵或营养土块进行育苗，采用这种方式护根是比较有效并经常采用的，尤其是培育大苗。这种护根方式无论是移苗还是定植，根系都不会受到损伤而且根系比较集中。如果需要运输到外地定植伤根也较少，定植以后缓苗比较快。

3. 应用无土育苗技术

为了避免根系在移苗、运输和定植时的根系损伤问题，可应用无土育苗新技术。如采用穴盘育苗，秧苗的根系较为发达，连同育苗盘一起运输，在运输及起苗时对秧苗根系不会有太大的伤害，这是目前商品化育苗中一种较好的方式，也是护根的一种措施。

4. 控制苗龄

苗龄越大，起苗、移栽时对根系的损伤也越大，而且大苗或苗龄过长，运输也不方便，所以，一般对需要运输的秧苗，应该控制其苗龄，最好是小苗运输。

（五）运输苗的意义

蔬菜秧苗，作为一种商品，在地区间交流也是正常的事。长期以来，由于我国蔬菜商品性生产不太发达，蔬菜产销体制基本上是"就地生产，就地供应"。随着蔬菜商品性生产的发展，特别是蔬菜育苗产业的发展以及交通条件的改善，育苗中心或企业的规模化、工厂化生产，异地运输销售随之兴起。异地育苗运输销售的意义主要体现在以下几个方面：

一是可以利用纬度差、海拔高度差或地区间小气候差异进行育苗，节约育苗能耗，提高秧苗质量，降低育苗成本。如可在夏季气候比较温和的地区或海拔较高的山区，为夏季炎热或平原地区的夏秋季、秋延迟栽培育秧苗，异地运输可明显提高秧苗质量，减轻苗期病害的发生。

二是可以利用地区的资源及技术优势为异地培育成本较低、质量较高的蔬菜秧苗。在资源优势及技术优势较强的地区发展蔬菜育苗业，运输至新兴地区对发展当地蔬菜生产会起到一定的推动作用。

三是有利于较大范围内形成较完善的蔬菜产业体系，推动蔬菜商品性生产的发展。如果利用地区间资源的差异和市场范围，建立较大范围内的产业体系结构，就有可能加快产业体系建设的进程，促进蔬菜种苗业和生产的发展，取得更大的经济效益和社会效益。

随着我国蔬菜商品性生产的发展，各地先后建立了一些蔬菜育苗的中心，培育了批量的商品蔬菜种苗进行销售，其中有的也销往外地，但运输距离较短，主要用于秧苗不足的调剂，除少数育苗中心在育苗前签订购销合同或协议外，不少还属临时性的，缺乏长期的计划。但是，由于异地育苗的优越性及可能获得的较高效益，随着各地蔬菜育苗中心的发展及技术的提高，特别是交通运输条件的改善，异地育苗、运输、销售，包括远距离的长途运输必定会逐渐兴起。

第二节　育苗生产计划制定与成本核算

一、种苗厂的规划

（一）种苗厂规划的目的

园艺植物种苗厂的规划，应根据市场需求和当地的具体情况（气候、土质、土地面积、劳动力状况、市场及投资规模等）科学地安排园艺植物种苗生产的设施、设备，生产种苗的种类、数量，品种布局，以及配套的水、渠、路、电、房屋等的设置。规划设计应考虑到社会的发展需求，立足当前，着眼长远。

通过规划设计使蔬菜育苗生产过程能够经济、方便、高效、长久发展，使人力、物力、资金、气候等资源能合理利用，科学安排，有序实施，达到预期的生产指标，实现经济生产。

（二）种苗厂规划设计的原则

蔬菜种类繁多，种苗的需求量也十分巨大，且多数情况下需要时间比较集中。规划设计时既照顾到当前利益，又兼顾长远发展，不能贪大求全。各地气候、土质不同，消费习惯不同，秧苗的种类及要求也会不同。按照"适度集中、规模经营、分散供应、有所侧重"的长远目标，注意专业生产与全面发展相结合，注意专业品牌、种苗的产量和品质、节本增效以及做好应急预案。

（三）种苗厂规划的内容

蔬菜种苗厂的规划设计内容，一般包括种苗厂设置的区域、规模、主要种类及品种、育苗技术体系、灾害预防的设想、产品及预处理方式、市场及运销体系、长远发展思路、相关设施设备布局设置、基础建设设计、施工设计、进度安排、经费需求及筹措，预计生产指标、效益等。

规划设计书要求提交可行性报告、规划平面设计图、施工设计图、设计说明书、工程预算书。设计是规划的具体化、施工是设计的执行过程。规划设计首先是在调查研究的基础上进行的，调查研究的项目和内容包括：①国家和政府的政策法规、发展战略方针、城镇发展规划。②自然资源。气象条件中的温度、湿度、降水量、风力风向、日照等；地形、地质、土壤及其利用状况；水源、生物资源及生态环境。③社会条件。人口及劳动力资源、土地资源、交通、通信、电力、经济状况、工矿企业、收入水平、污染及公害等。④市场、消费者及消费水平。⑤其他条件。能源状况、安全防灾措施、居民的影响等。

在充分调查研究的基础上进行分析，确定发展规模、发展区域、育苗种类及品种、育苗方式，随后进行实地测量，绘制出平面图（包括土地利用现状图、地形图、土壤分布图、水利图等），然后开始具体设计，确定育苗设施设备、建筑物、井、水、渠、路、电的位置及走向，并据此将地块划分成小区，按规划施工。

二、种苗厂的设计

种苗厂的地点确定后，还要根据任务和性质分区，称为圃地规划。现代化育苗厂的分区主要包括种子生产区、苗木生产区及辅助区。

（一）种子生产区

种子生产区包括资源区、繁殖区。

1. 资源区

又称母本区。主要任务是提供育种的原始材料及繁殖材料，如良种圃提供蔬菜优良品种的接穗或插条；砧木圃提供砧木种子或自根砧木的繁殖材料，采种圃提供草本花卉及蔬菜种子等。

2. 繁殖区

为培育幼苗提供优质种子、繁殖材料的区域。根据所培育的种苗类型分为实生苗培育区、自根苗培育区、嫁接苗培育区及名贵苗培育区等。为便于耕作管理，应结合地形划分成多个小区，同一作物不同品种间要注意间隔距离，以免相互间杂交。大型种苗公司往往将采种田分设在不同的地区或国家。

（二）苗木生产区

苗木生产区是设计规划的核心部分，包括种子处理区、播种催芽区和包装运销区。

1. 种子处理区

包括种子去杂、分级、种子包衣或种子丸粒化、种子包装等一系列过程，是为机械化播种的准备阶段。占地规模不大，一般规划在园区或圃地的中心部位。组培苗木时，该区为培养体处理区，包括培养体的获取、灭菌、脱毒和培养基配制等一系列前期处理工作。

2. 播种催芽区

是秧苗生产的核心部分，由播种生产线、催芽室组成，一般与种子处理区相邻，面积较小，多在 100 ～ 150 平方米。组培工厂中该区相当于组培车，包括接种、灭菌、愈伤组织形成与分化，实现扩繁等过程。

3. 育苗区

以设施为主，是蔬菜秧苗生长的地方，也是投资最大的部分。组培苗在温室内实现驯化。面积根据育苗量、单株育苗面积和设施利用次数确定。蔬菜和草本花卉苗根据穴盘规格不同每次每公顷育苗量在200万～400万株，若年利用4～6批次，每年每公顷育苗量将达到800万～2400万株，如果建设年育苗量在0.5亿～1亿株的蔬菜花卉种苗公司，育苗区设施面积在2.5～4公顷。

4. 秧苗包装运销区

一般与育苗区相连，多数就建设在育苗温室的北侧，以减少搬运费用和防止秧苗受外界不良气候的影响。面积在300～500平方米，可供放置包装箱、进行运输前秧苗处理工作及放置相关设备。

（三）辅助区

辅助区的设计主要包括水、渠、路、电、附属建筑和防护设施。

1. 水系设计

水是园艺植物生长中非常重要的资源，作为种苗生产基地，用水量较多，良好的水供应系统对保障育苗工作的正常进行非常重要。水系统包括水源、水处理、水道等的设计。如以井水为水源，水井的位置以水文地质资料为依据，其数量一般根据出水量及植物需水量确定。浅层井一般2～4公顷一眼井，出水量大的深水井灌溉面积可达6公顷以上，采种基地一般以此为标准设计水井数量。可利用温室屋面收集雨水于集雨池，经过沉淀、过滤后通过水泵提水，便可用于育苗。制种田的水通过主渠、干渠、支渠，主渠位于地块高处并贯通整个园区。现在随着塑料管道及渗灌、喷灌技术的发展，可省略渠道。

设施外部应设计排水系统。南方降雨多、地下水位浅，北方地区降雨集中，为防涝应修筑排水系统，有明沟排水和暗沟排水。

2. 道路设计

道路是农机具、输送肥料及运输秧苗等的通道。分主路、干路、支路。主路一般要求位于种苗厂的中部，贯通全园，宽度 6～8 米，可通过大型汽车或对开；干路是通向各小区的道路，一般宽 4～6 米，可通过小型农机具；支路是为操作便利，在小区内修筑的便道，多以渠道、田埂代替，可修成 3 米左右的小路，拖拉机和平板车等可通过。

3. 辅助建筑物

辅助建筑物包括管理用房、农具室、种苗处理室、临时贮藏室、冷库、水塔、集雨池或排水池、肥料场等。一般修建在温室的北侧附近。

4. 防护设施

防护设施包括防护林带、防虫网、防鸟网、遮阳网、绿网（防止水土流失）、防盗墙或篱笆等。

防护林带以防风为主，一般设计在园区的北侧，栽植的树木要求适应性广，抗逆性强，生长迅速，树体高大，寿命长，枝叶茂盛，防风效果好。

防护林带的效果与防护林的高度及所处的位置有关。一般背风面的保护范围为树高的 25～35 倍，据测定在树高 20 倍的范围内，背风面的风速降低 17%～56%，气温提高 0.3（4～6 月份）～6℃（7～9 月份），空气湿度增加 2%～14%，水分蒸发减少 14%～41%，蒸腾效率提高 10%。

防虫网用于温室大棚的通风口及门窗，常以 25～30 目的尼龙网覆盖，防止蚜虫、温室白粉虱及蛾类、蝗虫的潜入。

夏季为防止强光、暴雨、冰雹的危害，近年来采用遮阳网栽培蔬菜的面积在迅速增长，尤以南方常见。

防鸟网在露地设置，可防止鸟类危害，一般在大田上撑网保护，网线多为尼龙线，较细，网眼较大（5 厘米 ×5 厘米），质量和遮光率不至于过大。

在坡地丘陵地带建设种苗厂时，为防止水土流失，常在坡地修建梯田和筑坝蓄洪，并且种植园土植物（"绿网"），如欧梨、紫穗槐、荆条、酸枣等，培育草地，减少放牧，增施有机物，增加土壤凝结力，防盗墙或篱笆可减少人为、畜禽等的危害，便于看护。

5. 其他设施

如娱乐设施、体育设施、生活设施等。

三、种苗厂的生产计划制定

现代化种苗厂生产计划的内容主要包括正文部分和表格部分。

（一）正文部分

这部分是用文字简述上年度园艺植物育苗与销售过程中取得的成绩与存在的问题，阐明本年度制定计划的指导思想和依据，提出任务与要求，以及采取的主要措施等。

（二）表格部分

这部分是用表格形式将具体任务指标列表下达，一般包括以下几方面。

1. 各类苗木生产任务计划

为了减少浪费，确保效益，在进行广泛市场调研的基础上，根据订货合同及社会发展演变，制定当年或以后几年育苗计划，内容应该明确培育各类园艺植物的种类、品种，各地或用户需要的时间、数量、品名及质量要求。对出口的外销苗木注明对基质的要求（无菌或无病原物）。一般要求制定当年各种种苗生产计划表和不同季节种苗生产计划表。

2. 生产资料购买计划

生产资料是贯彻实施育苗计划和采苗技术的质量保证，因此，必须根据育苗计划和采苗技术措施的需要，准备好育苗种子、肥料、农药、育苗基质、育苗容器等采购计划。

制定肥料购买计划时，应根据基质种类和配比、育苗植物种类和育苗时间等分别计划出各种时间段肥料的需求量，并做到及时满足需求量。制定农药购买计划时，应根据蔬菜种类及育苗容器以及历年来病虫害发生规律等情况，按年度、季度提前做出计划。

制定种子计划时应根据育苗作物的种类、品种、育苗数量、播种密度、种子质量等确定用量的多少，同时也要考虑自然灾害的发生，并准备一些备用种子，以保证计划的落实。

3. 育苗播种计划

育苗播种计划是工厂化育苗中重要的环节，制定时应根据订货合同或生产需要对市场的预测，遵循"按需生产，留有余地"的原则。具体内容包括品种、播种期、出苗期、苗龄、数量、所在地等。

4. 技术保障计划

为保障育苗工作的顺利进行，对育苗过程中的技术环节或重点事项进行列表提示，主要内容包括种子处理技术、播种技术、基质使用类型及配比、苗期管理技术、嫁接技术、组培技术、激素使用技术、环境调控指标等。

5. 用工计划

种苗培育是一项耗时耗力的工作，有计划地安排劳力或用工需求，对节约生产成本和组织劳力是非常必要的。一般育苗的季节性很强，劳动力在年间不平衡，用工包括长期用工和季节性用工。制作用工计划表时，一般先将作物育苗用工的用工需求和时间列表，再统计出各个季节的用工需求和总的劳力需求。

6. 制种计划

育苗需种量较大，且对种子质量和规格要求严格，我国重要的育苗场多与制种脱节，通过购种来开展育苗工作，不仅加大了育苗成本，难以形成拥有自主产权的品牌企业，且一旦种质出现问题，对用户和企业会造成巨大的损失。在荷兰育苗中常由种子公司承担，这些公司具有完善的设备、高纯度的种子和严格的管理，具有良好的信誉，其研发的基地在国内，制种基地分布在世界各地。我国的蔬菜育种和制种技术相对落后，今后亟待加强。

7. 农具购买计划

种苗厂应根据生产的需要，有计划有必要地添加农机具，以保证生产的顺利进行。其中包括土壤耕作、田间管理及运输等器械，如各种拖拉机、丸粒化设备、播种设备、喷灌设备、机动喷雾机、拖车及各种小农具、包装机、打包机等。

8. 销售计划

目前我国种苗市场不成熟，农户、生产单位及个人，尚未形成购买种苗的习惯，因此，商品苗的销售需要具备完善的计划，包括每一个细节。销售计划的内容包括广告策划、媒体宣传、销售地区的选择，销售品种确立，销售数量、销售价格确定，销售地点、人员、数量等确定。

9. 设施利用计划

育苗是季节性较强的产业，为降低育苗成本，多数情况下，是利用气候建立多种设施类型，或培育不同季节的商品苗来实现的，即建立日光温室、塑料大棚、玻璃温室等保温加温设施与露地栽培相结合的设施设备。在性能良好的加温温室里进行培育播种和培育小苗，在成本较低的大棚培育成大苗。从季节方面看来，不同季节生产不同的商品苗。从设施利用考虑可在温室内设置活动育苗床代替固定育苗床，或采用立体育苗架，提高利用率。

10. 灾害防治计划与预案

育苗多在气候不良的情况下进行时，这些气候条件包括冬季的严寒及冰雪冻等自然灾害，夏季的高温、酷热、强光照、冰雹等，此外，设备的损坏、破损及病虫害等均会造成严重后果。因此，要制定严格的灾害防治计划。

11. 资金筹措计划

种苗厂的建设和生产需要较大的资金投入，资金来源一般包括自有资金、国家或政府拨款、引进外资和投资入股合资等手段。

四、种苗生产的成本核算

蔬菜商品苗的生产，投入和生产集约化程度高，必须加强成本核算，提高生产效率。

（一）种苗的生产成本构成

育苗成本包括直接生产成本和间接生产成本。直接生产成本一般随着生产规模的增加而增加，但不一定成同比例增加；间接生产成本多由固定资产产生。

1. 直接生产成本

直接生产成本主要为生产资料费用，包括种子、农药、化肥、农膜、基质、水电等的费用，加温费用，生产用工费用，以及包装、运销费用等。

（1）生产资料成本 种子、基质、化肥、农药、农膜等生产资料是种苗生产的必需物资，年消耗量一般比较稳定，价格在不同年份会有所变化。

（2）劳动力成本 育苗是劳动力集约性产业，且短时需工量较大，用工或劳动力价格受国家或地区经济发展水平影响较大。近年来国内劳动力价格随经济增长不断上升，会增加种苗业生产成本。育苗作物种类不同和育苗方法不同，劳动需求不相同，消耗的劳动力也不同。

（3）能源成本 秧苗生产常在严寒季节进行，加温、补光等环境调控都是耗能过程，直接影响秧苗的生产成本，一般占到运行费用的35%～40%。

（4）运销成本 包装、运输、销售费用是种苗销售过程中必要的支出，一般占到种苗成本的10%～15%。水电及税金等也是直接生产成本的组成，占到生产成本的 8% ～ 12%。

2. 间接成本

间接成本主要指设施设备的折旧费用，如温室及辅助设施、设备的折旧，农机农具、水利设施的折旧及土地使用费用等。占到整个生产成本的 40% ～ 45% 以上。

（1）设施成本　包括育苗温室和附属建筑。温室是育苗的主要设施，结构、材料和建筑施工不同，温室的造价、使用年限、环境控制能力、耗能等方面也就存在着很大差异。目前智能型现代化玻璃温室单位面积造价为 1000 ～ 3500 元 / 米^2，PC 板温室的造价在 700 ～ 1000 元 / 米^2，连栋塑料大棚的造价在 180 ～ 300 元 / 米^2，钢架日光温室的造价在 120 ～ 150 元 / 米^2。农民自己修建的竹木结构日光温室造价一般为 25 ～ 30 元 / 米^2。育苗成本不仅反映在造价方面，更重要的是温室折旧成本的影响，即造价高的温室，使用年限长，折旧成本未必高；相反，造价低，使用年限短，维护费用高，也会提高育苗成本。

（2）设备折旧成本　种子处理设备、育苗生产线、组培设备、智能嫁接设备及各种环境控制设备和农机具等都是有使用期限的。相对而言，其折旧费用比较稳定，正确安装、使用、维护是必要的。

（3）土地使用成本　不同地区或地段的土地具有不同的价格，一般城市近郊土地价格较高，经济发达地区的土地价格较高，而中远郊或经济欠发达地区的土地价格相对便宜。土地使用可以通过购买、租赁、入股等多种方式获得。

（4）辅助设施的折旧费用　水井、水塔、水渠、绿化等的建设费用折旧，均应计入生产成本。

3. 其他成本

如贷款利息、广告费用、人员培训等。

一般种苗的成本价格（生产成本）是指在生产过程中所需的所有成本的总和（包括直接成本、间接成本和其他成本）。在实际生产中种苗成本价格的确定具有较多的不确定因素，需要经过长期的市场调查、经营记录整理和专家分析来确定。

（二）种苗厂的收入

种苗的经营收入常常有较大的差异，很大程度上取决于种苗的质量和数量，受气候及管理的影响，常常不能为人力所完全控制。如一旦超过适宜的苗龄，苗质将迅速下降。另销售价格也不恒定，销售季节性非常强，常集中于春季，如果运力不足或受阻，就会产生较大损失。一般而言，种苗厂的直接经济收入主要是通过销售种子和秧苗获得的收入。收入由价格和销售出去的秧苗及种子的数量来确定。

培育出的种苗未必能全部销售，销售出去的种苗数量与全部培育的种苗数量之比，称为种苗商品率。未销售出去的产品，难以变成现金，成为增加成本的因素，而提高商品率则是节能降耗、提高效益的重要途径。

五、种苗厂的经济性评价

大型种苗厂的建设，首先要进行经济性评估，一般是在广泛市场调研的基础上求算潜在需求和未来发展需求，确立当前和未来发展的规模，并进行投资估算。

种苗厂建设的投资估算，包括固定资产投入、固定资产投入的不可预见费用、勘察设计费和银行流动资金贷款。然后计算生产运行成本，包括直接生产成本、间接生产成本和生产不可预见费等，根据投资估算和生产运行成本进行经济分析，经济分析的关键是产值利润率、投资回收期。若产值利润率小于15%、投资回收期大于5年，经济效益就比较差，对于这种情况，应该扩大或缩小经营规模，降低设施结构标准和设备标准，调整产品结构。

投资估算和生产运行成本的估算应根据当地建材、取费标准、生产资料价格标准和劳力市场、销售市场而定。评估包括文字材料和表格资料及证明材料等内容，一般是通过专业机构完成。

第三节　蔬菜秧苗的销售

秧苗育成后销售是关键，世界上一些现代化种苗生产公司培育的商品苗，多数运往异地栽培，有的还出口到国外。例如，荷兰的贝卡康普种苗公司，年生产各种蔬菜苗 2.5 亿株，60% 用于出口，其余用于国内生产。在荷兰，99% 的温室种植者购买商品苗，只有 1% 的农户采用自育苗。种苗生产的专业化，有效地保证了秧苗质量和种质资源的可靠性，为生产的稳定性提供了保障，降低了育苗成本。在我国，种苗业刚刚起步，传统的自育苗占据着主导地位，改变传统观念，实现种苗的分业化任重而道远，良好的营销策略是关键所在。

一、蔬菜种苗的营销

营销是以市场需求为中心所开展的活动及有利于产品及时销售出去的活动，蔬菜种苗的营销是指以蔬菜种苗生产为核心，为用户提供种苗等一系列活动。

种苗的营销过程包括：在充分调研的基础上，进行市场分析和确立目标市场。根据目前市场和潜在市场，进行战略决策，确立投资方向、投资规模、经营范围，进行市场拓展。根据市场目前需求和长远需求，确定育苗作物的种类，即产品决策；根据市场承受能力和生产成本进行产品定价，即定价决策；通过流通和建立分销网点扩张市场领域，通过技术指导、示范、培训和价格杠杆等进行促销，这些构成产品营销的战术决策；通过对营销活动及用户的反馈意见的调查分析，调整生产和经营活动，形成一个有效的循环发展通道。因此，种苗的市场营销不仅涉及流通领域、生产领域，而且包括了企业的经营管理。

（一）市场分析

对种苗的需求、供给、品种和价格等基本要素进行分析，而这些要素相互作用和相互影响的过程就是市场的运行过程。种苗市场分析一方面包括对市场营销宏观环境的分析，如政策法规、人口状况、经济收入水平、自然环境、生产水平和社会文化环境等；另一方面，分析市场营销的微观环境，如企业本身、营销中介、生产者和竞争者等。

（二）产品决策

秧苗作为产品是买卖双方从事市场交易活动的物质基础，采用何种育苗技术，选择何种蔬菜作物甚至何种品种都十分关键。产品决策应根据循序渐进的原则，先形成核心产品，逐步开发新产品，加速产品的更新换代，从而保持长盛不衰的畅销势头。

（三）新产品的开发

任何产品都不可能长久不衰，秧苗同样如此，应随市场的变化、新品种的出现和需求的变化及时调整，开发新产品，满足市场需要，做到扬长避短，发挥企业自身的优势，保持稳定与持续状态，引导市场需求及迅速占领市场。

（四）价格制定

产品价格主要取决于产品所包含的价值及效用，同时还要考虑市场需求状况、产品费用情况、市场竞争格局以及政府的政策法规等因素。荷兰温室番茄单株产量在 15～20 千克、种苗的生产效能很高，种苗的价格也高。一般而言，产品价格的确定有如下几种方法。

① 以成本为中心的收支平衡法：

产品单价＝固定成本／总产量＋单位产品可变成本

② 目标收益定价法：

产品单价＝总成本×（1＋收益率）／销售量

③ 以需求为中心的市场导向定价法：

产品单价＝市场零售价格×（1－批零差率）×（1－进销差率）

此外还有随行就市、投标定价等方法。

（五）分销与促销

分销是指产品从生产者到消费者所经过的以货币为媒介的交换过程。秧苗可由生产者直接运销到消费者，也可通过中介机构完成。

促销是指企业在营销活动中，为了引导和影响人们的购买行为和消费方式而采取的各种方式、手段。如广告宣传、媒体报道、低价促销或试栽试种、赊销等。促销过程实质上是信息沟通的过程，任务是将企业提供的产品和劳务信息传递给顾客，以达到扩大销售的目的。

二、种苗的运销

（一）商品苗的规格

秧苗作为商品应该具备商品的特性，标准化、规格化、规范化是商业苗木的典型特征。由于蔬菜种类多，栽培类型和时间有着较大差异，且育苗容器或面积不同，秧苗的规格有不同要求。蔬菜工厂化育苗的规格一般以中、小苗为主。穴盘育苗的蔬菜秧苗一般为 4 ～ 6 片叶，株高在 12 ～ 15 厘米之间。这种苗育苗时间短，育苗量大，也便于运输，定植后成活率高，多用于气候温暖、生长期较长的地区或设施栽培，也是蔬菜植物工厂的主要育苗形式。

如果培育大苗时，常常利用营养钵、营养方块、育苗盘、育苗箱等育苗容器育苗。这种育苗方式以培育大苗为目标，秧苗的规格为：蔬菜苗要求达到 6 ～ 8 片叶，株高在 18 ～ 23 厘米，秧苗的装卸、运输都很省工，而且秧苗损伤较少。

（二）商品苗的起苗及起苗前处理

请参阅本章第一节蔬菜秧苗的贮运。

（三）秧苗的包装

请参阅本章第一节蔬菜秧苗的贮运。

（四）种苗的运输工具

请参阅本章第一节蔬菜秧苗的贮运。

（五）运输秧苗的环境条件

请参阅本章第一节蔬菜秧苗的贮运。

（六）秧苗的卸载及处理

秧苗到达目的地后，应立即打开包装容器，使秧苗接受光照，并使秧苗所处的温度逐步升高，防止突然升温，当这些准备工作进行完毕后，要尽可能提早定植。

参考文献

[1] 董海洲. 种子贮藏与加工 [M]. 北京：中国农业科技出版社，1997.

[2] 曲永祯. 种子加工技术及设备 [M]. 北京：中国农业出版社，2001.

[3] 颜启传，胡伟民，宋文坚. 种子活力测定的原理和方法 [M]. 北京：中国农业出版社，2006.

[4] 赵玉巧. 新编种子知识大全 [M]. 北京：中国农业科技出版社，1998.

[5] 孙新政. 园艺植物种子生产 [M]. 北京：中国农业出版社，2006.

[6] 麻浩，孙庆泉. 种子加工与贮藏 [M]. 北京：中国农业出版社，2007.

[7] 王玺. 种子检验 [M]. 北京：中国农业出版社，2007.

[8] 颜启传. 种子检验原理和技术 [M]. 杭州：浙江大学出版社，2001.

[9] 刘建敏，董小平. 种子处理科学原理与技术 [M]. 北京：中国农业出版社，1997.

[10] 郭世荣. 无土栽培学 [M]. 北京：中国农业出版社，2003.

[11] 王秀峰，魏珉，崔秀敏. 保护地蔬菜育苗技术 [M]. 济南：山东科学技术出版社，2002.

[12] 别之龙，黄丹枫. 工厂化育苗原理与技术 [M]. 北京：中国农业出版社，2008.

[13] 蒋卫杰，等. 蔬菜无土栽培新技术 [M]. 北京：金盾出版社，2008.

[14] 葛晓光. 新编蔬菜育苗大全 [M]. 北京：中国农业出版社，2003.

[15] 王久兴，王子华. 现代蔬菜无土栽培 [M]. 北京：科学技术文献出版社，2005.

[16] 崔德才，徐培文. 植物组织培养与工厂化育苗 [M]. 北京：化学工业出版社，2003.

[17] 汪炳良，等. 蔬菜育苗技术问答 [M]. 北京：中国农业出版社，1999.

[18] 裴孝伯. 有机蔬菜无土栽培技术大全 [M]. 北京：化学工业出版社，2010.

[19] 司亚平，何伟明. 蔬菜穴盘育苗技术 [M]. 北京：中国农业出版社，1999.

[20] 司亚平，何伟明. 蔬菜育苗问答 [M]. 北京：中国农业出版社，2000.

[21] 丁仲凡，安志信.蔬菜育苗技术 [M].石家庄：河北科学技术出版社，1987.

[22] 卞崇周，杨忠安.蔬菜冷床育苗技术 [M].西安：陕西科学技术出版社，1981.

[23] 张育鹏.蔬菜实用栽培技术 1000 问 [M].重庆：重庆出版社，2000.

[24] 宋元林.现代蔬菜育苗 [M].北京：中国农业科技出版社，1989.

[25] 徐景阳.蔬菜育苗 [M].哈尔滨：黑龙江科学技术出版社，1982.

[26] 何晴之.蔬菜安全生产实用技术 [M].长沙：湖南科学技术出版社，2004.

[27] 郭世荣，孙锦.设施园艺学 [M].3 版.北京：中国农业出版社，2020.